Ville, environnement et transactions démocratiques

Hommage au Professeur Maurice Blanc

P.I.E. Peter Lang

Bruxelles · Bern · Berlin · Frankfurt am Main · New York · Oxford · Wien

Philippe Hamman et Jean-Yves Causer (dir.)

Ville, environnement et transactions démocratiques

Hommage au Professeur Maurice Blanc

Ecopolis
n° 12

Cet ouvrage bénéficie du soutien du Centre de recherche et d'étude en sciences sociales (CRESS, EA 1334), du Conseil scientifique et du Service des publications de l'Université de Strasbourg.

CENTRE DE RECHERCHE & D'ÉTUDE EN SCIENCES SOCIALES UNIVERSITÉ DE STRASBOURG

UNIVERSITÉ DE STRASBOURG

Éditions scientifiques internationales
Bruxelles, 2011
1 avenue Maurice, B-1050 Bruxelles, Belgique
www.peterlang.com ; info@peterlang.com

Imprimé en Allemagne

ISSN 1377-7238
ISBN 978-90-5201-678-8
D/2011/5678/21

Information bibliographique publiée par « Die Deutsche Nationalbibliothek »

« Die Deutsche Nationalbibliothek » répertorie cette publication dans la « Deutsche Nationalbibliografie » ; les données bibliographiques détaillées sont disponibles sur le site <http://d-nb.de>.

Table des matières

Deuxième partie
Participation, transactions et démocratie

Troisième partie
Transactions sociales et environnement

Avant-propos

Cet ouvrage collectif a pour origine un colloque international et interdisciplinaire organisé par le Centre de recherche et d'étude en sciences sociales (CRESS, EA 1334) de l'Université de Strasbourg, qui s'est tenu à la Maison interdisciplinaire des sciences de l'homme d'Alsace (MISHA, USR 3227 CNRS) les 22 et 23 janvier 2009. Cette importante manifestation scientifique a été menée en liaison avec l'Association internationale des sociologues de langue française (AISLF) et son Comité de recherche *Transactions sociales*, et avec l'appui de la revue *Espaces et Sociétés*, dont Maurice Blanc est le rédacteur en chef. Elle a obtenu le soutien de l'Université de Strasbourg (Conseil scientifique et service des Relations internationales) et des collectivités territoriales (Communauté urbaine de Strasbourg, Conseil général du Bas-Rhin, Conseil régional d'Alsace), institutions que nous souhaitons ici remercier. La thématique retenue, « Reconnaissance, reliance et transactions », a été l'occasion d'accueillir à Strasbourg plus de soixante-dix intervenants, dont de nombreux chercheurs de renom, issus d'horizons différents en sciences humaines et sociales, ainsi que des doctorants et jeunes docteurs, du CRESS et de bien d'autres laboratoires français et étrangers. Car c'est bien l'échange qui a été mis au cœur de ces deux journées, entre disciplines, entre paradigmes, entre générations, en mobilisant des contributeurs aux provenances géographiques très larges : le colloque a rassemblé des collègues québécois, allemands, anglais, belges, hollandais, suisses, italiens, algériens, etc. À toutes et à tous, nous exprimons notre reconnaissance, le succès de la manifestation est autant le leur. Aux membres du Comité scientifique et du Comité d'organisation, également merci pour l'engagement qui a permis de concrétiser ce projet d'ampleur.

Ces échanges ont permis aux membres du CRESS et à des collègues de l'UFR des Sciences sociales de rendre un hommage en actes au parcours scientifique du professeur Maurice Blanc, qui vient d'accéder à l'éméritat. Spécialiste de l'analyse des transactions sociales, ce dernier a notamment été directeur de cette unité de recherche et directeur de l'École doctorale des Humanités de l'Université Marc Bloch de Strasbourg. La problématique du colloque se comprend ainsi, tant en termes théoriques – éprouver la fécondité interdisciplinaire du concept de transactions sociales, dans ses relations avec d'autres approches (reconnaissance, reliance, négociations, traduction, etc.) – que par rapport aux thématiques et aux terrains explorés : en particulier, la ville, la participation et la démocratie locale, la citoyenneté, le développement territorial et le développement durable, etc. La connexion est en même temps des plus directes avec les axes privilégiés par le laboratoire CRESS collectivement, qui associe, précisément autour des thématiques de la ville, des territoires, de l'environnement, du travail et des questions de population, des sociologues, ethnologues, démographes, statisticiens et chercheurs en sciences du sport et en sciences de l'information et de la communication.

Cette double dynamique du colloque de janvier 2009 et de la recherche au CRESS nous a conduits à proposer à un lectorat élargi une sélection remaniée de contributions prononcées dans le cadre de ces rencontres. Un autre ouvrage collectif est publié chez le même éditeur, recueillant des textes davantage dédiés aux apports des transactions sociales pour penser les problématiques du travail, du travail social et de la formation[1]. Nous retenons ici ceux qui ont le plus directement pour fil directeur un questionnement des enjeux de la ville, de la démocratie et de l'environnement. Nous signalons également la publication à l'automne 2009 d'un dossier spécial de la *Revue d'Allemagne et des Pays de langue allemande* consacré à ces dernières thématiques plus spécialement sous un prisme comparatif franco-allemand et de coopération transfrontalière, objet d'autres interventions du colloque ainsi rassemblées[2]. Nous espérons de la sorte favoriser toujours la mise en débats.

Philippe Hamman et Jean-Yves Causer
Professeur de sociologie, Université de Strasbourg
& Maître de conférence en sociologie, Université de Haute Alsace
Centre de recherche et d'étude en sciences sociales (CRESS, EA 1334)

[1] Jean-Yves Causer, Philippe Hamman (dir.), *Travail, formation et transactions sociales*, Bruxelles, PIE Peter Lang, 2011.

[2] Philippe Hamman (dir.), « Ville, environnement et frontières en France et en Allemagne », numéro spécial de la *Revue d'Allemagne et des Pays de langue allemande*, 41(3), 2009.

INTRODUCTION

Ville, démocratie, environnement et transactions : éléments de dialogue

Philippe HAMMAN

Professeur de sociologie, Université de Strasbourg, Directeur-adjoint du Centre de rechercheet d'étude en sciences sociales (CRESS, EA 1334)

Cet ouvrage s'organise autour du concept de transaction sociale, appuyant sa portée heuristique en sciences sociales à partir d'un certain nombre d'objets et de terrains privilégiés que sont la ville, la démocratie et l'environnement. Après un retour sur la définition de la transaction et sur un certain nombre de débats relatifs à sa portée, j'expliciterai la démarche qui anime ce livre, celle d'un double dialogue :

– d'une part, en s'attachant à la dialectique de ce qu'apporte la transaction à la pensée du lien social dans les phénomènes urbains, les politiques locales, le développement territorial et leurs modes de légitimation démocratique, et, réciproquement, de ce que ces cadres sociaux et ces approches apportent à la théorisation des transactions.

– de l'autre, en mobilisant la transaction sociale en regard de conceptualisations sociologiques à la fois voisines sur certains aspects et distinctes sur d'autres, pour inviter à prolonger les échanges[1].

1. Penser les transactions sociales en sociologie

On sait que toute situation socialement structurée n'en reste pas moins ouverte au changement. Cette proposition qui concerne l'activité quotidienne comme l'action collective régulatrice de l'espace public nécessite un renouvellement des grilles d'analyse. Le concept de transaction sociale participe de cet effort en réactualisant la réflexion autour des notions d'échange, de négociation et de conflit. Au niveau macroso-

[1] Je remercie vivement Maurice Blanc pour sa lecture d'une première version de ce texte et, plus largement, pour son aide précieuse à la réalisation de cet ouvrage.

ciologique, il permet d'éclairer les logiques à l'œuvre dans la régulation sociale en portant une attention particulière sur celles qui nous font passer de l'affrontement à la coopération. Sur un plan davantage micro-sociologique, l'analyse des transactions sociales nous montre comment les relations sociales se nouent autour d'arrangements et autres accommodements. Enfin, le concept nous renseigne sur ce qui se joue dans l'intermédiarité de la vie sociale, en nous montrant qu'en plus de produire des règles de partage et du vivre ensemble, les individus sont en mesure de réactualiser des valeurs et de faire évoluer leurs institutions.

La sociologie de la transaction sociale a été pensée pour analyser les processus d'élaboration de « compromis pratiques » (selon l'expression de Raymond Ledrut, 1976, p. 93), toujours instables et provisoires, dans les situations concrètes (voire quotidiennes) où le conflit ne peut être simplement lu comme un affrontement – au sens des modèles économiques, comme le « dilemme du prisonnier » dont fait état Thomas Schelling (1986) – mais correspond à des modes de coopération conflictuelle, suivant le couple de l'autonomie et des interdépendances.

Le concept de transaction emprunte à l'économie (la transaction est un échange négocié[2]) et au droit (la transaction est une technique de prévention et/ou de résolution non judiciaire des conflits). La transaction sociale comprend alors à la fois de l'échange, de la négociation et de l'imposition. Elle s'inspire en cela du sociologue allemand Georg Simmel, selon lequel la vie sociale est structurée par des couples de tensions. En particulier, reprenant le paradoxe de la liberté et de l'égalité d'Alexis de Tocqueville, Simmel montre qu'elles sont antinomiques et que la tension entre les deux est indépassable : « Ce fut peut-être parce qu'instinctivement on a saisi la difficulté de cet état de choses qu'on a joint à la liberté et à l'égalité une troisième exigence, celle de la fraternité », écrit-il (1981, p. 144-145).

Il existe bien d'autres dualismes : tradition et modernité, identité et altérité (Cherqui et Hamman, 2009), etc. Une tâche de l'analyse sociologique consiste à repérer ces oppositions structurantes, notamment lorsqu'il en va de principes de légitimité d'égale valeur, mais qui tendent à s'exclure mutuellement. Précisément, le concept de transaction sociale renvoie à la fois à des conflits d'intérêt et à des conflits de valeur, plus difficiles à résoudre encore, quand entrent en jeu des conceptions intériorisées, diverses en fonction des acteurs en jeu. En même

2 Pour les économistes institutionnalistes, la transaction renvoie au processus de construction des règles collectives qui sécurisent les comportements individuels. Les néo-institutionnalistes ont limité ce champ à l'analyse des « coûts de transaction » : Williamson, 1975. Un point est fait par Beaurain et Bertrand, 2009.

temps, se conjuguent des dynamiques interculturelles, qui passent par les jeux du formel et de l'informel, de la confiance et de la méfiance.

C'est la centralité du conflit dans le lien social qui apparaît sous-jacente. Luc Van Campenhoudt souligne que l'acteur social se définit par la tension entre coopération et conflit, dans le cadre d'un schéma organisé autour de quatre pôles et construit à partir de deux couples opposés : coopération/non-coopération et conflit/soumission[3]. La figure de l'« associé contestataire » correspond à un acteur social « associé dans le sens où il coopère en interaction avec d'autres, et donc collabore, à la production de biens, de services ou de prestations quelconques en vue d'une fin. Il est contestataire dans le sens où il entre en conflit avec les autres acteurs, s'oppose à eux pour remettre en question leur emprise sur les enjeux de la coopération (ou résister à la contestation des autres s'il est en position dominante) ». La conclusion à laquelle parvient l'auteur correspond à ce que met en avant l'analyse des transactions sociales pour complexifier la pensée du conflit : « À partir du moment où la coopération s'engage, ne constitue-t-elle pas une dynamique de coopération conflictuelle qui permet aux acteurs en présence d'être des "associés contestataires" ? Même dans une situation où les protagonistes semblent, dans l'ensemble, dans un rapport de force équilibré, il apparaîtra vite que, sur certains enjeux spécifiques de leur coopération, leurs positions sont inégales » (Van Campenhoudt, 2008, p. 255). C'est une force des transactions sociales que de s'y arrêter, pour faire concept.

2. Débattre : de la « carrière » d'un concept à son à-venir

En 1978, est publié en Belgique sous la plume de Jean Remy, Liliane Voyé et Émile Servais, *Produire ou reproduire ?*, ouvrage fondateur de l'analyse sociologique des et par les transactions sociales. Quelque trente ans ont passé depuis et ce recul, qui peut être aussi un anniversaire, permet de revenir sur une « carrière » conceptuelle, certainement riche et, on l'espère, également prometteuse pour le futur. On pourrait être tenté de reconstituer le « parcours » de la transaction sociale, qui a notamment été portée et promue dans le cadre de l'Association internationale des sociologues de langue française (AISLF) – et en particulier son Comité de recherche Transactions sociales, longtemps animé par Maurice Blanc. Ce cadre dépasse l'hexagone et la structuration de ses « écoles » sociologiques – sans s'en abstraire toutefois, le titre-même du

[3] De là sont définies quatre situations potentielles : associé contestataire (correspondant à un engagement de l'acteur à la fois dans la coopération et le conflit) ; associé asservi (coopération/soumission) ; marginal contestataire (non-coopération/conflit) ; et marginal asservi (non-coopération/soumission) : Quivy et Van Campenhoudt, 2006, p. 112.

livre de Remy, Voyé et Servais ne manque pas d'évoquer Pierre Bourdieu, Alain Touraine et quelques autres ! Dans sa contribution au présent ouvrage, Florence Rudolf revient d'ailleurs sur cette genèse et propose quelques hypothèses sur ses effets quant à la diffusion du concept par la suite. Le risque serait alors de se situer :

– soit en une « fin de l'histoire », à laquelle on serait parvenu à présent – construisant ainsi artificiellement une position en surplomb pour en juger –, et à partir de laquelle on évaluerait les avancées (ou parfois le sur-place ?, si on se veut pourfendeur du concept) des uns et des autres, des « anciens » et des « nouveaux », au cours des trois décennies suivant le questionnement initial de *Produire ou reproduire ?*

– soit en référence permanente à cet ouvrage-moteur, mais qui a maintenant trente ans, pour relever ce qui demeure de pleine actualité et ce qui ne l'est plus tant. C'est passer sous silence tout un processus, dont on connaît au moins trois marques devenues classiques, à savoir les ouvrages collectifs (co-)dirigés par Maurice Blanc dans les années 1990, aux titres explicites : *Pour une sociologie de la transaction sociale* (1992) ; *Vie quotidienne et démocratie. Pour une sociologie de la transaction sociale (suite)* (1994) ; *Les transactions aux frontières du social* (1998).

Relevons en outre qu'à l'occasion du trentenaire de *Produire ou reproduire ?* des débats ont eu lieu – signe de vigueur –, et deux revues – francophones, mais pas françaises, ce qui correspond bien à un cadre transnational d'échanges – s'en sont en particulier fait l'écho : d'un côté, *Pensée plurielle*, dirigée par Jean Foucart, qui a consacré une récente livraison, en 2009, aux transactions sociales, à la suite d'un colloque de l'AISLF ; de l'autre, *Recherches sociologiques et anthropologiques*, désormais animée par Bernard Fusulier, où ce dernier, avec Nicolas Marquis, a proposé, en 2008 toujours, un inventaire, justement en se reportant au livre de 1978, tout en extrapolant relativement au concept lui-même et ses imperfections.

Dans les deux cas, que l'on durcisse un aboutissement présent ou que l'on conserve pour référentiel les lignes initiales, on est confronté dans le raisonnement à l'illusion rétrospective relevée par Pierre Bourdieu (1980a, 1986), et à la mise en intrigue, pour parler comme Paul Veyne (1971), d'une histoire à la fois biographique, intellectuelle et collective, qui devient vite un récit (Ricœur, 1983), c'est-à-dire un travail de production d'une « tradition » d'analyse.

La perspective qui nous anime, avec Jean-Yves Causer, est différente : il s'agit prioritairement de se porter vers le futur, vers l'à-venir, et ce en correspondance avec l'esprit du colloque international tenu à Strasbourg en janvier 2009, dans le cadre du Centre de recherche et d'étude en sciences sociales (CRESS, EA 1334), et dont cet ouvrage est issu. Ces rencontres ont salué la carrière du professeur Maurice Blanc, au moment où il vient d'accéder à l'éméritat, non pour y voir un terme mais bien l'occasion d'approfondir ensemble un certain nombre des pistes qu'il a pu et su tracer à travers l'approche en termes de transaction sociale[4]. L'intitulé du colloque, « Reconnaissance, reliance et transactions », fait librement écho au triptyque formulé par Renaud Sainsaulieu : reconnaissance, reliance et réflexivité, dans son ouvrage *Des sociétés en mouvement* (2001). Un certain nombre de déclinaisons sont ainsi suggérées, renvoyant entre autres à l'identité et à l'intégration, mais aussi à l'altérité, aux échanges, à la démocratie et à la citoyenneté, c'est-à-dire à la régularité et aux régulations, à la gouvernance, à la participation et aux expressions participatives, ou encore aux médiations interculturelles et à la résolution de conflits d'intérêts, d'usages et de valeurs. C'est explicitement de ces associations que part d'ailleurs Éric Navet pour proposer de déplacer le regard du côté de l'ethnologue. Ces questionnements irriguent le présent ouvrage, autour et à partir de trois objets principaux, en termes d'inscription socio-spatiale : la ville, l'environnement et les pratiques démocratiques (à chaque fois dans des acceptions larges).

Ces choix éditoriaux, participant pleinement de la cohérence du livre, veulent aussi susciter l'intérêt du lecteur, par rapport à la littérature existante sur les transactions sociales, quitte à privilégier, au fil des textes, telle ou telle entrée au sein du triptyque de départ. En d'autres termes, le parti pris n'est pas directement de juger si la transaction sociale est davantage un concept, une notion ou un paradigme – Maurice Blanc a du reste récemment répondu à un certain nombre d'interrogations en ce sens, apportant sa contribution au renouvellement du débat (Blanc, 2009a). Il s'agit plutôt de constater son caractère heuristique, et de le conforter, sans exclusive. L'éclairage proposé fait sens sur un triple plan : conceptuel, processuel et thématique, les trois étant liés. Ceci constitue sans doute une réponse à certaines critiques d'un éclatement de l'approche par les transactions sociales et, par là, d'un effort insuffisant de systématisation, qui ne lui aurait pas permis de vraiment « faire école », en ne montant pas assez en généralité à partir des cas d'étude de la vie quotidienne et des positions d'entre-deux – ce que reprend Florence Rudolf dans son texte.

En effet, l'ouvrage ne veut en aucune façon éluder les discussions possibles, et plusieurs contributeurs font part de leurs points de vue et

[4] Ce colloque a également débouché sur deux autres publications : sur les thématiques du travail, de la formation et du développement social, cf. Causer et Hamman, 2011, et, sur les comparaisons et l'interculturalité France-Allemagne, Hamman, 2009.

avancent des éléments à l'appui d'un débat théorique. C'est le cas de Nicolas Bué et Florence Rudolf, qui, chacun à sa façon, fournissent leur lecture des apports et des limites de la transaction sociale. Dans le premier cas, il s'agit de comprendre des échanges entre associés-rivaux dans une coalition de gouvernement municipal et, dans le second, de mettre en parallèle sociologie des transactions sociales et sociologie de la traduction ou encore sociologie pragmatique.

C'est aussi l'objet, fût-ce un peu plus discrètement énoncé, des propositions que formulent bien d'autres auteurs ici rassemblés. Abdelhafid Hammouche interroge la transaction par rapport au cadre de la médiation chez Pierre Muller, organisée autour du rapport global/sectoriel (Muller, 1990), et en regard du concept de recomposition qu'il a lui-même énoncé dans ses travaux sur les situations migratoires (Hammouche, 2007). De médiation, il est aussi question dans le texte de Catherine Delcroix, qui nous livre les portraits saisissants de médiatrices socioculturelles en action en milieu urbain, aux prises avec le regard de l'autre, ou plutôt des autres, qui fait souvent peser le discrédit, et conduit à devoir gérer une posture complexe et mixte de « relais » plus ou moins « critique », notamment entre les personnes et les groupes en demande et les agents des institutions publiques, dans leur diversité.

Léa Longeot, quant à elle, partant d'une inscription dans le domaine de l'architecture, vient nouer l'approche spatialisée de la transaction avec celle de la reliance, en liaison avec les processus démocratiques. Elle offre une illustration convaincante de ce qu'une démarche de projet représente à la fois un processus démocratique et un espace transactionnel de reliance, en revenant, à travers un propos distancié, sur une initiative qu'elle a portée : monter un film sur la communauté Rrom à Montreuil.

Tom Storrie interroge ensuite la conceptualisation de la citoyenneté en mobilisant les transactions sociales. Pour lui, la société civile ne peut être uniquement décrite comme la scène où se repère un certain nombre d'institutions intermédiaires entre le domaine privé et l'État ; il s'agit autant, sinon davantage, d'un espace discrétionnaire dans le domaine public. Deux couples de tensions sont ici questionnés, à partir de leur interdépendance et parce qu'ils projettent la société vers l'avenir : régulation/discrétion et multiculturalité/interculturalité. Pour Tom Storrie, la laïcité et l'interculturalité sont les traits distinctifs d'une théorie de l'ordre et d'une théorie de l'action, en interrelation permanente, invitant à reconnaître à l'heure actuelle l'importance du savoir-négocier pour dépasser les confrontations.

De son côté, à une échelle différente, Juan Matas met en perspective la transaction sous l'angle de la production d'une culture du consensus dans l'histoire politique et sociale du Chili, en analysant le processus de constitution d'une alternative démocratique à la dictature du général Pinochet.

D'autres contributeurs interrogent la transaction en rapport à un questionnement de la gouvernance – dont on sait à la fois la place acquise aujourd'hui et les critiques qui lui sont adressées, notamment en sociologie (Hamman, 2005 ; Blanc, 2009b). Cet enjeu lie transversalement transactions et démocratie, au-delà même des textes de Nicolas Bué et Juan Matas, ou encore celui de Tom Storrie, qui abordent cette problématique de front. On peut en effet se demander en quoi la gouvernance serait « plus démocratique » que les modes de gouvernement « classiques » (que ce soit localement, nationalement, etc.), car tel est son *leitmotiv*.

C'est par la problématique de la participation citoyenne à l'épreuve de la gouvernance et du débat public, situé à une pluralité d'échelles et incarnée dans un grand nombre de dispositifs, que Pierre Hamel rejoint les questions de transactions, autour du changement institutionnel et des rapports entre démocratie représentative et participative, occupant une place de taille dans les analyses transactionnelles et de politiques publiques, le point de littérature sur lequel l'auteur se fonde en convainc. Pour sa part, Maximiliano Soto aborde les effets socio-spatiaux des procédures de réhabilitation de l'habitat dans deux villes « patrimonialisées » aux configurations différentes, Strasbourg et Valparaíso. Il interroge ainsi, dans une perspective transactionnelle (où l'habitat est lu comme une ressource et un dispositif d'action), les nouvelles formes de gouvernance instaurées localement comme marqueurs de valorisation/dévalorisation de l'espace urbain patrimonial.

Tout aussi nettement, c'est de « bonne gouvernance » qu'il est question dans le texte que livre Coralie Mounet. Mobilisant l'exemple suggestif des conflits autour du loup et du sanglier dans les Alpes françaises pour interroger les postures microsociales comme enjeu et moteur actuels d'une gouvernance territoriale, elle rappelle que la transaction est profondément conflictuelle, ne visant pas à l'abolition de ce dernier (comme le disent un peu vite certains contradicteurs), mais à sa gestion en des situations, fort nombreuses, où conflit et coopération vont, pour ainsi dire, de pair. À partir du cas des associations qui s'occupent d'environnement analysé en tant que champ, Carole Waldvogel le fait également ressortir, dans une multitude de compositions possibles. Les transactions sociales permettent de faire ressortir les logiques de compromis à l'œuvre, sans qu'il y ait pour autant entente pleine ou renoncement, c'est-à-dire sans remettre en cause les oppositions structurantes, mais sans trop les durcir non plus. Le questionnement du lien social que suit C. Mounet est d'autant plus porteur qu'il s'appuie sur un appareil théorique large, conjuguant sociologie de la transaction et sociologie de la traduction (en particulier par l'accent placé sur les opérateurs non humains), figure du tiers, gouvernabilité et gouvernementalité, pour penser, en tant que processus diffus plus que frontal, la production de relations microsociales apaisées, autour d'enjeux environnementaux qui sont immanquablement aussi sociaux et économiques en développement territorial.

Prolongeant les textes de C. Mounet et C. Waldvogel consacrés aux nouvelles déclinaisons des questions écologiques et de leur inscription dans la territorialité de l'action publique (des espaces de protection et protégés, dans les Alpes comme en Alsace) et ses acteurs (agriculteurs et chasseurs, associatifs et militants, etc.), ainsi que la problématique participative analysée par P. Hamel, Philippe Hamman s'intéresse à ce qu'il nomme les espaces intermédiaires du développement durable urbain, au temps de la promotion du répertoire de la « ville durable ». Comparant six aires métropolitaines françaises pour monter en généralité à partir d'un corpus empirique fort, il raisonne en termes d'intermondes et d'espaces-frontières entre des univers *a priori* distincts voire éloignés, mis en rapport par l'exigence de transversalité des projets urbains en développement durable (Hamman, 2009). Il propose ainsi de décentrer en partie le regard en direction d'espaces à la fois transactionnels et transitionnels, révélant, à partir de temporalités plurielles elles-aussi (temps social et temps politique, temps du projet et temps long de la fabrique de la ville, etc.), que la consistance du façonnage de la ville projetée comme durable et partagée se noue d'abord dans les interstices, dans les entre-deux, ceux-là mêmes que la transaction permet spécialement d'analyser, bien au-delà d'un terrain précis. Ainsi, par exemple, à partir du questionnement du développement durable, la distinction entre transaction de continuité (des innovations de croissance visant à limiter les rejets polluants des automobiles, la limitation de leur vitesse en zone urbaine, l'aménagement d'un boulevard périphérique, etc., sans remettre en question le principe de leur circulation) et transaction de rupture (proposant un changement de modèle : la promotion de modes de « déplacements doux » visant à constituer une alternative à l'usage de la voiture, comme les transports en commun en site propre, l'usage du vélo, etc.) ouvre-t-elle des pistes de réflexion élargies.

Cet élargissement du regard, Éric Navet y contribue à son tour par une réflexion sur le concept placé au centre de cet ouvrage, les transactions sociales, questionné dans sa pertinence ethnologique, à partir du cas des sociétés traditionnelles amérindiennes, en proposant notamment une relecture des « sociétés de la transaction » et des « sociétés de la rupture », à partir de l'outillage sociologique sur la reconnaissance, la reliance et la transaction, appliqué à l'échange de biens.

À ce titre, la portée conceptuelle de la transaction sociale et ses thématiques privilégiées se rejoignent : si concept il y a, c'est aussi parce que cet outillage intellectuel, qui constitue un regard sociologique sur la société, est susceptible de rendre raison de la construction en permanence recommencée du lien social, sous la contrainte du conflit[5], dans de nouveaux champs d'exploration et de nouveaux domaines et modes d'organisation de la vie sociale. En effet, c'est initialement à partir du terrain de la ville que s'est construite l'approche sociologique des transactions sociales, à travers les travaux de Jean Remy et Liliane Voyé (Remy *et al.*, 1978 ; Voyé, 1996). Ceux de Maurice Blanc et de Marc Mormont (parmi d'autres) conservent cette empreinte, lorsque le premier questionne en particulier les pratiques et les dispositifs de la démocratie locale et de la participation des habitants dans les villes et leurs quartiers (Blanc, 1994, 2006 ; Smith et Blanc, 1997), et le second interroge les espaces ruraux et leurs acteurs (avec, de fait, les clivages urbain/rural ou développement urbain/protection de la nature à l'arrière plan) (Mormont, 1992, 1994). En même temps, on voit progressivement s'imposer un domaine nouveau, celui de l'environnement et du développement durable, aussi bien par l'entrée des préoccupations écologiques et de leur conciliation avec des exigences économiques et sociales, que par celle du développement social en milieu urbain. On ne s'étonnera donc pas que la gouvernance et le développement durable (en particulier urbain, associant ville et environnement) constituent à présent un cadre de pensée de la transaction sociale fécond et de pleine actualité (Blanc, 2009b ; Hamman, 2008, 2009 ; Hamman et Blanc, 2009).

Ce sont donc *à la fois* les transactions sociales comme dynamique et les dynamiques de la transaction comme paradigme qui nous intéressent dans cet ouvrage. Cela se traduit dans son organisation en trois parties, qui se répondent et se complètent, tant sur le plan thématique que notionnel. Elles sont consacrées plus spécialement à la ville, à la démocratie et à l'environnement, tout en promouvant des ponts de dialogues et de références partagées, et parfois de débats. C'est aussi le propre des analyses en termes de transactions sociales que d'y voir toujours une construction qui « ouvre » et ne clôt pas prématurément la discussion scientifique.

---

[5] On renvoie à l'expression de Maurice Blanc (2006), selon lequel « la démocratie participative n'est pas un long fleuve tranquille ».

3. Unité et déclinaisons : de la portée des transactions sociales comme dynamique et comme concept

Les contributions rassemblées offrent au lecteur deux niveaux d'appréhension. Pris un à un, les textes, produits autant par des chercheurs confirmés que plus jeunes, proposent différents modes d'entrées dans l'analyse des transactions sociales : mise en débat de la littérature scientifique, monographies, apports réflexifs d'une expérience, étude transversale, etc. Ceci permet de coupler des références théoriques en sociologie et, plus largement, en sciences sociales, avec une diversité de méthodes empiriques : notes ethnographiques, enquêtes par observation, entretiens associés à des sources documentaires (archives, presse, etc.), et méthodes quantitatives (analyse factorielle de correspondances). Chaque approche, théorique et empirique, apporte sa pierre à l'édifice. Mais là n'est pas tout, car, transversalement, les recherches regroupées dans ce volume produisent de la distance et permettent une compréhension affinée du paradigme transactionnel, tant dans ce qui l'a construit – en termes de références aussi bien que de champs d'étude privilégiés – que relativement à ce qu'il produit en termes de connaissances, tout en se renouvelant dans les thématiques. On parvient ainsi à monter en généralité, sans s'éloigner d'une sociologie empirique attachée à la preuve, et en dialoguant avec d'autres conceptualisations ; l'ouvrage s'en veut la preuve.

De nombreuses réflexions et conceptualisations mobilisant la transaction traversent à ce titre le volume ; sans que ce soit exhaustif, trois d'entre elles apparaissant particulièrement structurantes.

Transactions tacites et transactions multipolaires

Le jeu de l'identité et de l'altérité, largement souligné par Simmel (1981, p. 160), est constitutif de la citoyenneté : débattre avec l'autre et entrer dans des transactions, c'est-à-dire reconnaître des éléments de communauté autant que des différences réelles, est indispensable pour définir l'exercice démocratique. Cela ressort à différentes échelles au demeurant : aussi bien, à un niveau national, dans la contribution de Juan Matas consacrée à la transaction sociale et politique au Chili après la fin de la dictature, que dans celle de Léa Longeot, retenant l'échelle « micro » d'un projet local et de ses acteurs, autour de la production d'un film sur la communauté Rrom dans une commune de la couronne parisienne. Maximiliano Soto se situe, lui, à l'échelon du quartier dans la ville – en comparant deux quartiers « historiques » à Strasbourg, la Krutenau et la Gare, et, à Valparaíso, le *cerro Alegre* et le *cerro Cordillera*. Il montre comment des processus transactionnels peuvent parvenir à établir un espace de participation des habitants pour la valorisation du patrimoine bâti du quartier dans lequel ils résident et… se reconnaissent. Mais sans faire disparaître le conflit pour autant. De telles opérations de fabrique de la ville sont en effet porteuses de conflictualités entre différents groupes d'acteurs en présence : les habitants, les usagers de lieux, les promoteurs immobiliers, la municipalité, etc. Quant à Pierre Hamel, qui s'attache à interroger la participation citoyenne à l'aune du débat public et de ses dispositifs territorialisés, il note d'emblée qu'« elle se déroule à plusieurs échelles, allant du quartier urbain à l'espace métropolitain, mais aussi au-delà, en se déployant sur la scène nationale lorsque ce n'est pas en mobilisant des réseaux transnationaux ».

Dans ce dernier cas tout spécialement, la synthèse proposée par Pierre Hamel le pose clairement, on voit que démocratie représentative et démocratie participative/délibérative tendent le plus souvent à s'exclure mutuellement. L'exercice de la démocratie, et en particulier de la démocratie locale, comme l'a montré Maurice Blanc (1994, 2006), passe en fait par des transactions bipolaires tacites, entre élus et entre ces derniers et les services techniques et administratifs des collectivités, avec le citoyen en arrière-plan, qui se doublent de transactions multipolaires avec la « société civile » et les habitants dans le cadre des modalités et des opérations de concertation et de participation mises en place (transactions pouvant elles aussi être tacites, ou explicites).

La démocratie représentative entretient l'illusion selon laquelle ce sont les élus seuls, fondés à le faire au titre du suffrage universel dont ils tirent mandat, en ayant la confiance de la majorité, qui prennent les décisions, au nom de l'intérêt public (Schumpeter, 1951). En fait, ces dernières peuvent s'analyser comme le résultat d'une transaction bipolaire entre deux principes de légitimité en tension : la représentation et la compétence technique. Le résultat des urnes ne peut en effet à lui-seul garantir qu'un élu détienne les connaissances et les savoir-faire permettant de traiter tous les problèmes du territoire en question. C'est là que prennent place des experts et des agents qui les entourent, formant l'appareil technique et administratif des collectivités. Il y a là une co-production de la décision. Mais cette transaction ne vaut qu'en restant informelle, à l'endroit de l'acteur convoqué comme principe premier de légitimité, c'est-à-dire le citoyen, dont l'élu n'aurait d'autre mission que de concrétiser au mieux les attentes dans l'intérêt de tous.

Deux textes focalisent justement sur les acteurs publics et parapublics exerçant une mission de service public, au sein, en rapport ou par délégation d'une collectivité ou de l'État, en retenant des situations différentes, mais qui ont en commun une problématique sociale urbaine. Abdelhafid Hammouche s'intéresse à la sphère des travailleurs sociaux : – « animateurs(trices), éducateurs(trices) ou assistants(es) sociaux(les), salarié(e)s d'équipements de proximité (centres sociaux, etc.), ou d'associations agissant au titre d'une délégation des pouvoirs publics » – qui mettent en œuvre la politique de la ville, en même temps que celle-ci participe d'un processus de redéfinition de leurs pratiques. Dans ce cadre, l'auteur montre, notamment à partir d'entretiens, une pluralité d'usages des dispositifs de la part des agents du secteur social, où apparaît une « plasticité des relations sociales ».

Catherine Delcroix, de son côté, évoque, au travers des médiatrices socioculturelles, le rapport asymétrique de l'usager au « guichet », sous l'angle original de l'intermédiation par un tiers. On voit que les représentations de ces agents incarnant des institutions telles que l'école, l'agence nationale pour l'Emploi, la force publique, etc., jouent un rôle d'importance dans les relations qu'ils entretiennent avec les habitants des quartiers défavorisés, et la marge décisionnelle qui leur appartient, entre distance sociale et compassion. On sait en effet que le guichetier n'est pas dépourvu d'« armes ». Il y a d'abord les signes qui servent à porter un jugement : l'allure, la voix de la personne qui se présente à lui, etc. Ensuite, V. Dubois (1999) cite différents « trucs », comme utiliser un ton familier pour en savoir davantage ; on pense à l'exemple d'un allocataire d'une Caisse d'allocations familiales qui, à l'issue d'un entretien assez détendu, vient à évoquer un week-end avec son épouse, alors qu'il vient de déclarer être célibataire ! Enfin, le guichetier dispose d'un appareillage socio-technique, que J.-M. Weller (1999) qualifie de « technologie littéraire » : documents à fournir par les allocataires, codes de procédure, lettres-types, banques de données informatisées, etc. Dans ces interactions, se jouent des identités et des rôles sociaux, la régulation de tensions et des stratégies de contournement. Plus encore, lorsqu'apparaît l'entremise du tiers, on comprend toute la portée des dynamiques transactionnelles qui s'opèrent, en termes de transactions réussies ou non (ou partiellement). L'attention portée dans la contribution à la fois aux médiatrices et aux agents des guichets est d'autant plus suggestive des interrelations concrètes qui s'établissent, et de l'importance de la place des fonctionnaires. En même temps, comme l'écrit Catherine Delcroix des médiatrices socioculturelles :

> Ces femmes se trouvent initialement placées simultanément « en bas » de plusieurs rapports de pouvoir : en tant que faisant partie des classes populaires, en tant qu'immigrées, et en tant que femmes. En tant que telles, elles sont victimes de discrédits cumulés. Néanmoins, elles parviennent à développer des réseaux et des formes d'action qui transforment peu à peu l'économie relationnelle et la régulation des tensions au sein des quartiers défavorisés.

Dans les relations qu'elles entretiennent à la fois avec les agents et les demandeurs, peuvent émerger des transactions tripolaires, mais elles semblent demeurer incomplètes.

C'est que, plus largement, les transactions se complexifient dans le cadre de modes de démocratie locale affirmant revaloriser la place du citoyen dans les processus décisionnels, en invitant les habitants à y prendre part. On a alors affaire à un jeu non plus à deux mais à trois (sinon davantage), entre les élus, les techniciens et les citoyens mobilisés, ce qui correspond à des transactions tripolaires entre trois légitimités qui ne se situent pas sur le même plan : la représentation *via* le suffrage pour les premiers, l'expertise et la compétence pour les seconds, et enfin la participation et l'association directe se voulant « plus démocratiques », y compris au titre de la mobilisation (Smith et Blanc, 1997, p. 298). S'ensuivent une succession de compromis particulièrement fragiles, car des conflits et des alliances fluctuent à la fois entre ces trois grands groupes d'acteurs, mais aussi à l'intérieur d'un même répertoire de légitimation : par exemple, pour les élus ou les militants, en fonction des appartenances politiques ; on peut alors évoquer des transactions multipolaires.

En effet, une majorité locale est souvent composée de plusieurs tendances, sinon de différentes formations politiques. La contribution de Nicolas Bué souligne toute la place des régulations reposant sur une dualité formel/informel dans le cas d'une coalition municipale à Calais, de 1971 à 2008, entre le Parti communiste et le Parti socialiste : « Si les échanges coalitionnels s'inscrivent dans un cadre formel, ils répondent aussi à des logiques informelles et diffuses, nées de la pratique », relève l'auteur, qui analyse l'articulation transactionnelle entre le cadre formel des interactions, à savoir la négociation électorale, le contrat et les procédures municipales, et le cadre informel, autour du secret et du circuit *off*, c'est-à-dire que la prise de décision ne peut être réduite à une seule arène et percole au contraire dans plusieurs espaces, où les négociations sur ce qui divise sont fréquemment abordées sinon réglées au cours d'interactions informelles, « de couloirs ».

Il en est de même dans le secteur associatif, étudié par Carole Waldvogel dans le cas des groupements d'environnement en Alsace. Des transactions se donnent à voir à la fois à l'endroit des pouvoirs publics et du pôle décisionnel technicien et expert (coordination d'opérations de protestation, collecte « scientifique » de données et travail sur dossier pour mener des actions en justice, etc.) et au sein-même de l'univers associatif, qui apparaît sérieusement clivé – les analyses factorielles de correspondances sur lesquelles se fonde l'auteure l'attestent – par une opposition entre quatre ensembles : « les associations de défense de l'environnement, les associations qui allient environnement et économie, les structures qui se définissent essentiellement par un capital global fort, et les structures qui se définissent uniquement par un capital global faible ». Selon les cas, les épisodes, les moments et les configurations, ces associations du secteur de l'environnement vivent parfois en parallèle, parfois travaillent ensemble ou encore s'affrontent entre elles, par exemple, entre naturalistes scientifiques et militants politisés, etc. À côté des dualismes divergents, il est aussi question de coopération et de reconnaissance mutuelle, « facilitant dès lors la négociation et l'échange, quelles que soient leurs formes, autour de moyens d'action, d'objectifs et de valeurs ».

Les enjeux du développement durable urbain analysés par Philippe Hamman le corroborent plus largement, à partir de regroupements transversaux d'acteurs mis au jour, en rapport avec la promotion d'un registre participatif associé à la concrétisation de la ville durable. Dans cet appel au citoyen actif, se côtoient des mobilisations individuelles et organisées à partir d'associations locales (environnementales, de quartier, etc.). Dans ces configurations davantage labiles, compte tenu de la mise en rapport de différents secteurs et enjeux (économiques, sociaux, environnementaux et culturels), il n'y a pas deux groupes bien nets en opposition (élus/associations, par exemple), mais des fractions pouvant conclure des alliances, qui demeurent toujours réversibles. Un ensemble de dispositifs intermédiaires se comprend de la sorte, comme les conférences de citoyens, etc. (Hamman, 2008 ; Barbier, Bedu et Buclet, 2009), où des associations peuvent jouer un rôle-pivot entre la municipalité et les habitants. Dans ces transactions tripolaires, on observe un processus de translation partielle du pôle expert de l'appareil communal vers un prestataire à la posture d'entre-deux, c'est-à-dire ayant une dimension associative et militante dans le domaine environnemental, en plus d'assurer des missions rémunérées de communication ou de pédagogie en développement durable. Cette double logique de fonctionnement témoigne d'un « faire avec » transactionnel qui tend à se développer, y compris au sein d'une même structure, comme l'a également pointé Carole Waldvogel en étudiant la fédération *Alsace Nature*. Ces accords ne peuvent dès lors jamais être parfaitement stabilisés, et l'une comme l'autre des parties veille à conserver des marges de manœuvre permettant à tout moment de rompre le compromis (il y a toujours des fonctionnaires communaux qui suivent ces dossiers, les associations prestataires ne le sont pas uniquement pour une même collectivité et multiplient leurs activités, etc.) (Hamman et Blanc, 2009).

En contexte rural, dans le cadre de dispositifs relatifs aux parcs et réserves naturels qui veulent également associer les acteurs en coprésence, Coralie Mounet montre de même, à partir de la question des animaux « à problème » que sont le loup et le sanglier dans les Alpes françaises et de leur gestion au quotidien, que, malgré des vues très divergentes sur la conduite à tenir – gestion protectrice des espèces, ou, inversement, forte régulation voire éradication –, les différents protagonistes partageant un même territoire doivent cohabiter et trouver des compromis. En particulier, suivant des logiques « microsociales apaisées », certains agriculteurs et chasseurs préfèrent transiger localement, voire organiser des modes de compensation (offrir du gibier, participer aux moissons, etc.), plutôt que de solliciter l'intervention des autorités au niveau départemental (pour que soient opérées des battues administratives, par exemple). En même temps, ces micro-régulations peuvent dévier de leur équilibre vers de l'imposition, si un groupe exerce de fortes pressions pour maintenir le contrôle à cet échelon (des chasseurs menaçant des agriculteurs s'ils devaient se plaindre de dégâts aux services de l'État, etc.) : les transactions peuvent également ne pas fonctionner, tout en donnant l'apparence de la conciliation – constat partagé avec les espaces urbains, si l'on pense à la participation-information notée aussi bien par Pierre Hamel que Philippe Hamman.

On comprend ainsi que le développement de la participation des habitants peut correspondre, de façon variable, à une logique éthique (dans le rapport à un exercice concret de la démocratie) et/ou pragmatique (suivant une préoccupation de bonne gestion, pour que des actions « prennent », ou encore de communication politique, pour que leur imputation soit favorable aux décideurs). À ce titre, ce sont des modes de participation plus ou moins institutionnels que l'on repère de ville en ville, c'est-à-dire que l'association des habitants à la décision connaît des degrés divers. Schématiquement, avec des compositions intermédiaires, il peut s'agir d'une simple information, afin de mettre en valeur l'action municipale ou intercommunale, ou d'une démarche de concertation effective, ce qui suppose une redistribution (relative) du pouvoir au profit des habitants, au-delà de la seule « publicisation du débat », au sens de Jürgen Habermas (1986). Pour autant, l'existence de transactions ne présuppose pas nécessairement une telle redistribution, car elles se comprennent par rapport au dispositif démocratique dans son ensemble (et non forcément dans le cadre d'un jeu à somme nulle) : il peut y avoir un élargissement de la transaction en termes de compétences d'usage à l'endroit des habitants (on pense aux quartiers patrimonialisés étudiés par Maximiliano Soto, etc.) – donc une transaction tripolaire – où l'illusion de l'élu qui décide seul est toujours maintenue, c'est-à-dire que la transaction demeure tacite et implicite, voire pour certains groupes (parmi les associatifs, par exemple) collusive entre secteurs. Les illustrations fournies par Philippe Hamman s'agissant des préoccupations de développement durable urbain le soulignent.

On touche alors à un enjeu central des démarches participatives, entre dispositifs octroyés et parole revendiquée. Pour les élus, les techniques participatives peuvent s'apparenter à des modes de prévention de conflits et de résistances de la part des habitants, au risque du désintérêt de ces derniers si de concertation il n'est que formatée par les décideurs – il suffit de penser au cas de comités consultatifs fonctionnant en vase clos, dans le domaine de la ville durable comme des politiques sociales et de « mixité » urbaine. À l'inverse, si l'on part d'une mobilisation citoyenne constituée pour faire aboutir des doléances et désireuse de s'exprimer à ce titre, la participation, revendiquée, est susceptible de faire émerger un débat public (Blanc, 1994, p. 269-270). Mais les élus peuvent y être alors réticents. L'exemple rapporté par Catherine Delcroix à propos d'une association locale, *La Baraka*, montée par une médiatrice socioculturelle d'origine algérienne à Salon-de-Provence est parlant : les élus commencent à s'en inquiéter lorsque la critique portée par la structure dépasse « le cadre des modalités habituelles du travail social ».

La réalité des transactions est alors complexe, et on ne manque pas d'entendre des responsables associatifs se plaindre du peu de cas qui leur est porté par les édiles. « Participation fonctionnalisée ou ouverture démocratique ? », ainsi se résume la dialectique correspondant à la place des associations dans l'action publique locale, selon les termes de Jacques de Maillard (2002). Plus précisément, s'agissant de peser sur la décision, c'est l'émergence, dans le secteur associatif, de figures « professionnelles » de la participation (Nonjon, 2005) qui retient l'attention, entre militance et expertise, c'est-à-dire entre deux pôles « classiques » des transactions tripolaires qui s'opèrent. Différentes contributions le sous-tendent, à commencer par Carole Waldvogel, lorsqu'elle retrace les dialogues entre des associatifs alsaciens du domaine de l'environnement qui produisent un discours mixte sur la nature de leur engagement, entre conviction écologiste ou naturaliste, travail militant ou encore administratif, mais aussi « veille » scientifique. Ce que désigne l'expertise elle-même (l'observation scientifique, la pratique « de dossiers », les usages du droit, etc.) n'est donc pas pleinement arrêté, et c'est une pluralité de processus d'acquisition de compétences que l'auteure restitue, où se nouent des compromis transactionnels. Car il n'est pas seulement question de l'efficacité directe pour l'intérêt à défendre mais aussi des valeurs sous-jacentes : on ne peut se passer de l'observation rigoureuse et continue des espaces humides si l'on veut être crédible pour porter une action sur la scène publique à l'endroit des décideurs, peut-on entendre.

La figure du président du « Collectif Tramway » à Montpellier dont parle Philippe Hamman témoigne de ces mêmes compositions dans le profil des acteurs-porteurs d'une cause et des modes de contacts élargis qu'ils entretiennent – dans ce dernier cas, avec des personnels techniques de la société des transports et de l'agglomération montpelliéraine. Et l'on pourrait en dire autant, en déplaçant le regard avec Coralie Mounet, d'un certain nombre de chasseurs et d'agriculteurs dans leur « vivre ensemble » au sein du Parc et de la Réserve naturelle des hauts plateaux du Vercors. Transversalement, de la sorte, c'est aussi la participation au risque de l'enrôlement de la population et la désignation d'un nouveau type d'experts sommés de participer à la vie publique qui retient l'attention (Rudolf, 2003).

On rejoint ainsi la question de taille de la portée des dispositifs de la démocratie participative en termes de changement institutionnel, au centre de la contribution de Pierre Hamel : y a-t-il là une transformation des modèles traditionnels de gestion dans le sens de leur démocratisation et est-ce que « la modernisation de la démocratie passe en priorité par une rénovation du discours participatif ? », demande-t-il. À un échelon plus large encore, celui de la nature du régime démocratique, en mobilisant l'exemple chilien, Juan Matas analyse la transaction « au carrefour du changement et de la continuité », c'est-à-dire en s'intéressant au façonnage de représentations collectives en matière de conflit et de consensus, imprégnées des *années de plomb*, mais pas seulement. L'auteur montre en particulier comment les gouvernements de la Concertation pour la démocratie – coalition de la démocratie chrétienne et de la gauche non communiste, au pouvoir depuis la fin de la dictature – construisent leur position dirigeante autour d'un projet produit comme consensuel. Ceci crée un certain nombre de contradictions – dont la gestion est le propre de toute coalition, si on lit la réflexion théorique de Nicolas Bué –, qui constituent une marque significative des dynamiques transactionnelles.

La transaction sociale apparaît finalement comme une voie de dépassement de dualismes divergents entre les répertoires technique et social, ou encore l'aménagement et le ménagement, pour reprendre les mots de Michel Marié (1989). Elle suppose l'émergence d'acteurs et de lieux « tiers », passeurs et passages, par qui et où des transpositions entre les univers en présence peuvent déboucher sur des hybridations, de portée toujours variable et limitée. Cette place du tiers acteur et de médiateurs ressort, plus ou moins explicitement, de l'ensemble des contributions à cet ouvrage, et clairement chez Nicolas Bué, Abdelhafid Hammouche[6],

---

6 Lequel écrit explicitement : « La politique de la ville et les dispositifs qu'elle engendre se révèle ainsi comme une médiation pour dépasser le temps industriel et ses sociabilités. Elle contribue à consacrer une légitimation d'actions fondées sur l'intersubjectivation des rapports avec une multiplication des intermédiaires connais-

Catherine Delcroix, Coralie Mounet et Philippe Hamman, mais aussi, à leur manière, chez Tom Storrie et Éric Navet, pour ne citer qu'eux. Les produits transactionnels correspondent en effet à un compromis pratique. Certes, il ne renseigne pas en soi sur le niveau de consensus obtenu à partir d'injonctions contradictoires, d'intérêts et de valeurs qui ne correspondent pas. Mais on peut ainsi situer ces tensions dans un univers de référence commun, qui permet justement aux oppositions de s'exprimer, et donc d'aboutir à des échanges voire des règles davantage stabilisées. La dimension processuelle des séquences transactionnelles débouche sur la construction d'un « ordre négocié »[7] – des « logiques microsociales apaisées », écrit Coralie Mounet. La mise en correspondance de prétentions diverses conduit à une création qui comprend une part de compromis et d'innovation, de coopération conflictuelle et d'hybridation. On le voit aussi bien autour des politiques locales et de l'action sociale urbaine que du principe démocratique et de ses déclinaisons, de l'État au projet en passant par les collectivités territoriales, et peut être plus encore, à présent, lorsqu'il est question de préoccupations environnementales et de développement durable, dans les espaces ruraux et urbains et à leurs intersections.

Le résultat des transactions peut correspondre à une « sédimentation », pour reprendre une expression de G. Simmel à propos des formes sociales, laquelle se comprend en relation avec les échanges sociaux qui se cristallisent. Les dispositifs que l'on observe d'un texte à l'autre ont en commun de témoigner d'une « prise en compte de la matérialité, à travers laquelle se constituent des points de repères et des passages obligés » (Jean Remy, in Freynet *et al.*, 1998, p. 38). De plus, les transactions sociales ne sont pas réductibles à une relation entre acteurs, au sens où elles portent autant sur des projets, dont elles contribuent à redéfinir pour une part les contours, voire, au-delà, la configuration locale, dans la mesure où elles opèrent des redistributions, dans les relations d'intérêts, de valeurs et les dynamiques interculturelles : « Par la conclusion qu'elle apporte à un problème donné, la transaction a le double pouvoir d'être facteur de changement et productrice d'une synthèse créatrice ; elle introduit la nouveauté », relève Monique Coornaert (in Blanc, 1992, p. 139). Le texte de Léa Longeot permet sur ce plan de bien suivre les processus en train de se faire, dans le cadre d'un projet

sant une personnalisation même relative (avec les bénévoles des associations, les habitants "relais", etc.) ».

7 « "Ordre" suppose la prise en compte des exigences de l'interdépendance, "négocié" suppose que cette prise en compte se fait dans l'interaction. Sous le poids des enjeux communs qui pèsent sur l'un et l'autre, naît une réciprocité dans l'interaction qui permet une modification de la perception du problème et induit une évolution des prétentions de l'un sur l'autre » (Remy, in Freynet *et al.*, 1998, p. 38).

précis, sans vision simplificatrice quant à ce qui fonctionne ou non, mais en liant en permanence coopérations et conflictualités dans ce qui se construit suivant des temporalités non-linéaires.

Transactions territoriales

Que les processus décisionnels locaux produisent du consensus plutôt que de consacrer des rapports de force suppose une reconfiguration de la régulation de l'action publique – sans nier pour autant les divergences d'intérêts en présence ni l'hétérogénéité des visions sociétales qui coexistent ; Coralie Mounet et Carole Waldvogel, entre autres, le font comprendre. Ceci implique des processus continus de *transactions territoriales*, c'est-à-dire de « transactions sociales dont le territoire est le cadre et qui contribuent au processus de socialisation, et donc de territorialisation, de l'espace ». Ces processus permettent de dégager des compromis pratiques dans le cadre d'une gouvernance incomplète, où « l'équilibre entre procédures institutionnelles et processus transactionnels n'est pas clairement établi » (Casteigts, 2008, p. 183-184), si l'on admet que la dynamique de territorialisation suppose que les acteurs d'un territoire « partagent la conviction de l'intérêt commun qu'ils ont à établir un partenariat stable fondé sur des concessions réciproques, dans une relation de confiance ». Coralie Mounet le montre, entre « pro » et « anti » loups et sangliers dans les Alpes, il y a au moins un même territoire en commun et ceci produit des effets : l'« investissement simultané sur un même territoire les contraint en effet à inventer des formes de vivre ensemble au quotidien ». Quant aux accommodements internes à *Alsace Nature* que note Carole Waldvogel, entre environnementalistes politiques, scientifiques, etc., ils peuvent se comprendre pareillement, quant à la visibilité et la légitimité de la structure à l'échelle d'une même région.

On peut désigner ce type de compromis comme des *conventions territoriales* (notamment distinctes juridiquement des contrats par l'absence de sanctions juridiques attachées). « Cela n'est possible que par le jeu de mécanismes cognitifs qui, dans la modification des représentations collectives, permettent l'émergence progressive de nouvelles solidarités et de nouveaux principes d'action, consacrés les unes et les autres par de nouveaux processus décisionnels que l'on désigne généralement sous le terme générique de gouvernance », poursuit Michel Casteigts (2004). Parmi d'autres, le développement durable s'apparente aujourd'hui à une référence partagée au sein des univers institutionnels et de la société civile, ce qui en fait un élément central des conventions territoriales et donc de l'élaboration des transactions territoriales. La transaction peut en effet se définir à la fois comme une vision du social, une forme de sociabilité et une posture méthodologique. C'est pourquoi le regard porté interroge les couples d'opposition structurant la situation, les projets et stratégies en jeu dans l'action publique territoriale, car c'est autour de ces dialectiques que vont s'ordonner les séquences transactionnelles, dans leur dimension à la fois matérielle et temporelle, autour de plusieurs chronologies qui coexistent, jusqu'à modifier la configuration dans laquelle elles se déroulent. Les textes de Philippe Hamman et Coralie Mounet en offrent différentes illustrations, en contexte urbain et rural.

Derrière les appels à la gouvernance, aux « bonnes pratiques » et à la participation, relevés par Pierre Hamel, Maximiliano Soto, Coralie Mounet et Philippe Hamman, c'est bien d'échanges inégaux dont il est question autour des transactions territoriales et de leur rapport à la démocratie. Dès lors, la transaction est amenée à porter sur l'établissement de règles de réciprocité sous cette contrainte : dans un cadre asymétrique, le conflit est présent, mais n'exclut pas la continuité d'une interaction réciproque, laquelle peut reposer sur l'équitable (et non l'égalité)[8]. C. Mounet l'explique, les compensations imaginées par certains chasseurs à l'endroit des agriculteurs dans le massif du Vercors, par rapport à la présence des sangliers, sont très caractéristiques : il ne s'agit pas de supprimer la présence de l'animal, mais d'aider les agriculteurs à mieux vivre sa présence (en leur offrant de la viande, en les soutenant après des dégâts ou lors de travaux des champs, etc., c'est-à-dire en rendant raison d'un préjudice subi qu'il convient de prendre en compte sinon en charge). Pour le dire autrement, la transaction s'applique « au jeu social où chacun fait comme si on était d'accord, à condition de tirer avantage de l'échange, quitte à faire un usage détourné du produit », pour reprendre les termes de Jean Remy (in Blanc, 1992, p. 92). Il en va donc d'une régulation des rapports sociaux à travers des compromis, qui sont aussi des redistributions au sein des coalitions de projets et des politiques menées, avec une implication mutuelle des acteurs et des groupes en présence. Mais le différend ne disparaît pas pour autant ; l'ajustement n'est pas complet ou total : quelque chose est construit, mais d'autres pans de ressentis ou d'inégalités ne seront pas traités instantanément. On le voit dans le cas de la coalition municipale étudiée par Nicolas Bué, de la posture et de l'action des travailleurs sociaux et des médiatrices socioculturelles dont nous parlent respectivement Abdelhafid Hammouche et Catherine Delcroix, du projet de film consacré aux Rroms à Montreuil que retrace Léa Longeot, comme dans les différents textes consacrés aux

8 En distinguant précisément l'équité, comme une règle qui va permettre de comparer des apports hétérogènes, de ce que seraient des revendications à l'égalité ; l'exigence d'équité peut alors devenir un ressort des dynamiques transactionnelles en contexte d'échange inégal : Kellerhals, Coenen-Huther et Modak, 1988.

questions environnementales et de développement durable territorialisé (Coralie Mounet, Carole Waldvogel, Philippe Hamman). En tout cas, et les contributions le montrent, chacune à sa façon, le produit transactionnel va au-delà du point de départ des intérêts et valeurs qui diffèrent, et vaut à ce titre comme un assemblage social hybride, y compris par son caractère instable, relatif et provisoire. À l'exemple des éco-quartiers, les transactions secondes dégagées par Philippe Hamman sont particulièrement révélatrices : un cadre institutionnel, ici de niveau national (par exemple sur la détermination de la Haute Qualité Environnementale), fournit une première définition des rapports entre acteurs. Elle représente le principe légitime d'action, mais n'exclut en rien des accords sur d'autres principes, localisés et territorialisés dans des espaces-frontières entre les partenaires, à l'instar de la production de la notion d'« éco-quartiers à la nantaise », pour retenir le cas de cette métropole (Hamman et Blanc, 2009 ; Devisme, Barthel et Dumont, 2009).

De la sorte, l'entrée par la transaction permet en particulier – la troisième partie de l'ouvrage s'y attache – d'approfondir l'analyse des problématiques du développement durable, dans différents contextes. Réciproquement, ces dernières renouvellent l'approche des transactions sociales qui, à l'origine, se sont intéressées à la ville. Les questions de développement durable, comme de développement urbain et social plus tôt et de façon toujours pertinente (cf. la première partie du livre), traduisent une inertie de l'espace par rapport aux transformations que l'homme veut lui imposer, ce qui lie la dimension socio-spatiale à une dimension temporelle, celle d'un temps toujours présent entre les transformations sociales et les transformations de l'espace. Se situer au niveau d'espaces interstitiels, entre échelles et cadres d'action, comme le propose Philippe Hamman, est d'autant plus significatif pour considérer ces dynamiques. Ce regard inter-échelles associant « micro » et « macro », partagé notamment par Pierre Hamel et Coralie Mounet, permet, d'un point de vue plus large, de ne pas faire de la transaction sociale une « bonne pratique » (*Espaces et Sociétés*, 2007), au sens où l'entend notamment la Banque mondiale (1992). Les transactions sociales soulignent la spécificité des compromis pratiques, au lieu de viser à la reproduction de ce qui est labellisé comme « bonne pratique ».

Double transaction identitaire

Intégrant la perspective d'Anselm Strauss selon lequel « certaines transactions consistent en des dialogues avec soi-même » (1992, p. 60), Claude Dubar évoque pour sa part une double transaction, « biographique » et « relationnelle », qui lui permet de caractériser les dynamiques de l'identité pour soi et pour autrui, en même temps que leur dialectique : « La première transaction (biographique) concerne l'identité pour soi et s'enracine dans la dialectique entre l'identité héritée (de sa famille d'origine) et l'identité visée, en continuité ou en rupture avec elle. La seconde transaction (relationnelle) est constitutive de l'identité pour autrui et s'éprouve dans la dialectique entre l'identité revendiquée et l'identité reconnue » (Dubar, 1994, p. 27).

De la sorte, si C. Dubar note que l'identité est attribuée par les autres avant d'être revendiquée par soi, dans un rapport subjectif qui a conduit Erving Goffman à parler d'« identité virtuelle »[9], c'est pour mieux souligner qu'elle « est conquise par et dans l'action avec les autres mais aussi le "travail sur soi" ». Dans sa conceptualisation, le pôle biographique de l'identité est pris dans les déterminations de l'*habitus*, au sens de Pierre Bourdieu, même si les « dispositions à agir issues de la trajectoire sociale » (Bourdieu, 1980b) ne sont pas fixes et se recomposent au contraire au fil de la vie. Il n'empêche qu'elles « sont marquées par la position sociale, incluses dans des rapports de pouvoir qui sont aussi des rapports de domination et pas seulement des relations d'influence » (Dubar, 2008, p. 71-72).

Par la posture réflexive empruntée (et suffisamment rare pour être soulignée) pour restituer les processus liés au projet de film sur les Rroms qu'elle nourrit, Léa Longeot rend raison de cette double dimension de la transaction, à la fois pour soi et pour autrui, en nous parlant autant d'elle-même que des acteurs qu'elle a été amenée à côtoyer dans le cadre de son projet et des séquences préalables qu'il a supposées, pour elle mais également pour ses interlocuteurs avérés (des intellectuels rroms) ou potentiels (les Rroms devant être dépeints dans le film) : on voit petit à petit l'auteure se socialiser à une langue, à des réseaux, reconfigurant, pour davantage les imbriquer, une démarche de projet et des enjeux sociaux mais aussi identitaires. À sa manière, Carole Waldvogel relate également, par touches, ces doubles transactions, lorsqu'elle restitue les entretiens passés avec des responsables de la fédération associative *Alsace Nature* : ces derniers parlent en permanence d'eux-mêmes lorsqu'ils évoquent leurs activités et les compromis pratiques noués dans la structure autant qu'à l'endroit des pouvoirs publics et des requérants. Le discours sur la gestion des demandes particulières de type NIMBY (*not in my back yard*) est très révélateur des postures des interviewés relativement à leurs propres pratiques et valeurs.

La contribution de Coralie Mounet est aussi des plus éclairantes, dans une lecture davantage collective de la proposition de C. Dubar. Elle

[9] Erving Goffman (1975) a mis en avant l'importance de la relation subjective à l'identité attribuée par les autres, « identité virtuelle » en permanence susceptible de constituer un « stigmate ».

évoque un épisode d'alliance inédite entre chasseurs et agriculteurs, au sein du Parc national des Écrins, pour réclamer une battue administrative afin d'éliminer les sangliers se réfugiant dans le Parc. Or, écrit l'auteure, « cette coalition est le produit d'une double transaction sociale et identitaire : sociale, puisqu'elle constitue une innovation dans les postures des uns et des autres et donc dans les liens sociaux ; identitaire, car elle cache un regroupement au nom d'une identité locale, d'une appartenance à un territoire local, constitué en réaction à des intérêts nationaux, ceux de la protection de la nature ». En analysant les changements de pratiques professionnelles induites pour les agents des collectivités par l'inscription de politiques urbaines dans le référentiel du développement durable, Philippe Hamman fait ressortir des enjeux voisins. L'exemple du « zéro phyto » (pas d'emploi de pesticides ni de désherbants) pour l'entretien des espaces publics municipaux à Nantes est significatif : cela suppose de mettre en place un dispositif d'apprentissage et de formation des personnels du service des Espaces verts, ces derniers voyant leur travail quotidien modifié, et donc les représentations qu'ils ont de leur activité. Enfin, à partir de son terrain des alliances politiques municipales à Calais, Nicolas Bué relève à son tour que « tout engagement dans une alliance de ce type suppose une forme de "double transaction", avec ses associés-rivaux mais aussi avec son identité partisane ». Dans ces trois textes, on voit que le concept de double transaction, promu par Claude Dubar au niveau individuel, s'avère applicable de façon heuristique aux relations entre des groupes sociaux.

La citoyenneté elle-même fait ainsi l'objet d'un « apprentissage artisanal », dont parle Tom Storrie autour des questions de laïcité, en soulignant toute la part et l'enjeu des apprentissages interculturels, pour le citoyen individuellement en même temps que pour la société civile collectivement.

4. Les transactions comme concept « ouvert » : négociations, reconnaissance, reliance et traductions

Ainsi qu'il apparaît au fil des textes de ce recueil, mobiliser les transactions (et leurs déclinaisons) permet aussi d'ouvrir en permanence des pistes de discussion avec d'autres concepts et approches. C'est en particulier le cas des concepts de négociation valorielle, de traduction, de reconnaissance et de reliance, parmi d'autres connexions possibles[10].

[10] On peut notamment penser aux concepts de transcodage (Lascoumes, 1996) et de percolation, c'est-à-dire de filtrage et de transformation, qui permettent également d'analyser les dynamiques de concrétisation du développement durable urbain (Hamman et Blanc, 2009, 5e partie).

Exemple parmi d'autres, Tom Storrie préfère ainsi parler dans son texte de la société civile comme « lieu de la *négociation* des identités ».

De la négociation à la traduction

Déjà exprimée en 1977, à travers ce qu'il nomme le « paradigme de négociation », et plus récemment, en 1998, dans un ouvrage intitulé *La négociation des valeurs*, Olgierd Kuty souligne dans son analyse de la modernité que « l'homme des sociétés démocratiques est un négociateur » (Kuty, 1977, 1998, p. 325). Le point nodal tient au couple de tension intérêts/valeurs, à partir duquel il fonde son analyse sociologique de la négociation et du compromis. O. Kuty met en particulier en avant la notion de « négociation valorielle », c'est-à-dire (schématiquement) l'idée selon laquelle le champ de la négociation s'étend aux valeurs en présence entre les acteurs et les groupes sociaux et ne se limite pas aux conflits d'intérêt. Plus précisément, l'arrière-plan est celui d'un affaiblissement du régime constitutif de la société industrielle faisant que les problématiques de la régulation sociale connaissent un mouvement de translation vers un questionnement des valeurs (Thuderoz, 2000).

Vis-à-vis de la double transaction identitaire de Claude Dubar, on retrouve chez Olgierd Kuty l'importance accordée à l'idée d'une production identitaire à la fois pour soi et pour les autres. En effet, O. Kuty distingue trois dimensions des processus d'identification de l'acteur : ce qu'il nomme la dimension « argumentative » (une justification « plausible et vraisemblable de l'action »), la dimension « maussienne » (renvoyant à d'anciens engagements) et la dimension « narrative » (une mise en récit de l'histoire de ses identifications). Ceci conduit l'acteur à une nouvelle définition de lui-même en même temps que de ses rapports avec les autres[11]. Le régime de la modernité amène les acteurs à négocier tant sur le plan collectif que sur le plan individuel, et donc à réaliser un travail sur eux-mêmes, comme l'a montré Bernard Francq (2003) dans le cas des urbanités. C'est au contraire dans l'intégration ou non des déterminations de l'*habitus* que les deux conceptualisations de Kuty et Dubar se séparent davantage. Olgierd Kuty ne s'y référant guère, Claude Dubar souligne que « [O. Kuty] a insisté sur le caractère local et provisoire des valeurs créées par l'action collective mais n'a pas poussé au bout la réflexion sur les conditions de la "création valorielle" et de l'"innovation stratégique" » (Dubar, 2008, p. 72).

---

[11] « Le thème de la négociation est central aujourd'hui. Les hommes ne négocient pas seulement leurs intérêts comme la sociologie classique nous l'a appris. Ils abordent la construction de leurs valeurs dans la même perspective », écrit Olgierd Kuty (1998, p. 325).

Sur ces rapports entre transactions et négociations, qui suscitent des débats de longue date, le texte de Nicolas Bué constitue un apport intéressant à plus d'un titre. D'une part, N. Bué montre tout l'intérêt que présente la transaction à porter la focale sur « l'implicite, le latent, le diffus, l'informel, combinés au non intentionnel », ainsi mis davantage en lumière que ne le fait la négociation. On voit du reste au fil des contributions à quel point il est question de relations entre des acteurs et des groupes, de mises en rapports qualifiées par les auteurs d'implicites, d'informelles ou encore de tacites – Maurice Blanc l'a lui-même largement pointé (1994, 2006). D'autre part, en allant plus loin, N. Bué s'arrête sur la question de l'in-négociable/l'in-transigible : « À trop se focaliser sur ce qui s'échange ou fait l'objet de négociations, on en oublie les éléments refoulés, et, par là-même, l'opération de délimitation d'un univers du négociable dont ils procèdent », insiste-t-il : l'existence d'une forme d'in-négociable reconnue par les partenaires à la coalition municipale étudiée relève d'un compromis pratique. D'où la proposition qu'il formule et met à son tour au débat : « L'in-négociable ressortirait ainsi comme le domaine principal de la transaction, celui que, par définition, la négociation ne couvre pas : la transaction renverrait au compromis pratique par lequel des associés-rivaux évitent d'engager l'interaction sur certains sujets, et désignerait le processus d'acceptation de la différence ».

Corrélativement, la transaction sociale, comme la négociation valorielle d'ailleurs, conduit le sociologue à être sensible aux « passages de valeurs », selon l'expression de Jean-Yves Trépos (2008), qui permettent de combiner d'autres approches susceptibles d'enrichir le raisonnement, à commencer par les réflexions sur le rôle des passages et des passeurs dans la sociologie de la traduction. Certes, au sens strict, la traduction désigne le passage entre des univers scientifiques, en termes de déplacement et de transposition d'un monde précis à un autre. Mais les quatre opérations que distingue analytiquement Michel Callon (1986) permettent de resituer des enjeux qui s'apparentent à de la négociation. La problématisation correspond à l'activité de reformulation d'un problème afin de le rendre « acceptable ». Puis c'est par l'enrôlement que des rôles sont assignés aux différents acteurs. L'intéressement désigne ensuite explicitement les activités de négociations scellant des alliances entre acteurs et entre groupes. Enfin, la mobilisation permet la réalisation de l'action.

Autour des enjeux d'environnement tout spécialement, lorsqu'on aborde la place des acteurs non humains, la sociologie de la traduction constitue un outillage participant, avec les transactions, de l'analyse de ce qui circule, en termes de chaînages pratiques et théoriques, de modèles cognitifs et d'action, passant par un ensemble de filtres, à commencer par ceux de l'inscription de ces problématiques « macro » dans des territoires qui sont autant de construits politiques et sociaux, et des espaces de concrétisation, tels que la ville, comme le montre Philippe Hamman dans son analyse des espaces intermédiaires du développement durable urbain (cf. aussi Hamman, 2008, 2009 ; Hamman et Blanc, 2009, 5e partie). En rapport au développement territorial, la question de la préservation de la nature soulève les mêmes enjeux de traductions d'objectifs et de modes de pensée souvent fort divergents entre les différents acteurs d'un espace rural. Coralie Mounet et Carole Waldvogel l'ont fait ressortir clairement, c'est par une traduction locale du problème, et donc un entremetteur, que celui-ci peut devenir intelligible et accepté de tous. À cela s'ajoutent des traductions au sens premier, mais aussi figuré, dans le cas des travailleurs sociaux, et plus spécialement s'agissant des médiatrices socioculturelles dont Catherine Delcroix fait le portrait. Les premières initiatives ont fréquemment consisté en un appui au sein de leur famille pour traduire et expliquer des documents, avant de le faire également pour des membres de leur communauté d'origine, puis pour l'ensemble des habitants de leur quartier de résidence qui le demandent, établissant ainsi une médiation.

Plus généralement, ces usages croisés – explicités comme tels par Coralie Mounet et Philippe Hamman, notamment – des concepts de transactions et de traduction amènent un débat plus large entre ces deux « traditions » sociologiques. À sa façon, c'est ce à quoi invite le texte de Florence Rudolf, qui revient également sur des éléments de débats avancés, entre autres, par Jérôme Boissonade (2009), pour qui la sociologie de la transaction sociale gagnerait à se nourrir davantage de la « grammaire » de la sociologie pragmatique, tirée des travaux sur la « justification » de Luc Boltanski et Laurent Thévenot (1991). F. Rudolf le souligne, et prône des perspectives plus rapidement disposées à la formalisation. Le présent ouvrage devrait toutefois convaincre des apports théoriques possibles d'une approche par les transactions sociales attentive à leur fondement empirique. Le texte de Juan Matas, situé à un niveau « macro », celui des régimes politiques et de la démocratie, montre d'ailleurs que focaliser sur les entre-deux ne veut en rien dire se limiter à des « petits » objets, délaissés par d'autres, mais permet de renouveler le regard ; il peut ainsi conclure :

> La transaction politique et sociale part de l'idée que les sociétés ne peuvent pas plus être considérées comme des ensembles homogènes, où les intérêts des individus et des groupes ne revêtent aucun caractère contradictoire et où les antagonismes sont perçus comme un signe de dysfonctionnement ou comme une pathologie, que comme des espaces d'affrontement où l'idée même de lien social regroupant tous les individus et les groupes ne serait qu'une façon de masquer l'opposition irréductible de ceux-ci.

Reconnaissance, négociations, transactions

Tout n'est pas négociable en coalition, pose Nicolas Bué, à partir de ses recherches de terrain sur la municipalité de Calais. Ce renversement de perspective mérite que l'on s'y arrête : c'est-à-dire, plutôt que de réfléchir uniquement à l'étendue du concept de négociation, s'interroger sur ses frontières et limites de pertinence. Tout comme N. Bué, Alain Éraly met en garde sur ce point, estimant que l'espace de la négociation doit être délimité pour justement autoriser cette négociation, sans quoi la valeur heuristique de la théorie s'étiole : « Plus s'étend son champ d'application, plus le modèle de la négociation tend à réduire les phénomènes sociaux aux catégories de l'intérêt, de l'incertitude, du jeu et du compromis » (Éraly, 2008, p. 77). Voilà qui rend sa place à un programme de sociologie de l'entre-deux, face à des typifications trop généralisantes : il y a là autre chose que ce que Florence Rudolf nomme « des cas “orphelins”, que ce soit en raison de leur invisibilité ou de leur résistance à des classifications », pour pousser au débat.

Ce rapport à l'in-négociable/in-transigible permet par la même occasion une discussion sur le rapport entre reconnaissance, négociations et transactions. En effet, dans sa théorie de la reconnaissance aujourd'hui connue, Axel Honneth (2000) distingue trois sphères correspondant à trois types de rapports à soi :

– la sphère de l'amour (les liens affectifs, familiaux, amicaux, etc.) qui, par la sécurité émotionnelle qu'elle assure, est au fondement de la confiance en soi, et des engagements citoyens et collectifs ;

– la reconnaissance juridique correspondant à un statut, des droits et des devoirs, liés avec l'accès au respect de soi ;

– et l'estime ou coopération sociale qui permet l'estime de soi.

A. Honneth souligne que la reconnaissance réciproque des sujets, suivant ce triple répertoire, fonde l'identité individuelle, et que le déni de reconnaissance pèse, à l'inverse, sur le rapport à soi. Dans ces processus de construction de l'identité (Cherqui et Hamman, 2009), la question est alors : les trois formes de reconnaissance visées – l'amour, la reconnaissance en tant que sujet de droit et l'estime sociale comme reconnaissance des qualités propres de l'individu – sont-elles négociables ? A. Éraly (2008) répond sans grand détour par la négative ; les conditions-mêmes de la formation de l'identité du sujet seraient alors menacées.

Au contraire, on suivra davantage N. Bué, qui suggère de « faire de la transaction le *processus social de construction de la reconnaissance* dans certaines relations de coopération conflictuelle », appuyant l'apport d'une telle lecture pour repenser les fondements des alliances partisanes.

Il n'y a pas là simplement une avalisation fixiste de proximités idéologiques, mais bien un enjeu de reconnaissance mutuelle entre coalisés, ici entre les élus du Parti communiste et du Parti socialiste localement, sinon même les Écologistes. « Cette reconnaissance de l'autre et de la légitimité de ses convictions permet de comprendre que soient tolérés le non-respect ponctuel de certaines règles comme l'acceptation tacite de manquements à la solidarité de gestion, et, plus largement, de comprendre l'in-négociable », conclut l'auteur. De façon somme toute proche, Coralie Mounet décrit les « dons » des défenseurs du sanglier et du loup dans les Alpes à l'attention des agriculteurs, où il en va de la reconnaissance de l'Autre, y compris parce que cela mobilise des représentations professionnelles agricoles dont le référentiel peine à se transformer (comme le montre aussi Christen, 2009) : « Cette demande implicite de reconnaissance est d'autant plus forte que les acteurs du monde agricole, dans ces deux conflits, ont le sentiment d'une perte de légitimité sociale et économique de leur profession. Ils expriment leur réprobation face à la domination croissante des activités de loisir ou de protection de l'environnement sur leurs activités de production », peut analyser C. Mounet en termes transactionnels.

En milieu urbain cette fois, Maximiliano Soto étudie également les procédures d'« amélioration » de l'habitat, à Strasbourg et Valparaíso, pour ce qu'elles affectent les processus d'identification et de reconnaissance. Il revient ainsi sur les travaux d'Axel Honneth, du point de vue de la dimension culturelle de la communauté de valeurs, et de son inscription dans le cadre d'un quartier (territoire d'appartenance, comme cadre matériel de vie et horizon de valeurs, en termes intersubjectifs), notamment quant à la production d'une expertise d'usage partagée qui réinterprète le patrimoine et l'histoire locale. Les transactions sociales participent ici d'une dynamique de reconnaissance entre les habitants et « leur » territoire, et face à d'autres acteurs (municipalité, agents immobiliers, etc.).

Reliance et transaction

L'échange dans la conflictualité et la production du lien social peuvent ainsi servir de fil conducteur des différentes perspectives égrenées. C'est pourquoi, même si cette entrée demeure discrète dans la plupart des textes, on ne saurait oublier l'apport possible d'une pensée de la reliance. C'est en particulier Marcel Bolle de Bal qui a proposé de parler de *reliance* en tant qu'« aspiration à recréer les liens détruits », par rapport à une crise des liens sociaux qu'il observe dans la société actuelle – ce qu'il qualifie de *déliance*. On retrouve une pensée en termes de couples de tension, ce que M. Bolle de Bal appelle un concept « duel ». Pour lui, la reliance – entendue à la fois comme « l'acte de relier ou de se relier : la reliance agie, réalisée, c'est-à-dire l'acte de reliance ; [et] le résultat de cet acte : la reliance vécue, c'est-à-dire l'état de reliance » (1998, p. 44) – passe par un système de médiation et de compromis. D'où l'idée selon laquelle la reliance sociale correspond à trois niveaux d'analyse sociologique possibles :

– « en tant que médiatisation, c'est-à-dire comme le processus par lequel des médiations sont instituées qui relient les acteurs sociaux entre eux ; c'est le procès de reliance » ;

– « en tant que médiation, c'est-à-dire comme le système, plus ou moins institutionnalisé, reliant les acteurs sociaux entre eux ; c'est la structure de reliance » ;

– « en tant que produit, c'est-à-dire comme le lien ente les acteurs sociaux résultant du ou des systèmes médiateurs dont font partie ces acteurs ; c'est le lien de reliance » (Bolle de Bal, 1998, p. 46-47).

C'est cette reliance sociale qu'aborde Léa Longeot, « celle qui travaille le lien à l'*Autre*, le lien entre une population et les autres populations », en analysant le projet qu'elle suit par rapport à la population Rrom de Montreuil comme « le lieu même du processus d'émergence et d'agencement d'un espace démocratique de création et d'un espace transactionnel de reliance », impliquant une importante dimension interculturelle, au cœur des dynamiques transactionnelles, dans leurs succès et leurs échecs. À partir d'un terrain différent, celui des coalitions partisanes municipales, Nicolas Bué mobilise également le concept de reliance pour analyser le secret des décisions prises à huis clos dans un cadre d'alliances politiques, ce qui constitue un mode d'évitement à la fois à l'endroit de pressions extérieures et de possibles divergences internes.

> Entre les individus réunis qui, nécessairement, partagent certains secrets, se créent ainsi des référents communs et des solidarités qui concurrencent les solidarités partisanes. Les initiés, qui sont aussi les plus pris dans le jeu coalitionnel et ceux qui en tirent le plus de profits, sont alors structurellement incités à taire ce qui se joue vraiment, ponctue l'auteur.

Quant à Éric Navet, il interroge le mode d'être, de penser et d'agir des sociétés traditionnelles – notamment les Indiens *Teko* de Guyane et les Indiens *Ojibwé* du Canada et des États-Unis – en examinant les unités, différentiations, divorces et réconciliations comme autant de marques et de processus de liances, déliances et reliances.

Les correspondances sont du reste nombreuses, selon Marcel Bolle de Bal, entre l'approche par la reliance ou par la transaction. Si l'origine n'est pas la même (plutôt du côté de la psychologie pour la reliance, du côté de l'économie et du droit pour la transaction), « les deux concepts se retrouvent dans le champ de la sociologie » ; et d'ajouter : « Toute transaction met en œuvre un système de relations [et] la reliance peut constituer un concept-clef pour comprendre et initier des actions sociologiques » (Bolle de Bal, 1998, p. 54-55). La différence principale vient de la place du conflit : est-il au centre des relations sociales ou susceptible d'être dépassé ? La reliance comme la transaction se comprennent à travers une dynamique du conflit et un rapport de tension permanent entre proximité et distance, mais la transaction, contrairement à la reliance, analyse la coopération comme nécessairement conflictuelle.

C'est donc, au final, sans œcuménisme forcé mais en promouvant un dialogue véritable que l'on espère atteindre l'objectif de cet ouvrage, qui se veut autant une pierre de touche en écho au cheminement théorique de Maurice Blanc qu'une pierre d'appui à l'édifice prometteur que constitue comme programme de recherche l'analyse des transactions sociales.

Bibliographie

Banque mondiale, 1992, *Governance and Development*, Washington, World Bank.

Barbier R., Bedu C., Buclet N., 2009, « Portée et limites du dispositif "jury citoyen". Réflexions à partir du cas de Saint Brieuc », *Politix*, 86, p. 189-207.

Beaurain Chr., Bertrand É., 2009, « La transaction dans l'économie institutionnaliste américaine : de Commons à Coase », *Pensée plurielle*, 20, p. 13-24.

Blanc M., 1994, « L'invention de la démocratie locale », in Blanc M. *et al.*, p. 261-292.

Blanc M., 2006, « Conflits et transactions sociales : la démocratie participative n'est pas un long fleuve tranquille », *Sciences de la société*, 69, p. 25-37.

–, 2009a, « L'avenir de la sociologie de la transaction sociale. Réponse à Bernard Fusulier et Nicolas Marquis », *Recherches sociologiques et anthropologiques*, 40(2), p. 165-178.

–, 2009b, « La gouvernance urbaine », in Stébé J.-M., Marchal H. (dir.), *Traité sur la ville*, Paris, PUF, p. 207-257.

Blanc M. (dir.), 1992, *Pour une sociologie de la transaction sociale*, Paris, L'Harmattan.

Blanc M., Mormont M., Remy J., Storrie T. (dir.), 1994, *Vie quotidienne et démocratie. Pour une sociologie de la transaction sociale (suite)*, Paris, L'Harmattan.

Boissonade J., 2009, « Les apports de la sociologie pragmatique à la transaction sociale », *Pensée plurielle*, 20, p. 37-50.

Bolle de Bal M., 1998, « Transaction et reliance. La rencontre de deux concepts complémentaires », in Freynet M.-F. *et al.*, p. 43-55.

Boltanski L., Thévenot L., 1991, *De la justification. Les économies de la grandeur*, Paris, Gallimard.

Bourdieu P., 1980a, « Le mort saisit le vif. Les relations entre l'histoire réifiée et l'histoire incorporée », *Actes de la recherche en sciences sociales*, 32-33, p. 3-14.

–, 1980b, *Le sens pratique*, Paris, Minuit.

–, 1986, « L'illusion biographique », *Actes de la recherche en sciences sociales*, 62-63, p. 69-72.

Callon M., 1986, « Éléments pour une sociologie de la traduction. La domestication des coquilles Saint-Jacques et des marins pêcheurs dans la baie de Saint-Brieuc », *L'Année sociologique*, 36, p. 169-208.

Casteigts M., 2004, « La gouvernance urbaine entre science et idéologie », in Le Duff R., Rigal J.-J. (dir.), *Démocratie et management local*, 1res Rencontres internationales, Paris, Dalloz.

–, 2008, « La gouvernance des risques dans les politiques locales de développement durable : le cas des Plans communaux de sauvegarde », in Hamman Ph. (dir.), p. 161-189.

Causer J.-Y., Hamman Ph. (dir.), 2011, *Travail, formation et transactions sociales*, Bruxelles, PIE Peter Lang.

Cherqui A., Hamman Ph. (dir.), 2009, *Production et revendications d'identités*, Paris, L'Harmattan.

Christen G., 2009, « De la norme technique au référent environnemental : déplacement social et conflits identitaires chez les élèves en formation agricole », in Cherqui A., Hamman Ph. (dir.), p. 135-154.

De Maillard J., 2002, « Les associations dans l'action publique locale : participation fonctionnalisée ou ouverture démocratique ? », *Lien social et politiques*, 48, p. 53-65.

Devisme L., Barthel P.-A., Dumont M. (dir.), 2009, *Nantes, petite et grande fabrique urbaine*, Marseille, Éditions Parenthèses/PUCA.

Dubar C., 1994, « Une sociologie (empirique) de l'identité est-elle possible ? », in Guth S. (dir.), *Une sociologie des identités est-elle possible ?*, Paris, L'Harmattan, p. 25-31.

–, 2008, « Négociation de valeurs et double transaction identitaire », in Vrancken D. *et al.*, p. 67-75.

Dubois V., 1999, *La vie au guichet. Relation administrative et traitement de la misère*, Paris, Économica.

Éraly A., 2008, « Les limites de la négociation », in Vrancken D. *et al.*, p. 77-82.

Espaces et Sociétés, 2007, dossier « Ville et "best practices" », 131.

Francq B., 2003, *La Ville incertaine. Politique urbaine et sujet personnel*, Louvain-la-Neuve, Academia-Bruylant.

Freynet M.-F., Blanc M., Pineau G. (dir.), 1998, *Les transactions aux frontières du social*, Lyon, Chronique sociale.

Fusulier B., Marquis N., 2008, « La notion de transaction sociale à l'épreuve du temps », *Recherches sociologiques et anthropologiques*, 39(2), p. 3-21.

Goffman E., 1975, *Stigmate. Les usages sociaux des handicaps*, Paris, Minuit (1re éd., 1963).

Habermas J., 1986, *L'Espace public*, Paris, Payot.

Hamman Ph., 2005, « From "Multilevel Governance" to "Social Transactions" in the European Context », *Swiss Journal of Sociology*, 31(3), p. 523-545.

–, 2009, « Urban Sustainable Development and the Challenge of French Metropolitan Strategies », *Urban Research and Practice*, 2(2), p. 138-157.

Hamman Ph., Blanc Chr., 2009, *Sociologie du développement durable urbain. Projets et stratégies métropolitaines françaises*, Bruxelles, PIE Peter Lang.

Hamman Ph. (dir.), 2008, *Penser le développement durable urbain : regards croisés*, Paris, L'Harmattan.

–, 2009, « Ville, environnement et frontières en France et en Allemagne », dossier de la *Revue d'Allemagne et des Pays de langue allemande*, 41(3).

Hammouche A., 2007, *Les recompositions culturelles. Sociologie des dynamiques sociales en situation migratoire*, Strasbourg, Presses universitaires de Strasbourg.

Honneth A., 2000, *La lutte pour la reconnaissance. Grammaire morale des conflits sociaux*, Paris, Cerf.

Kellerhals J., Coenen-Huther J., Modak M., 1988, *Figures de l'équité*, Paris, PUF.

Kuty O., 1977, « Le paradigme de négociation », *Sociologie du travail*, 2, p. 157-175.

–, 1998, *La négociation des valeurs. Introduction à la sociologie*, Bruxelles, De Boeck.

Lascoumes P., 1996, « Rendre gouvernable : de la "traduction" au "transcodage". L'analyse du changement dans les réseaux d'action publique », in CURAPP, *La gouvernabilité*, Paris, PUF, p. 325-338.

Ledrut R., 1976, *L'Espace en question*, Paris, Anthropos.

Marié M., 1989, *Les Terres et les Mots*, Paris, Klincksieck.

Mormont M., 1992, « Pour une typologie des transactions sociales », in Blanc M. (dir.), p. 112-135.

–, 1994, « Incertitudes et engagements. Les agriculteurs et l'environnement : une situation de transaction », in Blanc M. *et al.*, p. 209-234.

Muller P., 1990, *Les politiques publiques*, Paris, PUF.

Nonjon M., 2005, « Professionnels de la participation : savoir gérer son image militante, *Politix*, 70, p. 89-112.

Pensée plurielle, 2009, numéro spécial « Transactions et sciences de l'homme et de la société », 20.

Quivy R., Van Campenhoudt L., 2006, *Manuel de recherche en sciences sociales*, Paris, Dunod.

Remy J., Voyé L., Servais É., 1978, *Produire ou reproduire ?*, Bruxelles, De Boeck.

Ricœur P., 1983, *Temps et récit*, t.1 : *L'intrigue et le récit historique*, Paris, Seuil.

Rudolf F., 2003, « La participation au piège de l'enrôlement », *Espaces et Sociétés*, 112, p. 133-153.

Sainsaulieu R., 2001, *Des sociétés en mouvement : la ressource des institutions intermédiaires*, Paris, Desclée de Brouwer.

Schelling Th., 1986, *Stratégie du conflit*, Paris, PUF (trad. fr., 1re éd., 1960).

Schumpeter J., 1951, *Capitalisme, socialisme et démocratie*, Paris, Payot (1re éd., 1942).

Simmel G., 1981, *Sociologie et épistémologie*, Paris, PUF (1re éd., 1917).

Smith D. M., Blanc M., 1997, « Participation and grass-roots democracy », *Environment and Planning D : Society and Space*, 15(2), p. 281-303.

Strauss A., 1992, *Miroirs et masques. Une introduction à l'interactionnisme*, Paris, Métailié.

Thuderoz Chr., 2000, *Négociations. Essai de sociologie sur le lien social*, Paris, PUF.

Trépos J.-Y., 2008, « La négociation expérimentale », in Vrancken D. *et al.*, p. 237-247.

Van Campenhoudt L., 2008, « Le conflit, au cœur du lien social », in Vrancken D. *et al.*, p. 249-256.

Veyne P., 1971, *Comment on écrit l'histoire*, Paris, Seuil.

Voyé L. (dir.), 1996, *Ville et transactions sociales*, Paris, L'Harmattan.

Vrancken D., Dubois Chr., Schoenaers F. (dir.), 2008, *Penser la négociation. Mélanges en hommage à Olgierd Kuty*, Bruxelles, De Boeck.

Weller J.-M., 1999, *L'État au guichet. Sociologie cognitive du travail et modernisation administrative des services publics*, Paris, Desclée de Brouwer.

Williamson O., 1975, *Markets and hierarchies, analysis and antitrust implications : A study in the economics of internal organization*, New York, The Free Press.

Première partie

Villes et transactions sociales

CHAPITRE 1

Transiger avec la transaction ?

Apports et limites de la notion de « transaction sociale » pour la compréhension des échanges entre associés-rivaux dans une coalition de gouvernement municipal

Nicolas BUÉ

Maître de conférence en science politique, Université de Nice, laboratoire ERMES, chercheur associé au CERAPS (Lille 2)

La transaction sociale, selon ses promoteurs comme leurs lecteurs, n'est ni « un concept bien défini » (Remy, 1994, p. 293) ni un « concept rigoureux » (Blanc *et al.*, 1994b, p. 10), mais « un paradigme en gestation » (Faure, 1995, p. 345), c'est-à-dire une « image de base à partir de laquelle s'imagine une interprétation de la réalité » (Blanc *et al.*, 1994b, p. 10), une « approche » qui n'a « pas de méthodologie particulière » (Blanc, 2003, p. 4). Ce flou est peut être le revers de son ambition, celle de faire dialoguer, voire de concilier, les apports de théories et de grilles de lectures sociologiques, économiques et juridiques, variées (Blanc, 1994), au risque de « l'éclectisme », ou d'une cohérence difficile à atteindre[1]. De surcroît, les différents articles mobilisant la notion[2] soulignent par leur diversité ces traits et la recherche encore tâtonnante – à l'image des processus dont la notion est censée rendre compte – d'une conceptualisation plus stable et précise. En première lecture, la notion a de quoi désarmer tant elle semble peu opératoire.

1 C'est ce que Michel Verret (1979, p. 474) avance prudemment dans sa lecture de l'ouvrage « fondateur » en la matière (Remy, Voyé et Servais, 1978) lorsqu'il écrit : « Resterait à savoir si l'articulation tentée entre ces démarches théoriques si diverses, et souvent contradictoires, parvient [...] à une cohérence véritablement organique ».

2 Réunis pour l'essentiel dans Blanc *et al.*, 1992 ; Blanc *et al.*, 1994 ; Voyé, 1996 ; Freynet, Blanc et Pineau, 1998.

Il pourrait dès lors être tentant de procéder à une lecture exclusivement critique qui ferait fi des tentatives de formulation plus précises de la notion[3] et s'abstiendrait d'en tester les potentialités heuristiques. Plutôt que d'opter pour cette solution, cet article vise, selon la volonté des organisateurs du colloque à l'origine de cet ouvrage, à « susciter débats et controverses » en mobilisant les résultats d'enquêtes portant sur un terrain institutionnel particulier, et à engager la « discussion par rapport à d'autres théorisations permettant de penser les phénomènes sociaux visés »[4]. En d'autres termes, même s'il part de résultats d'enquêtes empiriques, il s'agit davantage d'un questionnement et d'une réflexion sur ce que la notion de « transaction sociale » peut apporter à l'intelligibilité d'une situation plutôt que de la défense d'une thèse ou d'une démonstration problématique.

Le terrain/la situation est la coalition d'union de la gauche à direction communiste qui a géré la ville de Calais de 1971 à 2008[5]. Il s'agit d'une situation paradoxale dans la mesure où, depuis la fin des années 1980, le Parti communiste français (PCF) est distancé dans presque toutes les élections, non seulement par ses opposants de droite, mais aussi par le principal de ses alliés au sein de la coalition : le Parti socialiste (PS). Éclaircir ce paradoxe amenait à adopter une posture de recherche qui contraste avec les analyses canoniques des coalitions. En résumé, dans ces travaux généralement très utilitaristes, les intérêts et les ressources constituent la principale grille de lecture des alliances. Il est dès lors difficilement compréhensible qu'un parti minoritaire mène une coalition, sauf configuration exceptionnelle (les fameux « partis-charnières »). De plus, les alliances y sont essentiellement étudiées de l'extérieur, sur la base des discours publics, de données chiffrées disponibles telles que les résultats électoraux, des programmes politiques, ou encore de facteurs institutionnels. En contrepoint de ces travaux, une enquête micro-sociologique à dominante ethnographique semblait mieux à même de restituer concrètement les représentations et le sens des acteurs, les pratiques auxquelles ils se livraient, les échanges auxquels ils procédaient, mais aussi de se dégager de ce que les alliés donnaient à voir de leur alliance et d'accéder aux coulisses mêmes de la coalition pour comprendre ce qui s'y échange réellement. Cette étude a montré que cette situation s'expliquait par la façon dont, progressivement, l'alliance

---

3 Tentatives qui font l'objet de plusieurs chapitres dans les ouvrages mentionnés à la note précédente.

4 Selon les termes de l'appel à communication, qui rejoignent en cela la volonté constante des promoteurs de la « transaction sociale » de mettre cette notion en débat.

5 Nous renvoyons à notre thèse (Bué, 2006) pour toute précision méthodologique, théorique et empirique. Pour un résumé, cf. Bué, 2008.

a été érigée en norme du champ politique local, et s'est partiellement autonomisée de l'environnement qui l'a vu naître, au point de s'apparenter à une microsociété régie par des règles propres, se structurant au final en un système fortement contraignant pour les coalisés.

Ce cas d'une coalition inter-partisane durable paraît particulièrement propice à une telle étude dans la mesure où il s'agit d'un « jeu à motifs mixtes » (Dobry, 1986), c'est-à-dire d'une situation où plusieurs organisations et individus aux intérêts partiellement divergents et partiellement convergents s'allient dans un but précis, sans renoncer pour autant à poursuivre leur lutte concurrentielle. Il correspond de surcroît aux situations que vise en priorité la notion de transaction sociale, qui, selon ses promoteurs, « est le processus dans lequel s'élaborent des compromis pratiques qui permettent la coopération conflictuelle et la (re)création permanente du lien social » (Freynet *et al.*, 1998, p. 17). Comme on le verra, la relation qui se construit est structurée par de nombreux « couples de tensions opposées » et se traduit par moult « compromis pratiques, instables et provisoires »[6].

Interroger ce que la notion de « transaction sociale » apporte à l'intelligibilité de cette relation de coopération conflictuelle demande de restituer les formes, logiques et modalités de cohabitation, d'échange et de coordination entre les associés-rivaux qui composent la coalition. Cette présentation du terrain permettra de montrer l'adéquation de cette situation avec celles que vise la notion. Elle permettra surtout de faire ressortir les enjeux et moments à l'occasion desquels l'échange est vécu comme impossible. C'est en effet dans ces situations que la notion de transaction semble la plus intéressante, quand son utilité semble moindre pour comprendre les échanges routiniers et largement saisissables avec d'autres outils. Il sera dès lors possible de revenir sur la notion de transaction de façon à montrer ce qu'elle apporte, et à suggérer ainsi une direction pour poursuivre le travail de définition de ce concept encore mou.

1. L'économie des échanges coalitionnels[7]

En première approche, une coalition de gouvernement peut se définir comme une association durable entre des partis politiques concurrents, alliés dans le cadre de la gestion d'une institution. La durée des mandats – et, dans le cas présent, la reconduction de l'alliance, pour peu que

---

6 Selon les termes promus par la sociologie de la transaction sociale.

7 Dans cette partie, le terme « transaction » est employé dans un sens commun, volontairement large, comme synonyme d'échange, afin de suggérer les situations où il aurait pu être employé.

l'alliance perdure tout au long de ceux-ci –, se traduit par une interaction régulière entre les acteurs – individuels et collectifs – qui favorise l'institutionnalisation d'un ordre, entendu comme la régularisation (au double sens de développement de régularités et de mise en règles) des modalités de l'échange. En effet, dès lors qu'ils s'allient, les acteurs mettent en place, intentionnellement ou non, des cadres et règles de l'interaction, codifiés ou non.

Une régulation reposant sur la dualité formel/informel

Si les échanges coalitionnels s'inscrivent dans un cadre formel, ils répondent aussi à des logiques informelles et diffuses, nées de la pratique. Au fil des interactions se développent, se reproduisent et se solidifient des façons de faire, inégalement stabilisées, qui constituent une matrice des échanges futurs.

Le cadre formel des interactions : la négociation électorale, le contrat et les procédures municipales

Dans la coalition étudiée[8], les premières de ces règles sont issues des négociations électorales entre représentants des partis pour constituer l'alliance. Lors de ces tractations, ces derniers s'engagent sur une répartition des trophées municipaux et sur des règles de fonctionnement qu'ils consignent dans un « contrat de gestion » municipale. Pour ce faire, ils mobilisent dans le rapport de forces des principes de justice – norme de réciprocité (Gouldner, 1960), principe d'équité[9] –, des conventions[10] et des arguments[11] qui dessinent un premier ordre de référents évaluatifs communs. Les règles qui ont présidé à l'établissement de ces accords tendent alors à prendre valeur de loi dans les échanges que les coalisés auront une fois élus.

Le contrat qui en résulte est supposé constituer un cadre qui contient les conflits internes, au double sens de comporter, comprendre en son sein, et de limiter, restreindre. L'une des dispositions essentielles du contrat, la « solidarité de gestion », vise en effet à proscrire l'expression

---

8 Le cas n'est pas représentatif de toute forme de coalition, dans la mesure où les alliances partisanes sont conditionnées par de très nombreux facteurs. Toutefois, les formes d'échange qui y ont cours sont partiellement et conditionnellement extrapolables à d'autres coalitions.

9 Sur les usages des principes d'équité et de réciprocité dans les échanges sociaux, cf. Padioleau, 1986, p. 144 sq.

10 Les conventions proposent un répertoire de solutions connues de chacun, déjà éprouvées, et auxquelles chacun se réfère spontanément. En cela, elles sont au fondement de l'action collective : Becker, 1988, p. 53-58.

11 Cf. Elster, 1994, et la discussion qu'en fait Urfalino, 2000.

publique des différends. Tel qu'il est présenté, le contrat est situé au cœur du dispositif coalitionnel. Mais les dispositions formelles qu'il contient concernent des situations génériques, et doivent donc être adaptées à chaque situation. Il s'agit pour l'essentiel d'engagements de principe sur des comportements généraux beaucoup plus que sur des procédures ou des mesures explicites et impératives. En la matière, le contrat écrit laisse une marge de jeu considérable aux acteurs, qui le mobilisent stratégiquement, de façon à orienter le jeu coalitionnel en leur faveur.

La coalition prend par ailleurs place dans une institution, une municipalité, dont les règles et les logiques de fonctionnement complètent le cadre d'action et d'interaction formel de la coalition. Le fonctionnement de l'institution favorise par exemple l'établissement du bureau municipal (qui réunit le maire et les adjoints) en lieu de négociation des politiques publiques. Sans développer outre mesure ce point largement connu, rappelons que les dispositions institutionnelles posent des contraintes différentes à chaque acteur, de même qu'elles leur distribuent des ressources inégales. Le maire et son équipe sont ainsi en position prééminente face à leurs alliés.

Les échanges et transactions interviennent ainsi dans le cadre d'un ordre *a priori* réglé. Cet ordre ne signifie pas que les règles de l'interaction sont figées, mais qu'elles présentent une certaine stabilité et une certaine régularité[12]. À l'image de l'organisation hospitalière étudiée par Strauss *et al.* (1992), l'ordre coalitionnel est négocié, il repose sur le consensus autour de sa raison d'être et sur les motivations convergentes de ses acteurs à son existence. Un large espace de jeu subsiste dans le fonctionnement quotidien du gouvernement municipal, et, indissociablement, de la coalition qui le compose.

Le cadre informel des interactions : le secret et le circuit off

Ces dispositifs formels sont complétés par des arrangements informels dont le secret constitue la pierre angulaire. Induit par certaines dispositions du contrat, au premier rang desquelles la solidarité de gestion, il pose une frontière entre la coalition et son environnement[13], mais aussi à l'intérieur de la coalition, entre ceux qui connaissent certaines informations et ceux qui les ignorent. Cette séparation *de facto*,

---

[12] « L'ordre social, défini sous l'aspect des rapports qui s'installent entre les individus ou les groupes, est toujours d'une manière ou d'une autre un phénomène organisé où s'enchevêtrent prévisible et contingence » : Padioleau, 1986, p. 40.

[13] En termes goffmaniens, le secret est ce qui permet la séparation entre la scène et les coulisses : Goffman, 1973, notamment p. 137-139.

que les initiés s'évertuent à maintenir[14], circonscrit un espace où peut s'instituer un ordre local. La coalition est ainsi structurée, entres autres, par et autour du secret. Comme Simmel l'a affirmé avec force, le secret influence sensiblement les interactions entre initiés (qui les partagent) comme entre profanes et initiés (Simmel, 1996). Il spécifie le type de relation sociale qui s'instaure entre eux[15].

Le secret permet tout d'abord d'organiser la gestion des divergences en interne de la coalition, à l'abri des regards profanes. Il double ainsi le circuit décisionnel, prévu de façon à éviter l'émergence des conflits sur la scène publique. Si le contrat érige par exemple le bureau municipal en instance de régulation des divergences internes et de mise en cohérence des positions de la majorité, ce circuit « officiel » est en fait supplanté par une sorte de circuit *off* : dans les faits, la prise de décision est diluée dans plusieurs arènes et les divergences potentielles comme les négociations sont d'abord gérées par quelques individus (les principaux responsables de chaque parti) lors d'interactions informelles « de couloirs ».

Associé à la discipline partisane, le secret se traduit aussi par la prise de décision en groupe restreint, qui soustrait les protagonistes à une partie des pressions extérieures et facilite la fabrique des compromis entre partis coalisés. Ce mécanisme de décision à huis-clos, par les principaux responsables de chaque parti, a pour effet de limiter les conflits internes. Le secret ressort ici dans sa fonction de reliance (Bolle de Bal, 2000). Entre les individus réunis qui, nécessairement, partagent certains secrets, se créent ainsi des référents communs et des solidarités qui concurrencent les solidarités partisanes. Les initiés, qui sont aussi les plus pris dans le jeu coalitionnel et ceux qui en tirent le plus de profits, sont alors structurellement incités à taire ce qui se joue vraiment.

Le secret appelle aussi la confiance, nécessaire à sa préservation. Condition nécessaire à la pérennité de la coalition, la confiance n'est bien sûr pas absolue. Plusieurs mécanismes favorisent la confiance quant à la préservation du secret, et, indissociablement, au respect des règles et engagements contractés. Le premier repose sur le balancement entre l'écrit et l'oral, préoccupation récurrente des protagonistes. L'écrit et l'oral sont d'abord considérés en termes d'incertitude, et, par là-même, de confiance dans les engagements réciproques. L'enjeu est de réduire cette incertitude en « fixant les choses »[16], en même temps que de permettre le jeu en ne les fixant pas trop. Le degré d'informalité des

---

[14] Ainsi que toutes les pratiques qui en découlent et tous les discours qui l'évoquent ou visent à le légitimer.

[15] Sur l'influence du secret sur le type de lien social qui s'instaure dans une relation, cf. Petitat, 2000.

[16] Selon les termes d'un *leader* de parti en entretien.

règles, systématiquement associé aux possibilités de dévoilement, est ainsi érigé en enjeu. D'un côté, il offre une possibilité de divulgation, et constitue en cela une ressource pour le partenaire lésé : celui-ci serait dès lors à même de jouer du dévoilement et de la pression supposée de l'opinion à l'encontre d'un partenaire qui ne respecterait pas ses engagements. De façon inverse, les engagements écrits peuvent se révéler contraignants, la possibilité qu'ils soient révélés incitant plutôt à leur respect[17]. Ainsi les acteurs placent-ils dans l'écrit la confiance qu'ils ne peuvent accorder à leurs partenaires. À l'exception de quelques documents de base réglementant les rapports entre les coalisés, la plupart des négociations, interactions et échanges de toute nature se fait par oral. L'informalité participe ainsi du dispositif de régulation de la coalition.

La confiance passe aussi par les relations qui se nouent au fil du temps entre les individus, dans, mais aussi hors la coalition. Si cette « confiance relationnelle » (Mangematin, 1999) peut être ainsi favorisée, c'est que ces situations de co-présence permettent à ces individus d'éprouver leur fiabilité respective[18]. Envisager la confiance comme un processus d'apprentissage ouvre à une autre logique de construction sociale de la confiance, entendue comme réduction d'incertitude : le temps, qui permet aux acteurs de prendre connaissance des règles pratiques de fonctionnement routinier de la coalition. Ainsi se construit progressivement une confiance pratique, liée « à la coordination des échanges », une confiance ancrée « au niveau de l'organisation de l'action, de la coordination routinière et pratique de son caractère ordonné et intelligible » (Gonzalez-Martinez, 2001, p. 89-90). Dit autrement, au fur et à mesure que leur expérience de la vie coalitionnelle se construit, les individus développent un sens pratique des situations, des logiques et des rôles coalitionnels. Cette intériorisation des contraintes

---

17 À l'image de ce que Simmel (1996) écrit : « La forme écrite [...] implique une "publicité" peut-être potentielle, mais néanmoins sans limites (p. 72). [...] L'écrit a donc une existence objective, qui renonce à toute garantie de secret. [...] Sa vulnérabilité devient précisément un rempart contre l'indiscrétion (p. 73). [...] L'expression écrite apparaît d'abord comme la plus sûre, comme la seule à laquelle "on ne peut pas changer une virgule" » (p. 75).

18 Il convient toutefois de ne pas surdéterminer ce type d'explication. Comme l'a montré Claire Bidart (1997), l'appartenance à un réseau commun est source d'interconnaissance, mais ne saurait en aucun cas produire mécaniquement le développement d'affinités. L'interconnaissance ainsi créée peut tout aussi bien se traduire par des inimitiés. Certes, le fait de se retrouver dans un même réseau a souvent pour origine des (dis)positions sociales proches. Mais, ce sont bien ces facteurs sociaux, beaucoup plus que le simple côtoiement dans une organisation, qui expliquent la proximité entre les individus. Dès lors, l'appartenance commune à un réseau ne détermine pas le développement de la confiance entre individus, mais la favorise par le biais de l'interconnaissance.

liées aux différents rôles coalitionnels et la répétition des comportements constituent des bases, sur lesquelles vont reposer les anticipations des acteurs.

La confiance repose enfin sur la hiérarchie des secrets, qui permet d'éprouver la fiabilité des membres d'une organisation et discrimine les acteurs en fonction de leur position et du degré d'information qui y est liée. Des rôles distincts se définissent ainsi. D'une façon générale, l'accès aux fonctions à responsabilité – et ce faisant aux secrets – suppose d'abord le passage par les positions inférieures dans l'organisation coalitionnelle. Ce « secret graduel » (Simmel, 1996, p. 94) fait office à la fois d'instance de socialisation au respect du secret et, corrélativement, de mécanisme de production de la confiance entre individus. La hiérarchie des secrets permet un apprentissage progressif du respect, non seulement du secret, mais aussi des règles de l'échange coalitionnel (Simmel, 1996, p. 69-70 et p. 77-78).

La confiance n'est évidemment pas absolue : il ne s'agit pas d'une remise de soi, mais d'une réduction de l'incertitude inhérente à toute interaction. Si la méfiance porte sur le respect des règles et des engagements pris, elle porte surtout, en deçà, sur la solidité, la « sincérité » ou la stabilité des liens entre les coalisés. En d'autres termes, le doute porte sur l'opportunisme potentiel des uns et des autres. Dans un univers peu formalisé, où les allégeances et associations particulières ne sont que rarement formulées, où l'expression publique du jeu partisan est honnie publiquement, c'est par des micro-signes et échanges de symboles que passent les mises en garde, les marques d'allégeance, les assurances d'une compétition bridée, les comportements conflictuels, les négociations de marges de manœuvre, etc. L'usage de ces micro-signes apparaît donc comme une contrainte pratique de la situation de coalition : quand les conflits ne doivent pas apparaître sur la place publique, les micro-signes permettent d'envoyer aux associés-rivaux un signal, tout en l'asseyant sur sa possible révélation.

Le conflit comme forme de renégociation des règles de l'interaction

À l'intérieur de ce cadre, les conflits, dont les motifs très divers varient avec les acteurs (échec des négociations, mais aussi, plus spécifiquement, rappel à la hiérarchie de la part de la composante majoritaire, motifs identitaires et nécessité de montrer à ses partisans une position affirmée / non dominée à l'intérieur de la coalition pour les partis minoritaires, etc.) peuvent souvent s'apparenter à des renégociations de fait des règles de l'interaction.

L'un des premiers effets des frictions et des conflits, publics ou non, est de donner lieu à la formalisation de règles de fonctionnement qui relevaient auparavant soit de routines incorporées, soit de l'impensé, faute pour les élus d'y avoir été confrontés ou d'avoir envisagé la situation. En schématisant, la situation et la façon dont elle est gérée génèrent la règle.

Les dynamiques transgressives et conflictuelles concourent par ailleurs à l'objectivation des règles. D'une certaine manière, elles ont une fonction de révélation des règles – au sens chimique du terme – tant pour les observateurs que pour les acteurs. Dans les échanges antagoniques, les élus mobilisent des principes de justice et autres arguments dont ils tentent d'imposer la légitimité régulatrice par le rapport de force ou par l'argumentation. En bref, les conflits et leur accumulation, parce qu'ils se traduisent par la formalisation de règles et d'arrangements, permettent des ajustements et (re)négociations entre les périodes de négociation électorale, participant ainsi de l'évolution de l'ordre coalitionnel[19]. La création de règles est parfois la résultante directe de conflits entre les formations coalisées. C'est ainsi que la lutte PCF-PS autour de la présidence du conseil d'Administration de l'OPHLM (office public d'habitations à loyer modéré) à la fin des années 1980 a amené les deux partis à consigner dans les contrats ultérieurs l'attribution de ce poste, et même de ceux de délégués municipaux dans les autres organismes paramunicipaux.

En outre, les conflits ne se déroulent qu'exceptionnellement de façon anarchique. Il semble au contraire qu'il y ait certaines régularités en la matière. La plupart du temps, les comportements compétitifs sont confinés à certains lieux et moments. Surtout, les conflits sont le plus souvent d'une ampleur limitée. Tout se passe comme si les élus en craignaient les coûts et conséquences potentiels et cherchaient à jouer aux marges de l'acceptable pour leurs concurrents. Cette autolimitation assimile les conflits aux affrontements dont parle Bailey (1971) : il s'agit d'une épreuve de force qui ne doit pas couper leur auteur de l'exécutif auquel il appartient ni mettre fin à l'alliance. Si les attaques sont généralement publiques, les tractations pour mettre fin au conflit sont au contraire tenues secrètes, comme pour augurer et opérer un retour à l'ordre.

Au final, les conflits ressortissent dans leur dimension socialisatrice et constitutive à la relation coalitionnelle. Comme l'écrit Simmel (1999), « l'opposition fait alors partie de cette relation, elle est inextricablement liée aux autres raisons qui la font exister, avec des droits tout à fait

---

[19] Comme dans le cas de l'hôpital décrit par Strauss *et al.*, 1992.

égaux ; ce n'est pas seulement un *moyen* de conserver la relation globale, mais aussi l'une des fonctions concrètes qui la composent en réalité »[20]. Les relations s'ajustent ainsi par le conflit, qui s'apparente *de facto* à un mode d'échange quand les négociations routinières échouent.

« Géographie de l'éliminé »[21] *: l'in-négociable/l'in-transigible*

Ce cadre pourrait laisser penser que tout est négociable en coalition. À trop se focaliser sur ce qui s'échange ou fait l'objet de négociations, on en oublie les éléments refoulés, et, par là-même, l'opération de délimitation d'un univers du négociable dont ils procèdent.

L'observation prolongée des interactions coalitionnelles montre le contraire : l'ensemble des acteurs s'accorde en effet sur l'existence d'un in-négociable, entendu comme éléments non négociables sous peine de remettre en cause l'association coalitionnelle elle-même. Si, à Calais, la répartition de certains postes (tel celui de maire) apparaît comme le premier point sur lequel l'un des partenaires (le PCF) refuse catégoriquement de transiger, c'est surtout le principe de l'alliance même et de sa nécessité qui constitue ce domaine. Au-delà de ce principe constitutif de la relation et des transactions afférentes, certaines valeurs ne sauraient faire l'objet de négociations : il s'agit pour l'essentiel des valeurs identitaires de chaque parti et des convictions les plus ancrées des élus, comme si toute concession, compromis ou négociation en ces domaines étaient susceptibles de mettre fin à l'alliance.

L'existence d'une forme d'in-négociable, acceptée par tous, relève d'un compromis pratique : la nécessité contradictoire pour chacun de garder une identité propre avec laquelle il ne saurait transiger tout en préservant l'alliance. Dans ces circonstances, les entorses à l'une des règles premières du contrat de gestion, la solidarité de gestion, sont tacitement permises, tout comme, conditionnellement, les comportements conflictuels. L'in-négociable ne ferme pas pour autant toute négociation. Dès lors qu'une valeur paraît in-négociable, tout le jeu consiste à en changer les modalités d'application (Dabezies, 1980 ; Thuderoz, 2000, p. 167 sq.) : faute de pouvoir remettre en cause la valeur de l'alliance, les partis tentent d'en négocier la géométrie et les règles. Autrement dit, cette frontière entre compromis et compromission reste un objet de négociation. En creux, elle souligne que tout engagement dans une alliance de ce type suppose une forme de « double tran-

---

[20] Cf. aussi la relecture de Simmel par Coser, 1982.

[21] Expression qu'utilise Michel de Certeau (1993) pour caractériser les blancs qui traversent la mémoire officielle des pratiques populaires.

saction »[22], avec ses associés-rivaux mais aussi avec son identité partisane.

Une autre forme d'in-négociable, souvent connexe, renvoie aux cas où la négociation ne peut intervenir dans la mesure où elle supposerait de formaliser ce qui est échangé ou de formaliser la nature de l'association. Ces « négociations silencieuses » (Schurmans, 1994) sont l'expression d'une impossibilité de négocier de façon explicite, dans la mesure où expliciter ce qui se joue risquerait de détruire la relation elle-même. Pour le parti majoritaire dans la coalition, garder l'échange implicite (qui le maintient en position prééminente) constitue un mode de gestion du lien. À l'inverse, pour les représentants des partis minoritaires (et en particulier du PS, qui dépasse le PCF à toutes les consultations électorales, sans pour autant diriger la coalition), tout se passe comme s'il fallait (se) justifier la situation, ou plus exactement garder la face (Goffman, 1973a, 1973b). Dès lors, les associés-rivaux déploient tout un discours visant à occulter les rapports de pouvoir et de domination au sein de la municipalité (notamment en direction des partisans des partis minoritaires) comme si les coûts (inavouables) d'une rupture de l'alliance ne laissaient d'autres choix.

Dans ce cadre, les négociations, les conflits, le jeu avec les règles ou encore l'in-négociable, constituent autant de façons de nouer des compromis pratiques, autant de procédures de résolution ou d'évitement, en tout cas de gestion des petits conflits ordinaires qui ponctuent toute organisation d'action collective, bref autant de façon de gérer les tensions entre intérêts partisans et intérêts communs. En cela, ils s'apparentent aux transactions telles que les définissent J. Remy et M. Blanc.

La coalition comme processus et comme espace multi-transactionnel

De cette rapide description, l'alliance coalitionnelle ressort comme un processus, une relation en mouvement constant, mue par la tension inhérente à toute coopération conflictuelle, et ce, malgré une certaine stabilité que ses acteurs jugent nécessaire pour rendre possible une relation quotidienne et assumer ainsi la charge qui leur est donnée d'administrer la ville. Cette relation prend place dans un cadre, lui-même mouvant et négocié, et procède par ajustements progressifs, plus ou moins conflictuels, des règles de l'interaction. Aux principes conte-

[22] Nous reprenons ici librement la notion de C. Dubar (1991, 2003). Développée au niveau individuel pour souligner que toute négociation est aussi une négociation avec soi-même, elle semble – conditionnellement – transposable aux relations entre groupes, comme dans le cas présent.

nus dans le contrat écrit s'ajoute ainsi toute une série de règles, de dispositions et d'obligations informelles, négociées et/ou pratiquées par les acteurs dans leurs interactions. Le contrat, tel qu'il est – stratégiquement – invoqué par les élus dans leurs discours et interactions, recouvre en effet des règles et des principes tacites, relevant de la coutume, du précédent, ou des routines. Énoncées le plus souvent par un seul des partenaires, elles n'ont de force que celle de leur locuteur[23], pondérée par leur éventuelle force de conviction argumentative sur ceux qui l'entendent[24]. Elles prennent valeur de règle à partir du moment où elles sont appliquées comme « solution » à une situation. Tout l'enjeu pour les acteurs consiste alors à imposer tel ou tel principe pour régler une situation. Ainsi s'institutionnalise progressivement un ordre local.

La coalition apparaît au final comme une relation donnant lieu à une multitude de négociations, comme un « espace multi-transactionnel ». Chaque membre de cette coalition est en effet amené à effectuer de nombreuses négociations/transactions : avec lui-même, avec les autres membres de son parti (soit pour préserver ou améliorer sa position au sein de la municipalité lorsque ceux-ci sont élus, soit pour montrer à ses mandants qu'il les représente bien lorsque ceux-ci ne sont pas élus), avec les membres des partis associés mais aussi parfois de l'opposition (à qui il faut occulter les divisions), avec le public (pareillement), avec les médias locaux, avec les différents agents municipaux et, pendant le temps de l'enquête ethnographique, avec l'observateur[25], etc. À chacun, il doit présenter une « face » acceptable tant pour lui-même qu'au regard du rôle qu'il est censé remplir, ce qui le soumet à des injonctions fréquemment contradictoires. C'est par exemple le cas lorsqu'un élu d'un parti minoritaire doit, sous la pression des membres de son parti, défendre fortement une revendication tout en préservant la façade unitaire de la coalition (par rapport aux médias, au public, à l'opposition), en ne mettant pas en péril la position qu'il occupe, en veillant à ne pas mettre en porte-à-faux les agents municipaux de son service (qui peuvent conditionnellement être enrôlés comme alliés mais dont le « patron » reste le maire) et en restant en accord avec ses principes personnels. Si les différentes règles, à commencer par celle du secret, favorisent la gestion de ces injonctions contradictoires, elles ne font pas tout : des négociations constantes et de différente nature s'imposent alors. Leurs formes et les logiques sociales qui les sous-tendent varient à chaque

---

23 La force du discours tient en grande partie à celle du discourant (Bourdieu, 1982).

24 Pour une discussion de la portée des arguments, cf. Urfalino, 2000.

25 Comme l'a montré Briggs (1986), la situation d'entretien est une interaction particulière qui s'apparente à une négociation (Demazière, 2008). Sans qu'il soit possible de développer ici, on pourrait aussi parler de (double) transaction.

échange, avec chacun de ces acteurs. Ainsi une coalition constitue-t-elle un espace d'échanges protéiformes et incessants entre les acteurs qui la composent, mais aussi entre ces acteurs et leur environnement.

2. Des transactions en coalition

On retrouve dans les échanges coalitionnels nombre des éléments qui caractérisent les transactions. Il s'agit d'une situation de *coopération conflictuelle*, où les échanges de toute nature intervenant dans un *cadre partiellement formel* sont quotidiens, où des *compromis pratiques* se nouent sur de nombreux sujets et objets, où *calculs d'intérêt*, *rapports de force*, *partage de référents communs* et *affirmation de sens* s'imbriquent, où les transactions dont les motifs sont variés et *pas toujours intentionnels ou stratégiquement orientés* (éviter ou régler un conflit, agir de concert, etc.) ont un *coût*, où les interactions produisent des *effets non intentionnels* qui orientent et contraignent l'action future, bref, et pour ne pas reprendre l'ensemble des éléments qui caractérisent la transaction sociale, d'une situation où les échanges de différentes natures (négociation, logiques de don/contre-don, interactions de face-à-face, etc.), qui amalgament conflit, confiance, stratégies, affects, etc., contribuent autant à *produire qu'à reproduire* le lien dans une *tension constante entre coopération et conflit, diffus et formalisé, continu et discontinu*, espace public et espaces (privés) du secret... C'est donc un espace transactionnel, où l'action réciproque et interdépendante contribue à construire le sens du jeu, et un processus *d'apprentissage d'un vivre ensemble*[26].

En dépit de ces correspondances, la notion de transaction sociale n'a pas été mobilisée, au profit d'un autre appareil théorico-méthodologique. Dans la recherche qui sert de base à ce texte, ce sont essentiellement les outils fournis par la sociologie interactionniste (Simmel, Goffman, Strauss, Becker notamment), l'analyse configurationnelle de Norbert Élias et la sociologie de la négociation qui ont été utilisés. Ils paraissaient plus pertinents pour *spécifier* chaque fois le type d'interaction là où ce type de précision est plus facilement occulté par le caractère plus englobant de la transaction sociale.

---

[26] Ces divers éléments caractérisant la transaction sociale, soulignés ici par les italiques, sont tirés de l'ensemble des textes à vocation théorique cités dans la bibliographie, et plus particulièrement de ceux de J. Remy et M. Blanc.

Quelques limites de la notion de transaction

Une notion redondante ? Transaction, interaction ou négociation

La notion de transaction sociale suppose une lecture restrictive de la négociation, ainsi que ses défenseurs le précisent fréquemment, tout en reconnaissant la similitude des deux concepts (en particulier Remy, 1998, 2005). Pour eux, « la négociation, au sens précis du terme, se déroule dans un espace-temps déterminé de façon explicite », ce qui la distinguerait de la transaction sociale qui serait « un processus diffus dans l'espace et dans le temps » (Remy, 1998, p. 23). Or, si l'on rejoint ces auteurs sur certains points – par exemple sur le fait que « la négociation suppose la prédominance d'un agir stratégique » (*ibid.*) –, cette lecture de la négociation semble discutable pour plusieurs raisons.

D'abord, cette lecture entre en contradiction avec moult emplois du terme dans la sociologie de la négociation. Nombreuses sont les analyses de négociations à mettre en exergue l'importance de ce qui se joue entre les sessions de négociation proprement dites. Comme le soulignent les promoteurs de la transaction sociale, l'analyse du contexte est indispensable à la compréhension des transactions (comme des négociations). Or, qu'il s'agisse du « contexte structurel » ou du « contexte de négociation » (Strauss, 1978), les diverses actions des différentes parties à la négociation – mais aussi, dans certains cas, de tiers acteurs – hors des sessions de négociation influent sur le processus de négociation et sur les échanges ultérieurs lors de ces sessions. Pour se limiter à cet exemple, les négociations collectives, qui comptent parmi les plus stéréotypiques et ritualisées, ne sont compréhensibles qu'en regard des échanges plus diffus de la vie en entreprise et des différents rapports sociaux au travail. Si les négociations ne sont explicites qu'à certains moments, on ne voit guère comment les disjoindre des interactions quotidiennes dans la mesure où il s'agit de séquences d'un même processus. La négociation comme processus (par opposition à « session ») paraît aussi diffuse que la transaction dans de nombreux travaux. Il en va de même pour d'autres caractéristiques de la transaction sociale, telles que la redistribution des ressources sur laquelle elle débouche fréquemment, ou de la possibilité que des transactions se tiennent en l'absence d'interactions directes entre les protagonistes. Sans reprendre les analyses de Schelling (1986) sur les « négociations à distance », il suffit de penser aux divers usages de la presse ou de manifestations (*meetings*, défilés dans les rues, diffusion de tracts, etc.) par des négociateurs, qu'ils soient syndicaux ou, dans le cas que nous avons étudié, partisans, pour s'en convaincre : ces actes constituent autant de façons d'avancer une position, de montrer un rapport de force, de mobiliser des soutiens, bref, de négocier.

Ensuite, on comprend mal qu'il faille restreindre ainsi le concept de négociation alors qu'il s'agit dans le même temps d'adopter une définition large de la transaction sociale. Qu'ils évoquent une négociation par les actes (Strauss *et al.*, 1992), des « négociations interpersonnelles » (Bourque et Thuderoz, 2002), des « négociations implicites »[27], des « négociations quotidiennes » ou des « transactions au jour le jour » (Sansot, 1996), nombreux sont les auteurs à envisager la négociation à la façon dont est théorisée la transaction sociale (c'est-à-dire comme un processus diffus). Ce faisant, tous renvoient, implicitement ou non, à la sociologie interactionniste.

Comme Claude Dubar le précise[28], les théoriciens de la transaction sociale ne font que peu référence à l'école de Chicago et à l'interactionnisme symbolique, alors qu'ils mobilisent la même figure tutélaire : Simmel. Les deux approches partagent en effet le souci d'une lecture processuelle des faits sociaux, l'attention « aux relations subjectives de la vie quotidienne » (Dubar, 1998, p. 60), la centralité des interactions dans la construction de l'ordre social, l'importance accordée aux cadres des interactions et aux compromis pratiques, l'intérêt porté à la gestion simultanée de la coopération et du conflit comme aux couples d'opposition[29], etc. Dans cette école d'analyse, qui propose aussi un paradigme échappant à l'opposition structuralisme/individualisme (Joseph, 1998), l'échange est également « un processus de socialisation et d'apprentissage de l'ajustement à autrui » (Freynet *et al.*, 1998, p. 17), et suppose une part de négociation avec soi-même (Strauss, 1992). De même cette sociologie permet-elle de comprendre la combinaison produire/reproduire à l'origine de la notion de transaction (Remy *et al.*, 1978). Par exemple, Strauss *et al.* (1992) expliquent le changement dans

27 Pour Friedberg (1993, p. 178), ces négociations participent autant que les négociations explicites à la régulation des ordres locaux : « Ces relations d'échange, pour peu qu'elles dépassent le simple échange ponctuel, portent sur des comportements concrets dont les partenaires ont besoin, mais aussi sur les termes de cet échange, c'est-à-dire sur les conditions minimales auxquelles les uns et les autres acceptent de continuer à échanger. C'est dire qu'à travers les négociations implicites ou explicites auxquelles ils donnent lieu, ces échanges de comportements induisent une structuration du champ ».

28 Dubar, 1998, auquel on renvoie pour l'ensemble de ce passage.

29 Tel que le *with them appart* (ensemble et séparés) de Goffman (2002). Plus largement, toute la « mise en scène de la vie quotidienne » (Goffman, 1973a, 1973b) tient au fait qu'il est impossible d'entrer dans une relation symbiotique, mais que l'Autre est indispensable à la vie sociale, ou, pour le dire autrement, que toute relation mêle coopération et conflit.

l'hôpital par les négociations implicites auxquelles se livrent les différentes catégories d'agents et d'usagers dans leurs interactions quotidiennes (production), interactions qui prennent part dans un ordre relativement stable (reproduction). Jean Remy évoque d'ailleurs la notion d'ordre négocié (1998, p. 36 et 38, pour ne prendre que deux exemples), sans citer Strauss ou les interactionnistes, alors même que ces auteurs ont, depuis les années 1960 au moins, réfléchi en ces termes et qu'un texte célèbre porte ce nom[30].

Une notion trop floue ?

De surcroît, la transaction reste entourée d'imprécisions. À titre d'exemple, les théoriciens de la transaction expliquent qu'elle se traduit par des compromis pratiques, qu'elle a une fonction de reliance, c'est-à-dire qu'elle crée du lien social, ou encore qu'elle favorise la construction de valeurs et de références communes. Or, outre que c'est aussi le cas de l'interaction ou de la négociation (Kuty, 1998, p. 253 sq.), ils restent allusifs sur la nature et les caractéristiques de ces produits transactionnels. Si la question des compromis pratiques est bien entendu importante, il paraît indispensable d'interpréter ces compromis, c'est-à-dire d'entrer dans le détail de leur contenu, de façon à préciser si la transaction entérine une domination ou une situation inégalitaire, ou si elle conduit à un réel partage ou à une hybridation. De même, si l'on part de l'idée que la transaction renvoie à la reliance, il faut encore se demander quel type de lien s'établit : le lien peut prendre différentes formes, et notamment celle d'une relation dominant/dominé. Ainsi, dans la recherche sur le cas qui fonde cette réflexion, les compromis pratiques participaient-ils dans leur globalité au maintien de la prééminence communiste, les valeurs « partagées » étaient généralement celles du PCF, et la nature même du lien maintenait les partis minoritaires dans une situation de domination. En d'autres termes, les transactions, si transactions il y avait, allaient dans un sens principal : elles assuraient la prééminence d'un des coalisés sur les autres, dans une relation durable, sans que les dominés ne puissent ou ne risquent de rompre la relation coalitionnelle.

Heuristique de la transaction

Par rapport aux notions proches évoquées plus haut, la transaction présente l'avantage d'attirer l'attention sur l'implicite, le latent, le diffus, l'informel, combinés au non intentionnel. Certes, il est tout à fait possible d'envisager ces éléments sans utiliser la notion de transaction,

---

[30] « L'hôpital et son ordre négocié » : Strauss *et al.*, 1992 (1965). Joseph parle aussi d'ordre négocié (1998, p. 36).

mais la transaction *peut* conduire à mettre ces éléments au premier plan[31]. Ainsi la notion de négociation suppose-t-elle le recours à un adjectif – quel qu'il soit (implicite, informelle, tacite, etc.) – pour cela.

Ce faisant, la notion de transaction attire l'attention sur la profusion des termes (aux connotations souvent très proches) utilisés pour parler des échanges sociaux sous leur double aspect de processus et de résultat de ces processus : interaction, tractation, dialogue, négociation, marchandage, coopération, cohabitation, action collective ou organisée, débat, délibération, concession, compromis, accord, arrangement, convention, etc. À l'image de la négociation, certains de ces termes connaissent une inflation et une extension fortes ; ils font l'objet d'emplois multiples, au point de perdre une part de leur pertinence heuristique et d'être saturés de sens. En forçant le trait, tout échange social pourrait être qualifié de négociation, comme le révèle l'ouvrage au titre éloquent : « Tout négocier » (Jeudy, 1996). Certes, on peut dire la même chose de la transaction (tout transiger ?) qui touche à de nombreux domaines et types d'échange : formation professionnelle, cohabitation spatiale, développement local, lien démocratique, travail social, relation sexuelle, etc. Mais l'un des intérêts premiers de la sociologie de la transaction sociale semble résider dans l'effort de précision de la terminologie sociologique employée pour analyser les échanges sociaux. Dit autrement, et en revenant au fait que les promoteurs de la transaction s'attachent régulièrement à donner une définition restreinte de la négociation, l'intérêt est d'attirer l'attention sur le foisonnement conceptuel des termes concurrents et souvent très proches pour qualifier et étudier les échanges sociaux.

---

31 La nuance est de rigueur et c'est là un point qu'il conviendrait d'éclaircir. La transaction sociale est généralement rapprochée des transactions économiques (par exemple, Blanc, 1994, p. 34-35) et des transactions juridiques (par exemple, Blanc, 1994, p. 23-24). Pour intéressantes (avec notamment l'import de la notion de « coûts de transaction » de Williamson, 1975) et nuancées (M. Blanc précise bien que la transaction sociale ne donne lieu qu'à des « compromis provisoires et toujours renégociables » : Blanc, 1994, p. 24) qu'elles soient, ces analogies peuvent prêter à confusion dans la mesure où les transactions juridiques et économiques sont des « produits transactionnels » *formels* selon la terminologie de la transaction sociale (des contrats entre acheteur et vendeur, pour les transactions économiques, des contrats synallagmatiques, pour les transactions juridiques : Enclos, 1994, p. 50), là où la transaction sociale est conceptualisée comme un « mode de comportement diffus » (Remy, 1998, p. 20), « une forme de sociabilité » (Remy, 1998, p. 21) ou un « processus dans lequel s'élaborent des compromis pratiques » (Freynet *et al.*, 1998, p. 17). Aux différences entre transaction sociale et autres formes de transaction soulignées par les promoteurs de la première (processus/produit, accord durable/ compromis provisoire), il faudrait ajouter (ou souligner davantage) les oppositions intentionnel/non-intentionnel et informel/formel, ce qui amène à s'interroger sur la pertinence de cette analogie à base homonymique.

Plus profondément, l'intérêt principal de la notion – au moins pour une recherche comme celle qui fonde ce texte – a été mis en évidence par Alain Bourdin (1996). Pour lui, on peut voir dans la transaction « une adjonction inutile à un vocabulaire qui, avec les termes de coopération, négociation, action collective ou organisée, paraît suffisant pour exprimer l'ensemble des questions que l'on veut traiter. [Mais] le terme de transaction possède pour le moins une utilité » (p. 247). L'intérêt n'est pas celui de l'échange économique (l'intérêt à coopérer, insuffisant pour cela), ni même l'intérêt politique (les relations de pouvoir). Il est centré sur la reconnaissance, à savoir le processus qui conduit un individu ou un groupe à reconnaître la validité des positions de l'autre, le bien-fondé de son action, sa raison d'être, la légitimité de ses valeurs et préférences, etc., ce que Bourdin appelle « le processus [...] d'affirmation de l'attribution de la qualité d'acteur à l'autre » (p. 250).

Cet aspect de la transaction renvoie directement à l'un des aspects les moins étudiés des échanges sociaux[32], et constitue par là-même l'un des apports essentiels de la transaction : à l'encontre d'une vision purement utilitariste des interactions sociales, à laquelle les lectures économicistes de la négociation conduisent, la transaction oppose cette reconnaissance. Cela ne signifie pas qu'il n'y a pas de reconnaissance dans la négociation ou dans les notions proches. Au contraire, de nombreux auteurs s'accordent à souligner le fait qu'accepter la présence de quelqu'un à une table de négociation (que cette expression soit métaphorique ou pas) revient à lui accorder une forme de reconnaissance[33] (on ne négocie pas avec le Front national pour cette raison). La spécificité de la notion tient peut-être à la place accordée à cette reconnaissance dans le processus d'échange, place qui serait majeure ou première dans la transaction et moindre dans les autres formes d'échange. Plus précisément encore, on pourrait penser que la transaction concerne les valeurs là où, sans que cette dimension en soit absente, la négociation porterait davantage sur une reconnaissance de la force ou du caractère incontournable d'autrui. Comme l'écrit à nouveau Bourdin (1996, p. 249), « les analyses sociologiques du processus de reconnaissance – même réduit à l'identification ou à l'acceptation – sont rares et c'est dans cette perspective que la transaction devient fort utile ». Et il conclut qu'« à partir de l'idée de transaction se développe un ensemble de raisonnements qui éclairent une dimension fondamentale de la coopération que la sociologie de l'action organisée ne traite guère : celle de la reconnaissance entre les

[32] On rappellera à la suite de Kuty (1998, p. 253 sq.) qu'elle n'est quasiment pas abordée par les sociologues jusqu'aux années 1970.

[33] C'est entre autres pour cette raison que Christian Thuderoz (2000) parle de valeur morale de la négociation.

acteurs [...] en étroite relation avec la dimension stratégique », si bien que « le mot sert en définitive à désigner plus qu'une thématique un peu lâche, un véritable axe de raisonnement dont une sociologie de l'action ne peut pas faire l'économie » (1996, p. 258).

Au regard de nos recherches, on ne peut que le rejoindre, à la fois sur l'heuristique de cet « axe de raisonnement », et sur la nécessité de continuer dans cette direction le travail de définition (et surtout de précision) théorique de la transaction pour en faire un concept moins lâche et plus opératoire. Si c'est un truisme de dire que, dès lors qu'on engage une quelconque forme d'échange avec autrui, on lui accorde une forme de reconnaissance, en comprendre sociologiquement le processus est autre chose[34].

Penser en ces termes, faire de la transaction le *processus social de construction de la reconnaissance* dans certaines relations de coopération conflictuelle, attire par exemple l'attention sur une dimension peu développée dans les travaux sur les alliances partisanes. À lire ces travaux, tout se passe comme si les partis ne s'alliaient qu'en raison de calculs d'intérêt et d'une proximité idéologique, et comme si les positions idéologiques étaient figées. Le postulat sous-jacent est qu'un parti a une position idéologique autonome, plus ou moins compatible à celle des autres, mais toujours imperméable à leur influence. Nos recherches révèlent à l'inverse maintes phrases, expressions et attitudes qui marquaient la *reconnaissance* mutuelle entre les coalisés. Rapidement, si le PS n'a jamais été très offensif à l'égard du PCF, ce n'est pas uniquement en raison des intérêts de certains de ses dirigeants à maintenir l'alliance en l'état, ni du sens du jeu inégalement réparti entre les joueurs, ni du dispositif social qui a rendu l'alliance obligatoire pour ses composantes, mais aussi parce qu'en dépit de ses ressources électorales *a priori* supérieures, en dépit des injonctions de nombre de ses militants à mettre fin à l'alliance, il y avait chez beaucoup de socialistes l'idée que les communistes n'administraient pas si mal la ville que cela et qu'ils étaient légitimes à présider à ses destinées[35]. De même, les communistes reconnaissaient-ils à demi-mot que les écologistes les avaient amenés à voir certaines choses sous un autre angle. Ainsi les marges de

[34] C'est là un aspect sur lequel la sociologie de la transaction va au-delà des sociologies interactionnistes de Simmel ou de l'école de Chicago. Chez Simmel (1998 notamment) comme chez Goffman, la reconnaissance porte essentiellement sur la face ou la parure d'autrui, c'est-à-dire sur la façon dont il se présente et entend être considéré (reconnu), alors que la question des valeurs reste au second plan.

[35] Comme l'exprime une ancienne première secrétaire de la section PS à son mari, premier adjoint : « Je veux dire, si tu vois l'intérêt des Calaisiens, je m'excuse. [...] C'est positif, tout ce qu'il [le maire PCF] peut faire est positif » (entretien).

manœuvre des écologistes dans l'action publique ne tenaient-elles pas uniquement à leur rôle charnière et n'étaient pas contradictoires avec leur petite taille et leur faible pouvoir (au sens relationnel et wébérien du terme), mais reposaient aussi sur la valeur accordée à leurs positions[36]. Cela ne signifie pas que les valeurs des uns soient nécessairement reprises par les autres, mais qu'elles sont reconnues comme aussi légitimes, dans le cadre précis de l'administration de la ville. Ce n'est donc pas tant de création de valeurs communes qu'il s'agit que de reconnaissance des valeurs de l'autre.

Cette reconnaissance de l'autre et de la légitimité de ses convictions permet de comprendre que soient tolérés le non-respect ponctuel de certaines règles comme l'acceptation tacite de manquements à la solidarité de gestion, et, plus largement, de comprendre l'in-négociable[37] : si l'on accepte que certaines convictions se traduisent par une désunion, ce n'est pas uniquement par intérêt (préserver l'alliance), mais peut-être aussi parce qu'on reconnaît la valeur et la légitimité des convictions de l'autre.

L'in-négociable ressortirait ainsi comme le domaine principal de la transaction, celui que, par définition, la négociation ne couvre pas : la transaction renverrait au compromis pratique par lequel des associés-rivaux évitent d'engager l'interaction sur certains sujets, et désignerait le processus d'acceptation de la différence. En présence de l'in-négociable, l'échange continue parce que la situation est, momentanément ou parfois plus durablement, modifiée, sous une forme ni conflictuelle, ni coopérative. Autrement dit, à lire ainsi les processus transactionnels, la transaction ne renverrait pas tant à la conciliation de la coopération et du conflit qu'à l'un de ses produits les plus intuitivement paradoxaux : l'évitement de la coopération comme du conflit quand le compromis est impossible. L'échange transactionnel ainsi conçu ne porterait donc pas directement sur les valeurs, il n'y aurait ni hybridation ni conciliation des valeurs des uns et des autres, mais cohabitation, coexistence, reconnaissance de l'égale légitimité et du caractère inconciliable de celles-ci.

---

36 Pour preuve, ce propos d'un responsable communiste à propos de ses alliés écologistes : « Pour être très franc, je considère que, par exemple, même s'ils essaient de s'imputer des choses, dans la gestion de certaines décisions prises par la ville, comme la biométhanisation, le tri sélectif, je pense qu'il est évident qu'ils ont une vision des choses qu'on n'a pas forcément, et même si, parfois, ça rue dans les brancards, quelque part, ça nous file un coup de main » (entretien).

37 Comme l'énonce Bourdin (1996, p. 256-257), « on arrive à caractériser la transaction comme ce mouvement paradoxal par lequel on établit une reconnaissance ou l'on rétablit une reconnaissance rompue, ce qui revient d'une manière ou d'une autre à négocier ce qui n'est pas négociable ».

Considérer de la sorte la transaction, comme processus de transformation des points de vue et regards portés sur autrui, invite à prolonger le travail de définition de la notion auquel s'attellent Remy, Blanc et consorts. En effet, à considérer que la transaction repose sur la reconnaissance, non de la force et du caractère incontournable d'autrui, comme c'est prioritairement le cas dans les dynamiques de négociation, mais des fondements valoriels des identités d'autrui – reconnaissance dont il faudrait analyser l'impact sur ces identités (en termes d'image de soi, d'image d'autrui, d'image qu'on nous renvoie et d'image qu'on renvoie) –, il resterait, d'une part, à préciser en quoi les processus transactionnels diffèrent des processus de reconnaissance traditionnels, d'autre part, à proposer un modèle d'analyse et de compréhension des situations dans lesquelles l'in-négociable conduit à cette reconnaissance et donc à la transaction. Les travaux rapportés ci-dessus permettent d'avancer l'hypothèse que la transaction/reconnaissance résulterait de situations in-négociables, non résolubles par le rapport de force, où chacun est porté à accorder du crédit à la position et aux valeurs d'autrui, car s'il ne peut transiger avec ses propres valeurs, il pense ne pas pouvoir faire sans autrui (pour des raisons diverses), a des valeurs non conciliables mais non opposées à celles d'autrui, et peut se reconnaître, fût-ce *a minima*, dans les valeurs et positions d'autrui. En d'autres termes, la transaction ainsi conçue supposerait une forme même embryonnaire de reconnaissance préalable[38].

En l'état de son développement théorique, la notion de transaction peine encore à se différencier des notions proches développées dans les sociologies dont elle est inspirée. Si elle perdrait en « surface » en couvrant une palette moins large d'échanges, la notion gagnerait peut-être à être précisée, en insistant notamment sur ce qui la différencie des notions proches comme la négociation : les échanges non guidés par la volonté stratégique des acteurs, non explicités, qui favorisent la reconnaissance en situation d'in-négociable.

Bibliographie

Bailey F. G., 1971, *Les règles du jeu politique*, Paris, PUF (1re éd., 1969).

Becker H. S., 1988, *Les mondes de l'art*, Paris, Flammarion (1re éd., 1982).

Bidart C., 1997, *L'amitié, un lien social*, Paris, La Découverte.

Blanc M., 1994, « La transaction dans les sciences sociales : vers un paradigme élargi », in Blanc M. *et al.*, p. 21-47.

[38] « Pour pouvoir reconnaître l'autre, il faut pouvoir se reconnaître en lui donc posséder en commun avec lui quelque chose de fondamental » (Bourdin, 1996, p. 256).

–, 2003, « La transaction sociale : un paradigme analytique et pragmatique », Synthèse d'une conférence donnée le 11 novembre 2003, réalisée par M. Gauthier.

Blanc M. *et al.* (dir.), 1992, *Pour une sociologie de la transaction sociale*, Paris, L'Harmattan.

–, 1994a, *Vie quotidienne et démocratie. Pour une sociologie de la transaction sociale (suite)*, Paris, L'Harmattan.

–, 1994b, « Vie quotidienne, transaction sociale et démocratie », in Blanc M. *et al.*, p. 9-17.

Bolle De Bal M., 2000, « Au cœur d'une sociologie existentielle : les secrètes ambivalences du secret », in Petitat A., 2000, p. 49-60.

Bourdieu P., 1982, *Ce que parler veut dire. L'économie des échanges linguistiques*, Paris, Fayard.

Bourdin A., 1996, « Transaction et action organisée », in Voyé L., 1996, p. 247-258.

Bourque R., Thuderoz Chr., 2002, *Sociologie de la négociation*, Paris, La Découverte.

Briggs C., 1986, *Learning how to Ask. A Socio-Linguistic Appraisal of the Role of the Interview in Social Science Research*, Cambridge, Cambridge UP.

Bué N., 2004, « Usages et fonctions du secret dans les relations entre entreprises politiques. Le cas de la négociation électorale », in Wuillème T. (dir.), *Autour des secrets*, Paris, L'Harmattan, p. 185-202.

–, 2006, *Rassembler pour régner. Négociation des alliances et maintien d'une prééminence partisane : l'union de la gauche à Calais (1971-2005)*, Thèse de doctorat en science politique, Université Lille 2.

–, 2008, « Contribution à la sociologie des coalitions partisanes. L'union de la gauche à Calais (1971-2005) », in *Annuaire 2008 des collectivités locales*, Paris, Éditions du CNRS, p. 669-682.

Coser L. A., 1982 (1956-1967), *Les fonctions du conflit social*, Paris, PUF.

Dabezies P., 1980, « Réflexions sur l'inégociable », *Pouvoirs*, 15, p. 91-98.

De Certeau M., 1993, « La beauté du Mort », *La culture au pluriel*, Paris, Seuil (1re éd., 1970).

Demazière D., 2008, « L'entretien biographique comme interaction, négociations, contre-interprétations, ajustements de sens », *Langage et Société*, 123, p. 15-35.

Dobry M., 1986, *Sociologie des crises politiques. La dynamique des mobilisations multisectorielles*, Paris, Presses de Sciences Po.

Dubar C., 1991, *La socialisation : construction des identités sociales et professionnelles*, Paris, Armand Colin.

–, 1998, « Interaction symbolique et transaction sociale », in Freynet M.-F. *et al.*, p. 56-65.

–, 2003, « Régulation conjointe et double transaction : réflexions pour un débat », in De Terssac G. (dir.), *La théorie de la régulation sociale de Jean-Daniel Reynaud*, Paris, La Découverte, p. 331-344.

Elster J., 1994, « Argumenter et négocier dans deux assemblées constituantes », *Revue française de science politique*, 44(4), p. 187-256.

Enclos P., 1994, « Le procès de la notion de transaction », in Blanc M. *et al.*, p. 49-70.

Faure A., 1995, note de lecture sur : Blanc M. *et al.* (dir.), *Vie quotidienne et démocratie. Pour une sociologie de la transaction sociale (suite)*, Paris, L'Harmattan, 1994, in *Revue française de science politique*, 45(2), p. 344-347.

Freynet M.-F., Blanc M., Pineau G. (dir.), 1998, *Les transactions aux frontières du social*, Lyon, Chronique sociale.

Goffman E., 1973a, *La mise en scène de la vie quotidienne. 1. la présentation de soi*, Paris, Minuit (1re éd., 1956).

–, 1973b, *La mise en scène de la vie quotidienne. 2. Les relations en public*, Paris, Minuit (1re éd., 1971).

–, 2002, *L'arrangement des sexes*, Paris, La Dispute (1re éd., 1977).

Gonzalez-Martinez E., 2001, « Comment agir en confiance avec un partenaire dont on se méfie », *Réseaux*, 108, p. 87-123.

Gouldner A., 1960, « The Norm of Reciprocity : a Preliminary Statement », *American Sociological Review*, 25(2), p. 161-178.

Jeudy H.-P. (dir.), 1996, *Tout négocier. Masques et vertiges des compromis*, Paris, Autrement, 163.

Joseph I., 1998, *Erving Goffman et la microsociologie*, Paris, PUF.

Kuty O., 1998, *La négociation des valeurs : introduction à la sociologie*, Bruxelles, De Boeck.

Mangematin V., 1999, « La confiance : des modes de coordination dont l'utilisation dépend de ses conditions de production », in Thuderoz Chr. *et al.*, p. 32-56.

Padioleau J.-G., 1986, *L'ordre social. Principes d'analyse sociologique*, L'Harmattan.

Petitat A. (dir.), 2000, *Secret et lien social*, Paris, L'Harmattan.

Remy J., 1994, « La transaction : de la notion au paradigme méthodologique », in Blanc M. *et al.*, p. 293-319.

–, 1998, « La transaction sociale. Forme de sociabilité et posture méthodologique », in Freynet M.-F. *et al.*, p. 20-42.

–, 2005, « Négociations et transaction sociale », entretien accordé à la revue *Négociations*, 3, p. 81-95.

Remy J., Voyé L., Servais É., 1978, *Produire ou reproduire ?*, Bruxelles, De Boeck.

Sansot P., 1996, « Les transactions au jour le jour », in Jeudy H.-P., p. 68-74.

Schelling T., 1986, *Stratégie du conflit*, Paris, PUF (1re éd., 1960).

Schurmans M.-N., 1994, « Négociations silencieuses à Évolène : transaction et identité sociale », in Blanc M. *et al.*, p. 129-154.

Simmel G., 1996, *Secret et sociétés secrètes*, Belval, Circé (1re éd., 1908).

–, 1998, *La parure et autres essais*, Paris, Éditions de la maison des Sciences de l'Homme.

–, 1999, « Le conflit », *Sociologie. Études sur les formes de la socialisation*, Paris, PUF, p. 265-346.

Strauss A., 1978, *Negotiations. Varieties, Contexts, Processes and Social Order*, San Francisco, Jossey Bass.

–, 1992, *Miroirs et masques : une introduction à l'interactionnisme*, Paris, Métailié (1re éd., 1989).

Strauss A., Schatzman L., Bucher B., Ehrlich D., Sabshin M., 1992, « L'hôpital et son ordre négocié », reproduit in Strauss A., *La trame de la négociation. Sociologie qualitative et interactionnisme*, Paris, L'Harmattan, p. 87-112.

Thuderoz Chr., 2000, *Négociations. Essai de sociologie du lien social*, Paris, PUF.

Thuderoz Chr., Mangematin V., Harrison D. (dir.), 1999, *La confiance. Aspects économiques et sociologiques*, Paris, Gaétan Morin.

Urfalino P., 2000, « La délibération et la dimension normative de la décision collective », in Commaille J., Dumoulin L., Robert C. (dir.), *La juridicisation du politique. Leçons scientifiques*, Paris, LGDJ, p. 165-193.

Verret M., 1979, note de lecture sur : Remy J., Voyé L., Servais É., *Produire ou reproduire ? Une sociologie de la vie quotidienne*, Bruxelles, Éditions Vie ouvrière, 1978, in *Revue française de sociologie*, 20(2), p. 473-474.

Voyé L. (dir.), 1996, *Ville et transactions sociales*, Paris, L'Harmattan.

Williamson O. E., 1985, *Markets and Hierarchies : Analysis and Antitrust Implications*, New York, The Free Press.

CHAPITRE 2

Les recompositions de la pratique professionnelle

L'exemple de l'appropriation des dispositifs de la politique de la ville par les travailleurs sociaux

Abdelhafid HAMMOUCHE

Professeur de sociologie, Université Lille 1, CLERSE-CNRS

M'inscrivant dans une sociologie de la ville par une analyse des pratiques de ceux qui contribuent à l'action publique dédiée aux espaces urbains, je propose d'analyser dans cette contribution les changements des pratiques professionnelles que connaissent les travailleurs sociaux agissant dans le cadre de la politique de la ville en questionnant leur appropriation des dispositifs de cette politique publique[1]. Pour nourrir la discussion théorique par rapport au concept de transaction, je rends raison de ce processus d'appropriation à partir de la grille de lecture de Pierre Muller et de son concept de référentiel sectoriel. Les travailleurs sociaux dont il est question ici sont animateurs(trices), éducateurs(trices) ou assistants(es) sociaux(les), salarié(e)s d'équipements de proximité (centres sociaux, etc.), ou d'associations agissant au titre d'une délégation des pouvoirs publics. Pour ces professionnels, la mise en œuvre de la politique de la ville peut s'accompagner d'un processus de redéfinition des pratiques au sens large, tant pour ce qui concerne les compétences que les manières d'agir et d'intervenir. Ces redéfinitions restent, selon les systèmes d'action, partiellement formelles ou engendrent au

[1] Les éléments dont il est question ont été recueillis lors de deux enquêtes effectuées entre 1999 et 2005, complétées par des entretiens en 2006-2007. J'ai retenu les propos de deux types d'acteurs intéressés par le rapport aux dispositifs : ceux qui les animent et les travailleurs sociaux qui y participent. Ces professionnels occupent des postes de chef de projet, d'éducateur, d'assistante sociale ou d'animateurs dans différentes villes de la région Rhône-Alpes depuis 1988 pour les plus anciens, et depuis 2004 pour les plus récents.

contraire des modifications dans les interventions. Les rapports aux dispositifs (prévention de la délinquance, réhabilitation de logements, entre autres exemples) s'offrent comme de possibles indices de ces éventuelles redéfinitions. Je fais l'hypothèse que la participation aux dispositifs est plus ou moins ponctuelle mais participe néanmoins d'une remise en question du référentiel. Ce sont donc deux dimensions de cette appropriation que je souhaite mettre en discussion : d'une part, celle de l'usage tactique des dispositifs par les travailleurs sociaux, notamment pour produire de nouveaux supports de l'action sociale ; d'autre part, celle de la remise en question du référentiel (ou au moins d'un ajustement de celui qui prévaut dans le secteur du travail social depuis les années 1970) que révèlent ces usages. Après avoir précisé l'orientation théorique, nous verrons, à partir des propos tenus par des chefs de projet et des travailleurs sociaux, une pluralité d'usages des dispositifs. Dans la deuxième partie, je tenterai de mettre en perspective ces changements du travail social par une analyse diachronique depuis sa consécration dans les années 1970 jusqu'à la configuration d'aujourd'hui dans le cadre de la politique de la ville, et analyser ainsi une évolution plus générale des pratiques. Je conclurai en amorçant une discussion à propos de deux autres concepts : celui de transaction et celui de recomposition (que j'ai conçu initialement pour approcher les changements engendrés par les situations migratoires).

1. Une pluralité d'usages des dispositifs

Rappelons d'abord que la politique de la ville se caractérise par la volonté de rompre avec les méthodes de l'action publique qui prévalaient dans les années 1970. Pour ceux qui la conçurent, il fallait, en effet, dépasser la logique sectorielle afin de penser l'espace retenu pour des actions spécifiques comme un tout faisant système. La mise en œuvre de la politique de la ville dans les « quartiers » ciblés depuis les premières procédures qui lui sont référées – HVS (Habitat et vie sociale) en 1977, DSQ (Développement social des quartiers) en 1982 – devait donc engendrer un processus de déstabilisation des pratiques professionnelles et bénévoles pour bon nombre des intervenants. Cette politique publique s'est définie, au fil des années, par une succession de délimitations d'espaces urbains et de mesures élaborées pour agir sur l'habitat, l'insertion sociale des populations et des « territoires » ciblés. Elle s'accompagne d'un ensemble de procédures (dont les actuels Contrats urbains de cohésion sociale – CUCS – faisant suite depuis janvier 2007 aux Contrats de ville) encadrant les interventions dans les banlieues et à partir desquelles naissent des dispositifs (comme par exemple le CLS – Contrat local de sécurité) constituant des systèmes de relations et d'actions et visant une meilleure cohérence entre les intervenants. Atteindre cet objectif implique que les agents en charge de ces dispositifs s'en soient appropriés non seulement les modalités de fonctionnement mais aussi les principes qui les inspirent. Or, on peut supposer différentes positions des travailleurs sociaux par rapport à ces dispositifs : réservées ou plus engagées selon les stratégies institutionnelles et les postures adoptées par ceux qui les représentent.

Rendre raison de ce processus d'appropriation en termes de changement de référentiel sectoriel ou au moins d'un ajustement de celui qui prévaut dans le secteur du travail social depuis les années 1970 offre l'avantage de prendre en compte la visée que se donnent les travailleurs sociaux. Forgé par Pierre Muller pour analyser les politiques publiques, ce concept de « référentiel » – comme par exemple celui de la « modernisation » mobilisé pour saisir les changements relatifs à l'agriculture dans les années 1960 en France – permet l'analyse des cadres cognitifs et normatifs de l'action publique. Dans ce cadre théorique, les changements à l'œuvre dans un secteur particulier ne se limitent pas à lui et sont conditionnés d'une manière ou d'une autre par ceux qui se vérifient au niveau du référentiel global[2]. Penser le secteur du travail social en ces termes de « référentiel » permet de ne pas s'en tenir aux interventions telles qu'elles se donnent à voir et d'élargir le raisonnement pour tenter de questionner les changements en tenant compte du « tout » que constituent les représentations partagées plus ou moins mais néanmoins communes aux travailleurs sociaux. Ces représentations constituent une sorte de « culture » avec un ensemble de références prenant sens dans une conjoncture donnée et résistant plus ou moins aux changements de contexte. Ainsi pourrions-nous parler de « l'individu affranchi » (l'aide apportée par le travailleur social, notamment par l'établissement d'une relation, étant conçue pour favoriser l'autonomisation) comme référentiel sectoriel des différents métiers du travail social depuis les années 1970. Ensuite, à partir des années 1980 et encore plus dans les années 1990, il serait plus judicieux de parler d'un « individu situé ». Avec ce dernier référentiel, la primauté de l'individu-sujet n'est pas écartée, mais se trouve, par les effets d'une rationalisation instrumentale engendrée par les dispositifs, plus nettement contextualisée. Cette accentuation de la prise en compte du contexte ressort de l'inscription plus affirmée de l'individu (en situation) dans un environnement social et de l'articulation de l'intervention du travailleur social avec celle des autres acteurs. Une telle approche conceptuelle ne réduit pas l'analyse à la seule interaction et prend en compte la perception des principes de l'action et la visée que poursuivent les acteurs.

---

[2] Sur la discussion relative à cette approche théorique : Muller, 2005.

Des participations et des usages divers des dispositifs

Parmi les chefs de projets ou les agents de développement social rencontrés, plusieurs sont issus de ces métiers du travail social. Selon les quartiers et les phases de mise en œuvre des procédures, les rapports entre travailleurs sociaux, agents de développement social ou chef de projet sont plus ou moins étroits, avec parfois des « passages » pour les premiers dans des fonctions liées aux dispositifs (CRIDEL, 1994). Ces éventuels changements de métier rejaillissent dans les positions adoptées et la manière d'accéder à ces postes éclaire en partie les propos des uns et des autres. Il y a ceux qui occupent des postes « classiques » dans leurs secteurs respectifs – travailleurs sociaux issus de formations d'éducateur spécialisé, d'animateur ou d'assistant social ; chef de projet et/ou agent de développement social ayant une formation universitaire – et ceux qui ont parcouru ces vingt dernières années dans des fonctions diverses mais référées d'abord au travail social, avant d'être dans les équipes MOUS (Maîtrise d'œuvre urbaine et sociale – chargées d'animer les dispositifs et d'accompagner la mise en œuvre des actions programmées). Pour ces derniers, les positionnements se sont construits au fil du temps et certains ont saisi le nouveau cadre généré par la politique de la ville comme une opportunité, quand d'autres ou, à d'autres moments, l'ont subi. La mise en place des dispositifs, la manière dont ils sont investis ou les difficultés rencontrées, et telles que les énoncent les chefs de projet ou agents de développement, ne sont pas de même nature d'un dispositif à l'autre et d'une période à l'autre, comme on le voit dans les deux exemples suivants.

Dans le premier exemple d'un quartier lyonnais, la participation aux actions engendrées par les dispositifs suscite des questions sur la définition des publics et, implicitement, la remise en cause des catégories utilisées par les travailleurs sociaux. Dans ce quartier, en 2005, l'emploi constitue le fondement du dispositif le plus en vue[3]. Celui-ci réunit la maison de l'Emploi, de la Formation et du Développement, la Mission locale, l'équipe de prévention spécialisée, les assistantes sociales du Conseil général, la régie de quartier, le foyer protestant. Selon le chef de projet en fonction en 2005, ancien travailleur social, les difficultés institutionnelles sont apparues rapidement avec les travailleurs sociaux employés par le Conseil général, qui « s'enferment dans une logique de guichet – [car] ils veulent s'occuper de telles catégories, point. Le reste

[3] En 2005, à Lyon et dans la région lyonnaise, les dispositifs le plus souvent évoqués par les chefs de projets et les travailleurs sociaux rencontrés, pour illustrer cette relation entre « travail social et politique de la ville », sont le Contrat éducatif local, le Contrat local de sécurité (CLS), et des commissions sur le relogement (ou sur le peuplement).

les intéresse pas... ». Les difficultés se sont multipliées lorsque la ville a demandé de « cibler des familles pour agir précisément, [ce que] les travailleurs sociaux ont refusé nettement ». Ces derniers ont invoqué « le respect de l'anonymat » et la crainte « d'une instrumentalisation » pour motiver leur refus. Il souligne, pour mieux marquer la différence avec ces positionnements institutionnels, l'attitude des associations les plus récentes. Il met en avant « l'ouverture » de ces dernières : « les associations de moins de dix ans sont plus dynamiques que les centres sociaux... plus de force de proposition et sans s'approprier un public [en particulier]... Elles sont moins marquées [par les découpages] que les autres [acteurs] ». Outre ces découpages, il invoque la « culture du travail social » comme difficulté qui provoquerait, selon lui, un « manque de souplesse, par rapport aux parcours [formations et compétences] ». Il donne un exemple avec une action relative à « la gestion sociale urbaine de proximité » ayant impliqué des bailleurs sociaux, les services de la ville, et de la Communauté urbaine pour des problèmes de voirie, et qui « n'a suscité aucun intérêt de la part des travailleurs sociaux, exception faite de la maison de l'Enfance », laquelle a participé à une réflexion sur la signalisation urbaine.

Ces difficultés mises en avant ne sont pas sans rappeler celles qui sont évoquées par les travailleurs sociaux depuis les premières procédures et la déstabilisation ou « l'épreuve » qu'elles ont engendrées. Ces nouvelles configurations avec lesquelles se sont imposées de nouvelles références (le « territoire » notamment) et de nouvelles méthodes d'intervention (avec les « partenaires », à partir de « diagnostics partagés », etc.) ont été, on l'a dit, perçues comme des opportunités ou comme une déconsidération des méthodes jusque-là adoptées. Car les actions qualifiées de « classiques » sont dévalorisées par certains intervenants de la politique de la ville, comme c'est le cas de ce chef de projet qui, parallèlement, apprécie en termes « d'ouverture » les associations dont certaines naissent avec les dispositifs. Les difficultés sont apparemment moindres lorsqu'il s'agit de concevoir des actions liées au logement. C'est le cas de ce dispositif qui porte sur « le relogement » :

> On a un observatoire des demandes de logement avec une commission des situations prioritaires – urgences, précarité, divorce – où des assistantes sociales présentent et soutiennent la demande... Il y a la MDR, le CCAS, différentes associations (CCLAJ, ALPIL)[4], le service Habitat de la ville de Lyon, le chef de projet. C'est plus constructif peut être parce que c'est plus palpable. Il y a aussi une commission de veille immobilière sur le bâti pour

[4] MDR : maison du Rhône ; CCAS : Centre communal d'action sociale ; CCLAJ : Comités locaux pour le logement autonome des jeunes ; ALPIL : Action pour l'insertion sociale par le logement.

traiter des problèmes de voisinage, de peuplement, de dégradation. La première commission, c'est l'accès ; là [avec la veille immobilière] il y a plus d'informations…

Ce chef de projet se réfère « au découpage » des tâches et des compétences ou à « la culture du travail social », constituant à ses yeux des obstacles à de nouvelles manières d'intervenir. Pour lui, les travailleurs sociaux sont réticents aux nouvelles méthodes. Mais d'autres intervenants concernés par les dispositifs énoncent un avis moins tranché. Dans leurs propos, les positionnements par rapport aux dispositifs semblent plus nuancés, ce qui nécessite, comme le pointe l'intervenant de l'exemple suivant, quelques aménagements.

Ce dernier, d'abord travailleur social, puis en 2006 « agent territorial » dans une ville de l'agglomération lyonnaise, souligne les rapports étroits entre travail social, politique de la ville et vie associative locale. Le premier dispositif qu'il évoque date de 1997 et concerne la « prévention et la sécurité ». « C'est le premier CLS » dit-il, qui fait suite à un dispositif où se débattaient « les questions de l'animation [avec VVV : Ville, Vie, Vacances], et de la prévention de la délinquance ». Les difficultés relatives à l'anonymat, là encore, ont provoqué une rupture avec les éducateurs. Cette difficulté du « respect de l'anonymat et de la libre adhésion pour les jeunes par rapport à la prévention spécialisée a été contournée en aparté par des réunions informelles, où l'on repère des transactions tacites. Les éducs ne participent pas au groupe de pilotage, c'était quelqu'un du Conseil général qui les représentait. Eux, ils étaient dans des commissions ». Pour lui, le dispositif « au début, c'est obtenir un financement… Maintenant il y a une culture partenariale ». Les évolutions relatives aux positionnements découlent sans doute du temps pris pour la mise en œuvre et l'adaptation, de l'ancienneté dans les rapports entre intervenants, de l'orientation institutionnelle, mais aussi du statut des travailleurs sociaux. Le dernier exemple, notamment avec la question de l'anonymat, le montre bien. Les éducateurs de « terrain » s'appuient sur leur hiérarchie du Conseil général pour faire prévaloir leur refus de revenir sur cette règle. Cette assise institutionnelle n'est sans doute pas étrangère à l'attitude adoptée face à des changements induits par les dispositifs. Or, tous les travailleurs sociaux n'ont pas le même statut. Bon nombre d'assistants sociaux et d'éducateurs sont fonctionnaires des Conseils généraux. D'autres sont employés par les communes ou salariés (en CDI pour les éducateurs et les animateurs formés, ou en CDD, notamment pour les « petits métiers » générés ces dernières années par la multiplication d'activités d'animation) d'associations plus ou moins liées aux villes (c'est souvent le cas des équipements de proximité) ou à des réseaux nationaux (comme pour la Sauvegarde de l'Enfance).

Du côté des travailleurs sociaux, il y a ceux qui semblent adopter une position de « résistance », quand d'autres utilisent des procédures et les dispositifs qui en découlent comme autant d'opportunités. Dans certaines situations, les rapports aux dispositifs semblent plus clairement établis. C'est le cas lorsque le dispositif est lié à un support éducatif comme avec la conception puis la mise en œuvre d'actions « innovantes ». Certaines actions conçues en « dispositif » sont d'ailleurs particulièrement éclairantes de la manière dont la politique de la ville engendre des recompositions des pratiques et des relations. Dans ce cas, ce sont les rapports entre professionnels du travail social, chef de projet du Contrat de ville, et bénévoles (dont des « parents »), mais aussi les « fondements » du travail social, qui se trouvent alors mis en jeu. On le voit par exemple dans une action « Mémoire des pères, identité des jeunes » (dans un quartier de Saint-Étienne, 1999-2004) conçue comme un « élargissement » équivalant à une tentative de renouveler l'action sociale. Cet exemple d'action portant sur la « mémoire » montre que l'ensemble des intervenants liés ainsi par le dispositif fait naître et légitime une recherche d'alliance (ici avec les « pères ») (Hammouche, 2006). Dans ce cas de figure, il s'agit d'instaurer une filiation sociale. Cette visée de redéfinition de l'intervention et de sa légitimation se retrouve en bien des endroits dès lors que les participants d'un dispositif trouvent un intérêt stratégique (« apaiser » la relation avec un public « difficile », faire reconnaître une nouvelle pratique, etc.). Dans des situations de rupture (comme pour ce quartier stéphanois) ou d'incitation plus ou moins pressante telle qu'évoquée dans les illustrations plus haut, il y a un « élargissement », d'abord relatif aux thématiques comme celles des « pères », de la « mémoire », des « identités ». Cet élargissement peut être pris comme une trace des efforts que font les intervenants sociaux pour être au plus près des situations qu'ils trouvent en face d'eux avec de nouvelles formes de dysfonctionnements de la vie en société.

Le « dur » comme référence : l'espace et le logement comme points d'appui du dispositif

Mais comment s'y retrouver dans cette pluralité d'usages ? On peut dans un premier temps se référer, pour partie, à la lecture des intervenants et ainsi se repérer dans cette diversité et cette multiplication des dispositifs. Ce sont les rapports au « dur », en l'occurrence les espaces et le bâti avec l'aménagement de l'espace et la réhabilitation des logements ou le relogement, qui sont évoqués en premier lieu en guise de supports acceptés et « structurants ». Même si on entend régulièrement des critiques sur l'insuffisance des actions trop centrées sur le « dur », ces dispositifs mis en place pour agir sur le « peuplement » et accompagner des « réhabilitations » sont le plus souvent considérés comme les plus « clairs dans leur fonctionnement » (cf. aussi Allen, 2001). Le rapport au bâti continue aujourd'hui d'être le point structurant pour les intervenants agissant dans le quartier, comme à Lyon en 2005 lorsque, avec la gestion du « peuplement », se dessine un ensemble d'actions liées au logement. Ces domaines d'action induisent ou supposent une relation privilégiée en direction des « adultes » (les locataires notamment). Pour certaines catégories de travailleurs sociaux, c'est déjà un élargissement – par le support ou en termes de public[5]. Cette structuration par la référence à un support clairement identifié (le logement) permet d'accompagner et de limiter les jeux de positionnement entre bailleurs sociaux et travailleurs sociaux. Ces derniers peuvent élargir leur action sans être trop questionnés sur leur « culture » : les bailleurs comme les travailleurs sociaux se présentent alors comme des compléments réciproques (l'aide à la prise en compte de la relation avec le locataire pour le bailleur, l'aide de ce dernier pour l'accès au logement du côté du travailleur social).

Mais il convient, pour mieux questionner ce rapport aux dispositifs, de mettre en perspective ces usages avec l'évolution du travail social ces dernières décennies.

2. Un renversement de conjoncture : de la consécration du travail social à la banalisation du « relationnel »

Parmi les propos le plus fréquemment tenus à l'égard des dispositifs, celui d'« instrumentalisation » semble cristalliser et exprimer une grande partie des réticences des travailleurs sociaux et s'offre comme un analyseur de cette évolution (Helfter, 2004). Cette référence à l'« instrumentalisation » revient à souligner, bien plus que dans le passé récent, les attentes relatives aux retombées concrètes de l'action professionnelle ou, selon le langage adopté, de l'intervention. Le mode de fonctionnement imposé par les procédures, avec une insistance sur la finalité instrumentale (l'accès effectif à un emploi, à un logement, à titre d'exemples), se heurte à l'idéal éducatif au principe des métiers du travail social. L'idéal éducatif, dans leurs propos et pour le dire sommairement, est

[5] Mais c'est parfois un élargissement de l'intervention par de nouveaux thèmes, comme par exemple la « mémoire » ou la parentalité, où la relation parents-enfants est soulignée. Enfin, un autre type de dispositif tend à se développer avec l'objectif de conforter l'assise et l'assurance des intervenants autour de la question des « jeunes » face aux publics les « plus difficiles » : Hammouche, 2002.

une « dynamique » qu'ils cherchent à enclencher. C'est ainsi qu'ils tendent à définir la dimension éducative dans l'aide apportée : un apprentissage réflexif et l'acquisition d'un savoir sur soi devant favoriser l'autonomie de l'individu. Dans la perspective de cet idéal éducatif, la relation ou, plus exactement, le « travail » sur la relation sont appréciés pour eux-mêmes. Dans ce cadre, et pour mieux marquer la différence avec l'« instrumentalisation » dénoncée, on peut parler de personnalisation pour dire que c'est l'implication du travailleur social en tant que *personne* dans une démarche principalement psychologique qui importe. Les retombées ne sont alors pas mesurables à court terme, étant entendu que les effets dépendent de la personne bénéficiaire de ce travail et de son cheminement à venir. L'« instrumentalisation » est donc le plus souvent perçue comme une réduction de l'action aux finalités « visibles » ou immédiates. De telles critiques restent cependant difficiles à formuler pour les travailleurs sociaux, car ces dispositifs représentent une sorte de paradoxe. Ceux-ci, en effet, deviennent au fil des années des systèmes « partenariaux » permettant l'inclusion du « relationnel » et son élargissement par la reprise au moins partielle qu'en font les autres acteurs publics des « quartiers ». Ce « relationnel » et la considération de l'intersubjectivité se trouvent ainsi reconnus, mais aussi en partie bureaucratisés. La dimension subjective, et plus largement ce qui renvoie au « relationnel », est en effet au cœur de l'intervention lorsque celle-ci se définit en référence à la vie sociale (avec le « développement social ») et à l'implication volontaire et bénévole des habitants de ces « territoires » (la « participation »). Les dispositifs ne peuvent donc qu'accorder une large place à cette dimension, laquelle tend alors à se transformer. Car la prise en compte du « subjectif » se rationalise dans un cadre – le dispositif – se définissant par un relatif assouplissement des règles bureaucratiques. En effet, on peut penser qu'il s'agit là d'une rationalisation, telle que l'entend Max Weber, d'une partie de l'action qui jusque-là y échappait. Dans cette perspective, cette rationalisation est une extension de la rationalité instrumentale. Elle s'opère par le dispositif pour inclure le « relationnel » – qui n'est plus alors l'apanage du seul travail social – dans l'action publique et provoque pour les travailleurs sociaux la recherche de nouveaux supports ou de nouvelles alliances avec les « partenaires » ou les publics, pour spécifier autrement leur métier.

D'une position valorisante du travailleur social « aidant » à une position « exposée »

Mais, pour saisir les effets des dispositifs, il est sans doute judicieux de situer la réévaluation des retombées concrètes de l'action des travailleurs sociaux dans une chronologie : depuis « l'assistance » sociale du début du XXe siècle, marquée du sceau de l'aide charitable (matérielle et spirituelle), puis du « travail » social caractérisé par une professionnalité revendiquée et largement inspirée de la psychologie, et enfin du « développement » social, principe d'action qui élargit la palette des domaines et des intervenants avec une nouvelle configuration entre acteurs institutionnels et bénévoles notamment. La « déstabilisation » qui résulte de cette dernière référence se comprend sans doute mieux si l'on admet qu'un grand nombre d'acteurs d'aujourd'hui sont les « héritiers » des conceptions qui étaient en vogue dans les années 1970, mais que les dispositifs remettent à présent en question. La légitimation de l'action de bénévoles qui veulent agir aussi auprès des populations en établissant une relation ou en recherchant la « participation » des « habitants » contribue également de cette déstabilisation. Car ce repositionnement des bénévoles, encouragé par les pouvoirs publics et les travailleurs sociaux eux-mêmes, constitue une sorte de « concurrence » s'ajoutant à celle que représentent les équipes MOUS, distributrices de moyens, et contribue aussi peu ou prou à fragiliser la position des travailleurs sociaux. Plus largement, les effets de la « proximité » – un des principes de la politique de la ville qui a engendré des réorganisations – se traduisent pour les travailleurs sociaux agissant dans les quartiers « sensibles » par une concurrence de fait sur le registre de la relation avec les populations en difficulté et par une remise en cause du quasi-monopole de la gestion de la « souffrance » (Hammouche, 1996, 1997).

Mais, pour rendre plus lisible le rapport complexe qui s'instaure avec les dispositifs, le travail social gagne à être abordé en premier lieu en tant que « tout », en tant que « culture », ce qui en rend évidemment difficile la délimitation, mais permet d'esquisser une approche du processus par lequel naît cet « état d'esprit » et donc ce référentiel. Il nous faut d'abord, dans un premier temps, comprendre la socialisation et la reconsidération de la subjectivité (l'acceptation publique de cette dimension) qui va de pair avec un positionnement d'avant-garde pour les travailleurs sociaux et de la valorisation narcissique qui en découle pour eux, qui en sont les porteurs, avant d'analyser dans cette perspective des pratiques plus précisément situées aujourd'hui. Il est tentant, pour entamer cette première étape, de suivre Norbert Élias et son approche de la société de cour, pour caractériser cette « culture » par une émergence, puis par l'affirmation d'une façon de faire où la subjectivité, loin d'être tue, s'est affichée en tant que principe fondateur de l'agir. Cette affirmation, d'abord distinctive dans les années 1970 (les travailleurs sociaux et les « autres »), l'est devenue moins ensuite dès les années 1980 lorsque s'est diffusée la prise en compte de la subjectivité comme principe de l'action vers l'ensemble des intervenants sociaux liés par la politique de la ville (services publics, organismes HLM, etc.).

Cette considération de la subjectivité a pris ces vingt dernières années, dans les politiques publiques notamment, différentes formes : l'appel aux « habitants » (et à leurs connaissances de la vie de quartier) ou la mobilisation des « usagers » ou celle des associations en sont des exemples impliquant les logeurs sociaux et, plus largement, les services publics. Ce rapport à la subjectivité, d'abord valorisant, comme on vient de le dire, est devenu ensuite parfois défensif. On peut se demander si entre les années 1970 – la période de consécration du « travail social » – et les années 1990-2000, il n'y a pas, d'une part, un accroissement des soutiens apportés par les travailleurs sociaux et, d'autre part, une déconsidération parallèle. C'est-à-dire que, loin de penser qu'ils ne servent à rien parce qu'ils n'aident guère à résoudre des problèmes matériellement, on peut au contraire constater la multiplication des aides sous toutes formes passant par eux. Mais cette matérialité ne valorise pas pour autant leur intermédiation et on est tenté d'avancer que l'individuation, que leurs confrères des années 1970 ont accompagnée (aider le bénéficiaire à se penser comme sujet), est advenue et se retourne contre eux. Dans ce cas, la personne aidée s'affirme en exprimant une appréciation négative du rôle du travailleur social ou, plus généralement, du travail social. C'est même la personne aidée qui « instrumentalise » alors le travailleur social en le considérant seulement comme un fournisseur d'aides financières et matérielles. À certains égards, la subjectivation des rapports n'a plus besoin des points d'appui psychologiques que les travailleurs sociaux fournissaient, alors que nombre des intervenants d'aujourd'hui continuent à se référer à cet appui, à le donner comme socle de leur action. Ce renversement se vérifie dans de nombreuses situations où le *contact* se présente comme un temps et un lieu singulièrement risqués pour eux. Cette exposition de soi peut se lire sans doute comme une rupture par rapport à la relation impersonnelle (l'empreinte culturelle dans l'organisation bureaucratique évoquée par Michel Crozier), que les travailleurs sociaux des années 1970 ont suscitée en tant que « pionniers » du « relationnel » (Crozier, 1963). Entre le premier temps de la consécration et celui, aujourd'hui, de « l'épreuve », les conditions sociales ont changé : le chômage et les perspectives incertaines, les conditions de vie globalement insatisfaisantes aux yeux de ceux qui vivent ces situations, des « cas » à traiter plus nombreux, etc. Mais, au-delà, à conditions sociales égales et même avec moins de cas à traiter, le public et le rapport au public ont connu de sensibles modifications. Il y a, du côté des publics et particulièrement du côté des plus jeunes, une mise à distance ou au moins une mise à l'épreuve par une attitude d'emblée contestataire et parfois agressive. Cette attitude illustre d'une certaine manière le retournement qui résulte de la subjectivation des rapports déjà évoquée, et dont les travailleurs sociaux ont été des porteurs.

De la personnalisation du travailleur social à la légitimation par le dispositif

Né d'une conjoncture anthropologique où la relation en elle-même devient un support suscitant de l'intérêt, le travail social se trouve remis en question dans une autre conjoncture où la relation seule ne fait pas sens, ni pour les usagers, ni pour les décideurs institutionnels, ni même chez certains praticiens. De la première conjoncture, celle où la reconsidération de la subjectivation des rapports transforme la vie sociale, les travailleurs sociaux tirent un surcroît de légitimité. Ils sont, en quelque sorte, les « passeurs » par lesquels s'affiche socialement et institutionnellement la prise en compte de la relation et, pour le dire plus précisément, ils sont ceux par qui s'énonce une économie de l'intersubjectivité. Ils sont dans les années 1970 une « avant-garde » agissant au titre d'une pratique qui, certes, rompt avec la « vocation » (référence des « métiers » du travail social jusqu'à la fin des années 1960), mais qui n'en n'appelle pas moins aux ressorts les plus intimes de soi. En ce sens, la pratique reste encore à la limite du travail. Bien sûr, il y a la formation et un ensemble de savoirs où la psychanalyse prédomine, mais il y a surtout un travail sur soi qui cultive « l'être » bien plus qu'une quelconque technicité à vocation instrumentale (l'aide à apporter pour l'accès au logement, par exemple, constitue un domaine à « apprendre » dans les années 1990 pour certains travailleurs sociaux).

Or, le dispositif constitue un système d'action qui perturbe cette logique. En tant que méthode d'action, il devient un autre rouage bureaucratique que les administrations produisent. Il est censé résoudre les blocages (résultant de la multiplication de règles) évoqués par Michel Crozier autrement que par une surenchère de procédures, ou surmonter les tensions liées au dépassement partiel des logiques sectorielles telles que les a définies Pierre Muller[6]. Le dispositif est conçu comme un espace de médiation supposé autoriser un assouplissement des rapports entre participants et devant favoriser la structuration rationnelle de l'action par ce qu'on pourrait appeler une « créativité bureaucratique ». Les participants sont en effet plus ou moins fortement incités à ajuster leur action et à s'adapter éventuellement en innovant. C'est en ce sens qu'il y a une nécessaire créativité. Mais, engendrée par les dispositifs, celle-ci reste contenue par les règles mêmes des procédures et garde

[6] Avec le regroupement de rôles professionnels découlant de logiques d'assemblage de la division du travail fondée « sur des filières exclusivement professionnelles » : Muller, 1990, p. 18.

donc les caractéristiques de la logique bureaucratique. En s'appuyant sur l'analyse de Weber, on peut schématiquement considérer cette créativité comme une deuxième phase de bureaucratisation. Celle-ci fait suite, d'une certaine manière, à une première phase où se sont imposées des procédures et des règles qui opèrent comme autant de « fixations » relatives au fonctionnement et permettent de cadrer les administrations et d'instaurer des secteurs d'action publique (Weber, 1971). Dans la conjoncture actuelle, le dispositif devient un mode opératoire qui a pour but d'assouplir les relations entre agents et administrations afin de favoriser les adaptations, les expérimentations, les contractualisations et autres actions intersectorielles relevant de la politique de la ville et promues comme telles. En ce sens, il participe de la redéfinition du rôle de l'État, devenu plus « animateur », selon Jacques Donzelot, pour concevoir et mettre en œuvre l'action publique (Donzelot, 2003 ; Donzelot et Estèbe, 1994 ; Donzelot et Jaillet, 1999).

Mais, si la diffusion des procédures et des dispositifs concourt, en effet, à une accentuation de la finalité instrumentale des interventions, elle ne dévalue pas pour autant le « relationnel » ou l'intersubjectivité qui lui sont souvent opposés. Car cette valorisation des finalités peut se lire comme un changement d'optique : entre un premier temps (depuis les années 1970) où l'établissement et l'entretien de la relation orientée vers l'analyse de soi ou de la situation suffisent et consacrent le travailleur social comme une figure majeure de l'action sociale, et une période qui débute dans les années 1980 où le « relationnel » est banalisé relativement, alors que les retombées concrètes de l'intervention priment dans l'appréciation de l'intervention sociale. Les travailleurs sociaux formés dans les années 1970 et en activité aujourd'hui ont été des « pionniers » de la considération sociale de l'intersubjectivité. Ils se trouvent « convoqués » dans des systèmes d'action où l'explicitation et l'analyse partagée découlant d'un processus de généralisation de cette considération ne les servent pas toujours. Il en va de même avec une partie de leur public qui leur dispute la connaissance du « milieu » et leur légitimité d'analyse.

Devenant des systèmes de relations obligées s'inscrivant dans la durée et produisant ainsi une acculturation de ceux qui y participent, les dispositifs de la politique de la ville génèrent également des effets pour d'autres acteurs. Le dispositif s'impose comme un espace formel où se définissent les articulations et les mises en commun mais aussi les mises à distance, et il devient, d'une certaine manière, une instance de légitimation informelle instituée (reconnue dans l'organisation interne ou des services mais ne participant pas en tant que telle à l'évaluation de ceux qui y prennent part). Dans ce cadre, les connivences s'amenuisent, alors que le champ des relations s'étend à ceux qu'on appelle les partenaires.

Il y a, au fil des ans, et selon les villes, une relative déconsidération de certains travailleurs sociaux, notamment ceux qui, pour maintes raisons, se refusent à répondre aux attentes de ces partenaires ou restent à leurs yeux illisibles dans leurs pratiques. Mais les partenaires peuvent se présenter aussi comme des appuis – lorsqu'une « complémentarité », par exemple pour l'accès au logement des « jeunes », se dessine – ou comme des concurrents. Car, pour bon nombre de ceux qui agissent dans ces quartiers, les « partenaires » connaissent un processus contraire. Ils n'ont pas à s'interroger sur leur logique instrumentale, mais bien plus sur la relation avec l'usager et la prise en compte de cette dimension dans leur organisation. Il y a comme le parachèvement d'un processus qui prend une certaine ampleur lors des « trente glorieuses » avec une division des tâches où le relationnel était l'apanage du travail social et l'« instrumentalisation » réservée aux acteurs tels que les organismes HLM. Aujourd'hui, ces derniers tentent d'intégrer « le social », alors que les travailleurs sociaux essaient de se doter de finalités « opérationnelles » repérables autres que le loisir ou les activités relatives à l'attention à soi.

Il y a donc pour certains une inversion : ainsi des bailleurs sociaux et autres « opérateurs » qui transforment leurs façons de faire en intégrant une part plus grande de « relationnel », lorsque les travailleurs sociaux, comme on vient de le dire, sont amenés à valoriser bien plus les finalités opératoires (l'accès au logement, à un emploi, etc.). C'est ainsi que les rapports qui s'instaurent entre les acteurs parmi les plus impliqués de la politique de la ville, notamment les éducateurs de prévention et les animateurs, du côté des travailleurs sociaux, et les agents des organismes HLM, peuvent être mis en parallèle par rapport à cette logique d'« instrumentalisation ». Dans bon nombre de cas, les intervenants du logement social mettent en place des organisations dites de proximité pour instaurer et entretenir une relation dorénavant considérée comme faisant partie du « métier ». Les travailleurs sociaux, pour ce qui les concerne, par diverses procédures d'évaluation ou de communication tentent de formaliser les finalités de leur action qui ne se limite plus ou se définit moins par la relation elle-même, mais doit déboucher sur l'accès à un emploi ou à un logement, par exemple. On constate alors un rapport renversé à l'« instrumentalisation » (banalisation et dévaluation du travail « relationnel » après la valorisation antérieure pour les travailleurs sociaux ; valorisation ambivalente de la « proximité » pour les « logeurs sociaux ») avec des repositionnements des uns et des autres dans des « territoires » inscrits en Contrat de ville ou en CUCS. La relation avec le locataire est « incontournable » pour les agents des organismes HLM, alors que le rapport au logement devient pour certains travailleurs sociaux un support possible (en « dur », par opposition à la seule relation) pour légitimer leurs pratiques. Bien souvent, les premiers comme les seconds escomptent une aide réciproque pour réaliser ces changements.

Conclusion : Penser le changement de pratiques professionnelles en termes de référentiel sectoriel, de transaction ou de recomposition

Au-delà de simples adaptations à une politique publique comme la politique de la ville, il ressort de l'analyse des processus d'appropriation deux enseignements : une banalisation du relationnel par les dispositifs, qui dépossède relativement les travailleurs sociaux qui en avaient le quasi-monopole ; une recomposition de la pratique qui en découle et doit, dans un tel cadre, se fonder par une double contextualisation : celle de la situation sociale et culturelle de la personne bénéficiaire de l'action et celle de l'action par la prise en compte du système d'intervention publique dans laquelle elle s'inscrit.

Les initiatives liées aux dispositifs montrent, en effet, des tentatives de concevoir autrement l'action, d'une part, pour mieux répondre aux attentes perçues et, d'autre part, pour mieux aider les intervenants dans un contexte socio-économique difficile. Car la « crise », avec toutes les difficultés qui lui sont inhérentes (le chômage, le divorce, les tensions de voisinage, etc.), et le manque de ressources des publics rejaillissent sur la conception des interventions. Ces conditions rendent décalées des références forgées dans une conjoncture d'expansion. La transition que connaissent les populations ne se limite donc pas à eux et se vérifie chez les intervenants. Pour ces derniers, et pas seulement les travailleurs sociaux, la politique de la ville et les dispositifs qu'elle engendre se révèlent ainsi comme une médiation pour dépasser le temps industriel et ses sociabilités. Elle contribue à consacrer une légitimation d'actions fondées sur l'intersubjectivation des rapports avec une multiplication des intermédiaires connaissant une personnalisation même relative (avec les bénévoles des associations, les habitants « relais », etc.). Cette « banalisation » impose à ceux qui avaient le monopole du « relationnel » des repositionnements pour spécifier encore plus leur action, notamment par une considération accrue de la « situation » et donc de l'environnement social du public et de l'ensemble des acteurs avec lesquels il faut articuler l'intervention. Car le « social » (c'est-à-dire encore le « relationnel ») est sinon intégré du moins repris par la plupart des autres acteurs impliqués dans les dispositifs. Ceux qui sont amenés à conduire ces repositionnements rencontrent le plus souvent des difficultés autant à se défaire d'anciennes pratiques qu'à inventer des nouvelles quand l'horizon semble à ce point incertain pour les plus démunis. Avec l'approche conceptuelle de Pierre Muller, la tension qu'ils connaissent peut être indexée à un ajustement de référentiel : dans la période de consécration du travail social qu'on a évoquée, le référentiel était celui de « l'individu affranchi » avec la perspective de l'épanouissement de soi en lien avec le principe éducatif ; aujourd'hui, c'est celui de « l'individu situé » qui tend à prévaloir avec le principe du « développement social », où l'individu devrait être situé dans son contexte social. Lors de la première période (les années 1970), le contexte est un arrière-plan guère discuté, alors que, dans la seconde (à partir des années 1980 et de la diffusion des procédures politiques de la ville), il prime dans l'analyse. La famille, le quartier et, plus largement, l'environnement social, d'obstacles à l'émancipation, deviennent dans la nouvelle problématisation des points d'appui et de ressource pour « attacher » l'individu et ainsi l'aider à s'émanciper. L'intervention également se modifie : elle se doit dorénavant être pareillement « située » avec la prise en compte des autres acteurs. Parler d'« ajustement » plutôt que de « changement » de référentiel permet sans doute de mieux prendre en compte la transition entre le difficile dépassement d'une conception qui ne peut plus être explicitement revendiquée et l'appropriation d'une autre qui ne saurait être rejetée.

Le concept de référentiel, tel qu'il est utilisé ici, a le mérite d'éclairer des situations en limitant l'approche, d'une part, à un groupe professionnel, d'autre part, à la dimension cognitive, en prenant en compte le sens que les professionnels accordent à leur activité et au changement qu'ils opèrent plus ou moins volontairement. Mais on pourrait également penser ce processus en termes de transaction ou de recomposition. Avec la transaction, le processus contemporain de la situation est mis en relief. Par une analyse qui se rapproche de celle des interactionnistes, la production de la réponse est saisie comme un compromis pour dégager au présent, et compte tenu des diverses contraintes, des marges convenables aux yeux des participants du dispositif. C'est la dynamique qui les lie qui est à éclairer pour comprendre le lien social dans sa plasticité. Avec la recomposition, ce n'est pas le face-à-face ou l'échange qui sont mis en perspective, mais les tensions propres – d'une certaine manière – au travailleur social. Il ne s'agit pas de dire que celui-ci s'affranchit du contexte. Au contraire, le contexte revêt la plus grande importance avec la mise en relation de celui de la prime socialisation dans la profession et de celui de l'intervention dans le cadre de la politique de la ville. La tension est déplacée, si l'on peut parler de la sorte : elle est celle de la personne en tant qu'elle s'est construite avec des références qui lui fournissent des possibilités mais aussi des limites inhérentes à ces dernières. La grammaire qui est la sienne autorise une souplesse nécessairement limitée. Raisonner par la recomposition oblige à s'interroger sur les ressources que la personne se dégage au fil du temps. Car il n'est pas question de supposer un enfermement dans la socialisation première mais d'approcher sociologiquement la fabrication des adaptations. Ce concept de recomposition permet la prise en compte de cette tension entre deux systèmes de référence avec un constant jeu des délimitations et de la difficulté pour les agents à s'en dégager (des « anciennes ») ou à s'en imprégner (des « nouvelles ») (Hammouche, 2007). Il nécessite de « tenir » passé et présent, ainsi articulés par les individus dans leurs actes d'ajustement. Agir dans le présent n'équivaut pas à un simple effacement du passé et l'ajustement est cette action-réaction dans un environnement qui n'offre pas la possibilité de reconduire ce qui a été socialisé. La recomposition est un compromis, mais sans que les règles restent nécessairement les mêmes. S'attacher à l'éclairer par les tensions propres à l'intervenant constitue un apparent paradoxe : on pourrait croire qu'il y a là sinon une psychologisation, du moins une réduction à un parcours singulier. Il n'en est évidemment rien car ces tensions internes entre les références apprises et la mise en œuvre pratique ultérieure disent sans cesse ce que l'acteur doit au contexte et ce que l'organisation doit à la personne. Il s'agit d'effectuer ainsi une sociologie des organisations et des professions accordant une large place au parcours des individus et à leurs processus d'apprentissage, avant de questionner les confirmations ou les infirmations qui s'en suivent lorsque la personne devient un(e) professionnel(le). La temporalité apparaît ainsi comme une dimension décisive pour spécifier ces concepts. Quelle est la durée pertinente à prendre en compte pour analyser les changements et, plus précisément, quelle est la temporalité significative lorsqu'on parle de transaction ou de recomposition ? La première, sommairement, ressort d'une situation dont la résolution aura éventuellement des retombées plus ou moins durables. La seconde se joue au fil des situations et met en jeu des structurations qui s'imbriquent. Reprendre l'optique de la transaction revient à souligner la plasticité des relations sociales. La visée, avec la recomposition, est sans doute d'insister sur le processus continu de structuration – qu'il convient alors de nommer composition. Avec la transaction, l'accent est mis sur la construction en tant que processus infini par lequel le quotidien advient. Les limites de la négociation sont sinon impossibles à poser, du moins constamment repoussées. Avec la recomposition, ce sont les redéfinitions grammaticales qui sont en question. Il s'agit moins de souligner les ajustements que de repérer les points déterminants de résistance au changement générés par la socialisation primaire et les opportunités structurantes que l'individu se forge selon les conjonctures et les positionnements sociaux qu'il connaît au fil de son histoire.

Bibliographie

Allen B., 2001, « La gestion de proximité dans les organismes HLM : diversité des situations et conduite du changement », *Les Annales de la recherche urbaine*, 90, p. 182-189.

CRIDEL, 1994, *Contrat de ville, développement local et développement social*, Paris.

Crozier M., 1963, *Le phénomène bureaucratique*, Paris, Seuil.

Donzelot J. (avec Mével C. et Wyvekens A.), 2003, *Faire société*, Paris, Seuil.

Donzelot J., Estèbe P., 1994, *L'État animateur. Essai sur la politique de la ville*, Paris, Esprit.

Donzelot J., Jaillet M.-Chr., 1999, « Fragmentation urbaine et zones défavorisées : le risque de désolidarisation », *Hommes et Migrations*, 1217.

Hammouche A., 1996, « La gestion du bailleur et le travail social à l'épreuve de la proximité », *Espaces et Sociétés*, 84-85, p. 137-151.

–, 1997, « La Politique de la Ville et l'évolution des métiers », in Marin Y. (dir.), « Citoyenneté et communauté », *Annales littéraires de l'Université de Franche-Comté*, p. 175-202.

–, 2002, « Face à face et construction de l'autorité d'intervention dans les rapports intergénérationnels », in Châtel V., Soulet M.-H. (dir.), *Faire face et s'en sortir*, Fribourg, Éditions Universitaires de Fribourg (Suisse), vol. 1, p. 207-212.

–, 2006, « A apropriação dos dispositivos da politica urbana pelos trabalhadores sociais », *Revista de Ciencias Sociais*, 37(2), p. 79-96.

–, 2007, *Les recompositions culturelles. Sociologie des dynamiques sociales en situation migratoire*, Strasbourg, Presses universitaires de Strasbourg.

Helfter C., 2004, « Évaluation des politiques sociales. Les risques de l'instrumentalisation », *Actualités Sociales Hebdomadaires*, 2378, 22 octobre.

Muller P., 1990, *Les politiques publiques*, Paris, PUF.

–, 2005, « Esquisse d'une théorie du changement dans l'action publique. Structures, acteurs et cadres cognitifs », *Revue française de science politique*, 55(1), p. 155-187.

Weber M., 1971, *Économie et société*, Paris, Plon.

CHAPITRE 3

Prévenir et résoudre les conflits

Deux générations de médiatrices socioculturelles en action

Catherine DELCROIX

Professeure de sociologie, Université de Strasbourg
LCSE, FRE 3229

Nous avons retrouvé en France la même « dissonance cognitive » que celle rencontrée à propos de la participation politique des Algériennes et des Égyptiennes (Delcroix, 1986) : une différence entre une représentation sociale simplificatrice qui opposait une modernité occidentale émancipatrice à une tradition musulmane opprimante, et les actions concrètes de femmes immigrées du Maghreb (ou issues de cette immigration) qui s'investissent à la fois dans la sphère privée et la sphère publique, favorisent plutôt le « bricolage », l'adaptation, voire l'invention de la tradition qu'une adhésion à un modèle en rupture.

L'une des activités sociologiquement les plus intéressantes de ces femmes consiste à assurer des fonctions de *médiatrices sociales et culturelles*, favorisant le rapprochement et le règlement des conflits entre habitants des quartiers pauvres et représentants d'institutions telles que l'école, l'Agence nationale pour l'emploi (ANPE), les Offices HLM, les commissariats, etc.

Ces femmes se trouvent initialement placées simultanément « en bas » de plusieurs rapports de pouvoir : en tant que faisant partie des classes populaires, en tant qu'immigrées, et en tant que femmes. En tant que telles, elles sont victimes de discrédits cumulés. Néanmoins, elles parviennent à développer des réseaux et des formes d'action qui transforment peu à peu l'économie relationnelle et la régulation des tensions au sein des quartiers défavorisés.

Elles sont apparues au début des années 1980, quelques années après que les flux d'immigration de travail eurent été stoppés (1974) et qu'ils eurent fait place au regroupement familial (à partir de 1976), engendrant une féminisation de la population immigrée et l'apparition de cohortes nombreuses d'enfants issus de l'immigration (Goldberg-Salinas, 1996). Une des conséquences en a été l'augmentation rapide, au cours des vingt années suivantes, de la proportion des immigrés et de leurs enfants dans les cités HLM. Parallèlement, se creusaient les diverses « crises » qui touchaient ces quartiers : crise de l'emploi, pauvreté, discriminations dans l'emploi, racisme, etc. ; mais aussi l'affaiblissement local des syndicats, partis politiques, Église, famille, qui contribuaient à créer des liens entre les habitants eux-mêmes, et entre eux et les institutions du pays.

Tous ces processus aboutissaient au creusement d'une sorte de fracture entre les habitants et les agents des institutions et des administrations locales : enseignants, agents des guichets (Caisses d'allocations familiales, ANPE, préfecture, etc.), personnels soignants, agents des transports, policiers, etc. D'un bord à l'autre, on se comprenait de moins en moins : des problèmes de communication dus aux différences de langue, de culture, de classe sociale s'approfondissaient, aboutissant à d'immenses frustrations et parfois à des émeutes. Les conflits entre institutions et habitants étaient fréquents, car des enjeux considérables se négociaient : emplois, logement, papiers, droits, etc. Le discrédit généralisé dont étaient victimes les populations de ces quartiers faisait des ravages. Les travailleurs sociaux, les éducateurs perdaient le contrôle de la situation. C'est dans ce contexte que les premières « médiatrices socioculturelles », issues de ces populations, sont apparues[1].

---

[1] Parmi les diverses fonctions de médiation qui sont apparues en France au cours des années 1980, beaucoup sont traversées par la dimension interculturelle et impliquent « l'intervention d'un tiers, destinée à faciliter la communication entre deux interlocuteurs de cultures différentes » : Fayman et Keil, 1994.
Précisons ici la définition du terme « interculturel » que nous retenons. Contrairement aux apparences, son emploi ne vise nullement à enfermer les Français et les différentes populations étrangères vivant sur le sol français dans leurs « modèles culturels » respectifs, considérés comme totalités figées et hermétiques les unes aux autres. Au sein-même de la population française, les membres des différents groupes socioprofessionnels peuvent aussi être porteurs de *sous-cultures* relativement différentes et évolutives. Quant aux populations d'origine immigrée, leurs modèles culturels sont voués à continuer d'évoluer au contact du pays d'accueil. Le concept d'« interculturel » renvoie donc à un processus dynamique de relations entre individus et groupes porteurs de représentations, de valeurs et de croyances différentes. Elle implique d'emblée une conception dynamique de ce que sont la culture, la société, les identités individuelles et collectives. Dans les sociétés modernes, la fréquence des trajectoires de mobilité sociale et d'autres phénomènes contribuent à la multiplication de sous-cultures. Ainsi le terme « interculturel » peut-il s'appliquer aussi bien à la rencontre de Français de couches sociales différentes qu'à celle de Français et d'étrangers. De

1. Quatre portraits de médiatrices

Ces portraits illustreront divers chemins menant à la médiation[2].

Ramia, la volonté de communiquer et de changer les choses au-delà des frontières

Née à Constantine, il y a quarante-cinq ans, Ramia est issue d'une famille d'Oulémas[3], dont le rôle social est toujours reconnu aujourd'hui. Son père était cuisinier et sa mère couturière. Elle est l'aînée des filles et a quatre autres frères et sœurs. Pendant toute son enfance, elle a vécu auprès de sa grand-mère, qui était sage-femme et guérisseuse traditionnelle. Lorsqu'elle parle de sa grand-mère, elle fait un parallèle entre leurs deux activités : « Chez ma grand-mère, beaucoup de femmes venaient se raconter et la consulter... ». Trente ans après, Ramia exerce un peu les mêmes fonctions qu'elle. Elle a d'ailleurs choisi de donner à l'association qu'elle dirige le nom de *La Baraka*, par référence au don de communication de sa grand-mère.

Entre 1970 et 1979, Ramia exerce son métier d'institutrice à Constantine. Parallèlement, elle crée un groupe de paroles pour les mères de ses élèves. C'est là que sont discutées les questions de santé et de scolarité : « Les mamans venaient me voir comme quelqu'un qui pouvait les conseiller et leur dire qui rencontrer pour résoudre leurs problèmes ». En 1971, Ramia épouse un Algérien qui vivait en France. En 1980, elle décide de le rejoindre. Dès son arrivée à Salon-de-Provence, elle est confrontée à la difficulté de se faire reconnaître le droit de vivre légalement en France. À l'époque, la procédure de regroupement familial était bloquée. Son statut juridique est régularisé en 1981 ; mais elle ne peut pas enseigner car ses diplômes algériens ne sont pas reconnus en France.

> Ne pouvant formellement enseigner, j'ai proposé au centre social de me prendre comme formatrice dans des stages d'insertion. Je travaillais avec

---

plus, ces rencontres s'inscrivent dans des contextes historiques, politiques et socio-économiques en évolution constante.
Gabrielle Varro souligne que le terme « interculturel » n'est compréhensible que si l'on précise : « contact de cultures par personnes interposées, supposées représenter ces cultures ». C'est seulement en ce sens, qui prend les personnes comme les « représentants » de telle ou telle culture, que « lorsqu'on quitte le niveau micro-sociologique intersubjectif pour parler des contacts entre groupes, voire entre pays, le terme "interculturel" peut s'appliquer » (Varro, 2003, p. 58).

2 Ces médiatrices ont été rencontrées d'abord dans le cadre d'une enquête nationale que j'ai dirigée (Delcroix *et al.*, 1996), et réinterrogées en 2007 et 2008.

3 En Algérie, les Oulémas sont des nobles coutumiers, docteurs de la foi. Ils sont traditionnellement respectés par les Algériens.

des jeunes de 18 à 25 ans, puis pour l'ANPE avec des adultes pour une remise à niveau. J'ai été très vite contactée par les gens du quartier, qui me demandaient des choses concernant leur voisinage, l'école, la santé... J'ai eu tout de suite des contacts avec des gens de toutes sortes de nationalités, y compris des Français. Pour moi, dès qu'il y a une demande, j'essaie d'y répondre. Si je n'en ai pas les moyens, j'essaie de les trouver ailleurs ; je transmets les informations en expliquant. Petit à petit, j'ai créé un réseau d'entraide réciproque.

Au milieu des années 1980, le réseau d'abord informel devient l'association *Baraka*. Ramia explique son engagement dans la médiation, et celui d'autres femmes venues également de pays du Maghreb, comme une pratique courante dans son pays d'origine. C'est un automatisme que de mettre les gens en relation les uns avec les autres. Mais elle ajoute aussitôt que, dans le nouveau contexte, le sens qu'elle donne à cette activité n'est pas du tout le même que celui que lui donnait par exemple sa grand-mère. Ramia relie aussi leur action au fait de *combattre les préjugés* par l'information et le dialogue. Pour elle, la médiation a toujours pour objectif de faire évoluer toutes les parties concernées, y compris la médiatrice. Son activité de médiation s'inscrit, pour elle et ces femmes, dans un *projet d'autonomisation*. La tradition demeure comme référence ; mais ses fonctions se sont transformées dans le nouveau contexte. Elle n'enferme plus la femme dans un rôle de servante dévouée ; elle l'encourage au contraire à l'innovation et à l'échange, d'où d'ailleurs la résistance de certains maris.

Le travail de Ramia et de son équipe se situe dans un quartier de Salon-de-Provence : Camourges (au statut de site pilote d'intégration)[4]. Il compte douze mille habitants sur les vingt mille personnes vivant dans la ville. Il a été construit à la fin des années 1960 pour recevoir les rapatriés d'Afrique du Nord et les gens qui avaient travaillé comme mineurs dans le Nord et qui étaient obligés de se reconvertir. Le brassage des nationalités y est très important, et le taux de chômage est de plus de 30 %. Le vote en faveur du Front national est fréquent et les tensions politiques et sociales y sont fortes.

L'objectif principal de l'association est de favoriser l'insertion professionnelle du plus grand nombre de personnes. Au cours des trois années précédant notre enquête (1993 à 1996), un peu plus de cinquante femmes et hommes avaient trouvé un emploi ou avaient été suivis dans le cadre d'un contrat du Revenu minimum d'insertion (RMI). Dans les années 2000, l'aide à la recherche d'emploi s'est encore intensifiée.

---

4 À l'époque de l'enquête, Camourges est un quartier qui avait été choisi pour bénéficier des procédures de développement social des quartiers (DSQ) dans le cadre de la politique de la ville.

Le principe de fonctionnement de l'association était le suivant : une personne en difficulté sera aidée, accompagnée, et elle s'engage à faire la même chose pour quelqu'un d'autre. Cette demande s'inscrit dans un souci de sortir de l'assistanat, de développer la communication et les liens sociaux entre habitants et administrations, mais aussi entre habitants d'horizons sociaux, culturels et religieux différents. L'association exerçait son action dans divers domaines de la vie sociale : école, agence pour l'Emploi, police, services sociaux, etc.

À côté de l'action développée à Salon-de-Provence, Ramia avait donné à *La Baraka* une autre mission, celle de travailler à la réduction des tabous en Algérie même. En 1990, alors qu'elle résidait en France depuis dix ans déjà, elle avait organisé à Constantine, sa ville d'origine, un groupe de pression constitué d'une quinzaine de personnes (un juge, un commissaire de police, une assistante sociale et d'autres habitants) pour obtenir de l'État un orphelinat plus confortable et plus humain. Ce groupe travaillait à changer l'image que les autorités et la population dans son ensemble avaient des enfants illégitimes et abandonnés. En partenariat avec l'association *Emmaüs* en France, ce groupe fournissait régulièrement des vêtements pour ces jeunes. Leur action et les objectifs qu'ils poursuivaient les mettaient souvent en danger.

Le travail de *La Baraka* posait problème aux municipalités de Salon-de-Provence et de Constantine ainsi qu'à d'autres institutions, car il leur apparaissait souvent comme une participation très critique à la gestion du social ; il ne correspondait pas aux attentes peut-être plus classiques de responsables politiques et sociaux. Il sortait du cadre des modalités habituelles du travail social. Les projets proposés étaient difficiles à suivre et à contrôler (à Salon-de-Provence et en Algérie). Le mode de fonctionnement de *La Baraka* était considéré comme « trop spontané, trop informel ». D'après le chef de projet du site pilote d'intégration de Camourges à l'époque (en 1995), ce type d'association répondait sans doute mieux aux demandes des habitants, il permettait le développement de formes originales de citoyenneté, mais il semblait échapper aux procédures habituelles de contrôle. Pour perdurer dans les années 2000, *La Baraka* a finalement accepté de partiellement réorienter son activité en fonction des objectifs municipaux et nationaux (notamment en s'associant au dispositif partenarial) de réussite éducative ; il est ici bien question de transactions de vie.

Ce constat nous permet de poser le problème de la reconnaissance par certains agents institutionnels du principe même de la *participation critique des habitants* et de leur droit à proposer des initiatives novatrices dans le domaine du développement local. Pour dépasser cette situation de blocage, de nombreuses séances de négociation et une volonté de trouver un accord sont nécessaires.

Par ses origines et son histoire, Ramia fait partie des médiatrices qui ont été socialisées dans leur pays d'origine. Comme d'autres que nous avons également interrogées dans le cadre de l'enquête nationale, nous avons pu constater qu'en arrivant en France, elle était en situation de mobilité sociale descendante. Ses diplômes algériens n'étaient pas reconnus. Elle vivait dans un quartier modeste de Salon-de-Provence. Son mari, qui n'était pas ouvrier en Algérie, l'est devenu en France. Lui puis Ramia avaient en quelque sorte troqué leur statut social potentiel en Algérie contre le droit d'immigrer. Ainsi constituaient-ils, sociologiquement parlant, avec tous ceux et celles qui se trouvaient dans la même situation, une sorte de *classe moyenne immergée* dans le monde ouvrier en France.

Nous pensons que la perte de statut social entraînée par l'émigration constitue l'une des clés d'une explication sociologique de l'engagement bénévole des médiatrices. Elle a entraîné, chez Ramia et chez les autres femmes partageant le même destin, le désir de faire quelque chose pour sortir de leur situation. C'est là une motivation profonde, inscrite dans leur histoire et qui les accompagne durablement[5]. C'est aussi la source de leurs capacités spécifiques : leur ancien statut de classe moyenne leur donne les moyens de devenir des *leaders* potentiels. Les femmes ont souvent achevé des études secondaires (mais leur diplôme algérien, marocain, sénégalais, etc., n'est pas reconnu en France). Elles possèdent un capital culturel supérieur à la moyenne, agissant comme une sorte de ressort : cela engendre chez elles des aspirations puissantes, les conduit à ne pas se contenter de leur statut actuel, à tenter de l'améliorer et d'œuvrer pour que leurs enfants sortent de la condition ouvrière. Compte tenu de l'impossibilité d'une carrière personnelle, elles se tournent vers l'activité de médiatrice. C'est le déclassement social vécu et la tension entre aspirations et réalité qui constituent le moteur durable de leur engagement, renvoyant à la double transaction identitaire développée par Claude Dubar (1991).

N'Dei, une médiatrice à la croisée des cultures

N'Dei avait trente-quatre ans quand nous l'avons rencontrée en 1995. Elle est née à Dakar dans une famille musulmane. Son père est

[5] On retrouve ici un phénomène, le désir des individus de « remonter dans l'échelle sociale » vers un statut antérieur qui était celui de ses parents – ou, comme dans ce cas, vers un statut perdu, ici en raison de l'émigration –, qui engendre des trajectoires biographiques que la sociologie de la mobilité sociale désigne comme trajectoires de *contre-mobilité* (Bertaux, 1974).

militaire ; sa mère, commerçante. Elle est l'aînée de trois enfants. Comme elle est la seule fille, N'Dei a très souvent servi de relais entre les membres de sa famille restés au village et ceux qui travaillaient à Dakar. Elle les a, par exemple, informés des possibilités de formation de leurs enfants. C'est seulement en France qu'elle s'est rendue compte du sens des activités qu'elle menait déjà comme petite fille.

À quatorze ans, elle se marie avec un ami de son frère. Son mari est issu d'une famille de commerçants villageois. La crise économique l'amène à quitter le Sénégal. En 1977, il part d'abord pour le Maroc, puis la Libye. Il arrive en France en décembre 1981 et y travaille comme ouvrier. Pendant ces années, N'Dei reste seule à Dakar. Elle travaille comme couturière. En 1981, son père oblige le beau-fils à demander un regroupement familial, sous peine de se voir imposer un divorce.

À son arrivée en France en 1983, N'Dei est très surprise. Elle pensait que son mari était riche. Installée dans un appartement de deux pièces, elle croit d'abord que tout l'immeuble lui appartient : « J'ai frappé à côté, je croyais que c'était chez moi. La jeune fille qui m'a ouvert m'a expliqué les limites de mon domicile ». Très peu de temps après son arrivée, elle reçoit la visite de bienvenue d'une assistante sociale, qui est accompagnée d'un guitariste. C'est la fête ; elle se souvient avec joie de ce moment. Mais il n'y pas beaucoup d'Africains dans son quartier ; elle se sent assez isolée. Elle suit donc le conseil de son assistante sociale et s'engage dans un cours d'alphabétisation. Pendant sept ans, elle apprend le français et d'autres matières. Elle rencontre des femmes de toutes nationalités. Elle n'est plus seule. Petit à petit, elle s'engage bénévolement dans une association regroupant des jeunes mères qui fréquentent la Protection maternelle et infantile (PMI). Comme elle sait lire et écrire, elle commence à former d'autres femmes : « Je rendais service à des femmes de ma communauté, qui, de leur côté, m'en rendaient d'autres : personne ne connaît tout ». Dans le cadre de la PMI, N'Dei explique aux autres mères qu'elles auront des problèmes avec la justice française si elles font exciser leur fille. Elle les aide à décoder les situations et à s'adapter à la vie en France. Les problèmes familiaux rencontrés par les familles africaines sont nombreux. Opérant des transactions, N'Dei tente de dégager les bons côtés des habitudes culturelles sénégalaises, et ceux des habitudes françaises.

En 1987, N'Dei, son mari et ses cinq enfants déménagent à Amiens. Ils s'y installent dans une grande maison. Grâce à une assistante sociale, N'Dei retrouve très vite l'adresse d'une association, *Femmes en mouvement*. Elle s'engage à nouveau dans la vie associative, notamment en mettant en relation parents d'élèves et enseignants d'un lycée, puis d'un autre. Elle suit une formation de « femme-relais ».

Autre transaction, elle a trouvé un accord avec son mari : elle est libre toute la journée, mais elle est là le soir. Il s'intéresse à ce qu'elle fait. Il leur arrive d'intervenir ensemble pour œuvrer à la résolution de problèmes familiaux de membres de leur communauté, et surtout ceux touchant la polygamie. Sa fille aînée semble déjà s'engager sur le même chemin : à l'école, elle est intervenue auprès de son professeur pour une amie turque, que ses parents voulaient retirer du collège.

Khadija, une figure de réussite scolaire

Le cas de Khadija est celui d'une jeune fille toulousaine issue de l'immigration qui a réussi des études universitaires. Elle est très active au sein d'un centre associatif, l'AIFOMEJ (Association pour l'insertion des femmes originaires du Maghreb et des jeunes), qui œuvre à favoriser l'intégration culturelle, sociale et économique des habitants du quartier, en particulier les jeunes et les femmes. Khadija y fait notamment du soutien scolaire ; sa propre trajectoire fait d'elle, aux yeux des enfants qu'elle aide, un exemple à suivre. Ceci est un phénomène que nous avons fréquemment observé : ce n'est pas seulement par ce qu'elles *font*, mais aussi par ce qu'elles *sont* que bien des jeunes femmes issues de l'immigration, retrouvées dans des fonctions de médiatrices, exercent une influence positive.

Khadija est née en 1967 à Meknès au Maroc. En 1971, elle rejoint son père et le reste de ses frères et sœurs à Toulouse. Elle est quatrième de la fratrie, et la troisième fille de la famille. Son père est ouvrier. Sa mère, après avoir élevé dix enfants, a suivi un parcours d'alphabétisation et de formation qui lui permet aujourd'hui de travailler comme femme de ménage à temps partiel pour l'Office HLM.

Dans cette famille, les études ont toujours été considérées comme très importantes pour réussir dans la vie. La sœur aînée a entraîné et servi d'exemple pour tous les autres enfants. Aujourd'hui professeur de français, elle a terminé une thèse de linguistique sur la terminologie française. Elle montre l'importance de la compréhension exacte des mots complexes pour la communication.

Khadija a obtenu son DEUG en psychologie. Elle a également un diplôme qui lui permet d'être directrice de centre aéré et de colonie de vacances. Comme une bonne partie de ses frères et sœurs, Khadija s'est investie bénévolement dans le cadre de la vie associative. Elle a choisi de faire bénéficier d'autres enfants et parents de son expérience personnelle, qui l'a amenée à concilier les codes de deux cultures. Toute son enfance a été marquée par le désir de trouver un équilibre. C'est certainement cette dimension de sa vie privée qui l'a conduite à autant s'impliquer au sein d'AIFOMEJ, créée en 1982 par des jeunes filles issues de l'immigration maghrébine. Elle donne trois exemples de choix qu'elle a faits. Elle était tout à fait d'accord avec ses parents pour ne pas avoir de rapports sexuels tôt (13 ans) et de ne pas sortir en boîte à cet âge précoce. Sur le plan religieux, elle fait le ramadan et se considère comme croyante, mais ne pratique pas. Sur le plan de la mixité, par contre, elle a engagé avec ses parents et les autres membres de sa famille une longue négociation pour leur faire accepter l'idée qu'elle puisse éventuellement épouser un non-musulman.

Pour Khadija, le terme de « médiatrice culturelle » s'applique tout à fait au travail qu'elle réalise auprès des enfants, des parents et des jeunes. Elle est très fière de cette mission qu'elle inclut au sein d'un rôle social plus polyvalent :

> La fonction de médiatrice est celle qui fait intervenir l'écoute de l'autre, son orientation si nécessaire vers d'autres structures telles que le Club de prévention ; ou vers d'autres professionnelles comme les assistantes sociales qui lui fournit une information sur les questions qui le préoccupent, des arguments dans la négociation des codes culturels, et les moyens d'un apprentissage du français.

À l'inverse de Ramia, Khadija, qui est arrivée très tôt en France, est potentiellement en mobilité ascendante. Fille d'ouvriers, elle a pu terminer des études supérieures. Comme d'autres, elle s'est engagée dans les activités de médiation dans l'espoir de changer certaines traditions arabo-musulmanes qui oppriment les femmes (mariage forcé, enfermement, prépondérance des garçons sur les filles à l'intérieur des familles, etc.) et aussi pour faire quelque chose pour réparer les injustices vécues par leurs pères. Elle cherche un emploi rémunéré qui lui assure son avenir économique et social. C'est aussi l'absence de débouchés professionnels qui l'a conduite à s'engager, d'abord bénévolement, dans un travail de médiation. Contrairement à Ramia, la motivation de Khadija est conjoncturelle ; qu'elle trouve un emploi salarié et elle y reconvertira son énergie. À l'inverse, grandes sont ses capacités. Elle maîtrise en effet deux codes culturels, celui de la société française et celui de son milieu d'origine. Même si son passage par le bénévolat n'est que temporaire, son dynamisme, ses capacités, sa jeunesse qui la rapproche des classes d'âge « à risque » rendent son action très efficace.

Valeurs universalistes et engagement

Le cas de Ramia et de Khadija – et de nombreuses autres médiatrices d'origine immigrée – illustrent un des phénomènes les plus intéressants que nous ayons observés : les valeurs universalistes des immigré(e)s s'engageant dans des activités de médiation. Si, en effet, leurs premières initiatives ont consisté à aider des membres de leur propre réseau de parenté (traduction, explication, soutien scolaire, etc.), puis à étendre leur action, sous la pression des demandes, à d'autres membres de leur communauté d'origine, beaucoup d'entre elles ont été amenées peu à peu à rendre des services à toute la population du quartier, c'est-à-dire indépendamment de l'appartenance ethnique des personnes ayant besoin de médiation.

On retrouve ici les conséquences du brassage des nationalités dans un même lieu et, plus généralement, de la philosophie universaliste (et anti-communautaire) de l'État français, qui s'exprime à travers l'enseignement, les administrations, la politique municipale, etc. Cette conception profondément ancrée a conduit les autorités françaises responsables du logement social à mettre en œuvre une politique volontariste de *brassage* ou *mixité ethnique* qui prenait soin de mélanger au sein des mêmes immeubles HLM des familles provenant de pays différents, le but avoué étant d'éviter la formation de ghettos ethniques. Il apparaît que cette philosophie a été intériorisée par beaucoup d'habitants, et en particulier par ceux et celles qui sont passés par l'enseignement primaire français. Cela n'empêche cependant pas les quartiers dans lesquels habitent ces femmes de connaître une situation de relégation qui en fait parfois des ghettos sociaux (Delarue, 1991).

Marie-Pierre, mariée à un Algérien : une Française dont l'histoire est le reflet fidèle de celle de son quartier

Marie-Pierre est née en 1956 à Chavassieux, une banlieue ouvrière de Saint-Étienne. Ses parents travaillaient tous les deux comme ouvriers dans la métallurgie. Quand elle parle de son enfance, elle évoque ses voisins marocains qui la gardaient quand son père et sa mère travaillaient : « On se connaissait tous dans le quartier, on ne faisait pas de différence entre un Français, un Italien ou un Marocain ». C'est tout naturellement que Marie-Pierre dit avoir rencontré son futur mari, un ouvrier du bâtiment d'origine algérienne, né en France dans le Var et arrivé à 14 ans à Saint-Étienne. Marie-Pierre a d'abord obtenu un CAP d'employée de bureau, puis un BTS en comptabilité. Après son mariage, en 1978, elle a travaillé dix ans à Manufrance. Elle y a fait du syndicalisme et a été la plus jeune déléguée du personnel en France.

En 1988, c'est la crise ; elle est licenciée. Au chômage, elle connaît un moment de grande difficulté. Elle est très abattue par sa situation et celle des autres habitants du quartier. Petit à petit, cependant, elle s'occupe bénévolement de jeunes et remonte la pente. En 1992, la présidente de l'association *Les Voisines* lui demande de participer bénévolement aux activités. À l'origine de cette association, il y a une histoire qui commence en 1983 avec la constitution d'un groupe réunissant six femmes d'ouvriers, trois Françaises et trois Marocaines, et des travailleurs sociaux sur les quartiers de Grand Clos, Chavassieux et Côte Chaude. L'objectif de ces femmes est de travailler à l'avenir de leurs enfants et de leur quartier, tout en valorisant leur savoir-faire ménager (organisation de repas, repassage, travaux de couture). Dans le cadre de ces activités, elles favorisent une meilleure communication entre habitants, font retrouver aux adultes et apprendre aux jeunes les règles de la solidarité de quartier.

Peu à peu, ces six femmes montrent aux assistantes sociales les richesses des réseaux présents sur ces quartiers. C'est l'appartenance à une communauté de quartier, une proximité de statut social qui leur permet de les retrouver. Marie-Pierre occupe dans le groupe une place particulière à cause de la mixité de son histoire :

> Quand il y a divergence entre les Françaises et les Marocaines, j'ouvre le dialogue. Il y a surtout une question qui nous préoccupe aujourd'hui, c'est l'ouverture de l'association aux hommes. Il faut négocier, car, pour les Maghrébines, il est important que ce lieu ne soit pas mixte. Or, trouver les moyens de travailler avec les hommes est très important pour l'équilibre de nos relations au quartier.

À la date de l'enquête, Marie-Pierre avait trouvé un travail à mi-temps dans un comité d'entreprise, mais souhaitait transformer son activité bénévole à l'association en emploi rémunéré :

> Au début, le bénévolat est important pour créer des liens. Mais, pour développer une action diversifiée, cela devient vite impossible. On ne peut plus prendre sur les ressources personnelles (argent familial) pour acheter ce qui manque. On a besoin d'une sécurité financière qui nous apporte aussi la reconnaissance sociale.

Pour Marie-Pierre, qui a le même profil que d'autres médiatrices interrogées, l'essentiel est de faire revivre le quartier et d'ouvrir le plus possible le débat. Impliquée dans un mariage « mixte » sur les plans culturel et religieux, elle a pour objectif d'abaisser les barrières d'incompréhension entre des gens porteurs de cultures différentes. Par son expérience personnelle, elle a la capacité de les réduire. En effet, un mariage hétérogène de ce type constitue bien plus qu'un lien entre les deux personnes ; c'est *un pont entre deux cultures*, par lequel ces deux ensembles sociétaux communiquent concrètement (Delcroix et Guyaux, 1992). La mixité culturelle d'un couple donne à sa vie les allures d'un laboratoire au sein duquel se vit au quotidien la rencontre concrète de codes culturels différents. On y apprend à prendre de la distance vis-à-vis de ce qu'on tenait pour évident pour pouvoir continuer à se parler malgré les différences. Ce type d'union requiert de la part des conjoints une réflexion qui se situe à trois niveaux d'interactions : entre individus, entre familles, entre États. « La distinction entre les trois niveaux est bien utile pour sérier les problèmes, distinguer ce qui relève de contradictions et de pressions extérieures au couple et ce qui relève de conceptions réellement divergentes au sein du couple même. Pour ne pas se tromper d'ennemi, savoir ce que l'on veut et jusqu'où on est prêt à aller » (Delcroix et Guyaux, 1992, p. 17). Ce sont donc deux modèles culturels qui échangent leurs visions du monde à travers les deux membres d'un couple.

Quand elles parlent de leurs activités, les *Voisines* préfèrent la notion de *services de proximité* qui reflète mieux la culture ouvrière que celle de « médiation socioculturelle ». Leur expérience, au même titre que d'autres, se fonde sur la création de lieux de rencontre et de services. Elle se situe dans une zone échappant aux critères habituels de classification, aux confins du social et de l'économique. La participation de ces femmes à la vie du quartier se fait sans remise en cause d'un certain ordre établi relayé par les travailleurs sociaux.

2. La médiation : choix d'une définition

Les médiatrices sont toujours à la recherche d'équilibre et de propositions de changement, confrontées comme elles le sont entre deux voies co-présentes : rentrer dans le jeu des institutions, ou maintenir une position de militante soucieuse de défendre leur groupe d'appartenance. Celui-ci va bien au-delà de la famille et du réseau local d'émigrés originaires du même pays : le plus souvent, il englobe tout le territoire du quartier.

À l'origine des activités de médiation sociale, il y a toujours un « problème », un conflit entre les habitants et une administration, ou des tensions ou dysfonctionnements au sein d'une même institution (Delcroix, 2000). La *forme relais* apparaît comme un remède aux dysfonctionnements suscités par la difficulté d'une institution à répondre aux demandes spécifiques provenant de populations fragilisées et diverses. On diagnostique un besoin de médiation sociale ; mais, *dans la forme relais, le rôle des médiatrices est limité à celui d'intermédiaire entre les usagers et les agents institutionnels*. Dans ce cas, la médiatrice sociale a pour seul objectif de clarifier les demandes, de traduire (lorsqu'il s'agit de populations étrangères), et d'informer les usagers des règles administratives. Elle ne remet pas en question le fonctionnement de l'institution. Ce sont les usagers qui doivent s'adapter à elle. Les missions correspondant à cette fonction favorisent donc la reproduction des normes existantes, et non leur transformation. Elles sont cadrées et contrôlées, ce qui donne à la fonction un caractère « instrumental ».

La deuxième forme, que nous avons appelée la *médiation critique*, s'inscrit dans un contexte beaucoup plus large. Elle propose de nouveaux modes de régulation sociale et de dialogue. Elle renvoie à la nécessité de créer ou recréer des liens là où le tissu social souffre de dégradations. Dans ce cas, le médiateur ou la médiatrice joue non seulement le rôle d'intermédiaire, mais aussi celui de pôle de référence, d'acteur ou d'actrice porteur de projets et de changement. Au départ, ils assument les mêmes missions que dans le cas de la forme « relais », mais pour des objectifs différents. Prenant au sérieux ce que sont les usagers, leurs croyances, leurs valeurs, leurs modèles culturels, leurs désirs, *la médiation critique cherche à transformer les modes de fonctionnement des administrations de manière à les adapter aux usagers, et non l'inverse.*

La médiation critique est particulièrement difficile à assumer parce qu'elle oblige, dans de nombreux cas, à la confrontation avec des administrations réticentes à se réformer et des populations pas toujours prêtes à remettre en question certains de leurs comportements. La position de ces médiatrices est très inconfortable car elle les amène à marquer des frontières, des limites au-delà desquelles on ne peut forcer les changements sans déstructurer. Le travail sur ces frontières est dynamique et constant. La distinction développée entre « relais » et « médiation critique » recoupe celle proposée par Erhard Friedberg (1988) entre « participation par assimilation » et « participation critique ». Aujourd'hui, au sein des quartiers défavorisés, on peut constater que la notion de « médiation » est abondamment utilisée par le discours officiel, dans l'intention sans doute de « calmer le jeu », mais aucunement de le changer. D'où l'équivoque entretenue sur le contenu de la notion.

Le premier type de participation que propose de distinguer Friedberg, et qu'il appelle « participation par assimilation », est une participation impliquant une simple information réciproque des parties, sans force critique de proposition. Il correspond trait pour trait à notre type-idéal du relais. Le second type est celui de la participation critique. Ce mode de participation implique rapport de forces, discussion et négociation pour aboutir à un choix entre les solutions proposées. Elle entraîne nécessairement, dans un premier temps, l'accroissement des tensions et conflits, pour la solution desquels il faut prévoir des mécanismes appropriés. Ce second type correspond à notre type-idéal de médiation critique.

Médiation critique et relais ne sont, bien entendu, que des idéaux-types. Ils s'avèrent très utiles pour l'analyse. Mais, dans la réalité, les formes concrètes de médiation que l'on peut rencontrer associent « relais » et « critique » dans des proportions diverses. En effet, sur le terrain, pour parvenir à changer les rapports entre milieux populaires et administrations, et, plus largement, les rapports de ces groupes à la société française et aux autres groupes sociaux, les médiateurs et médiatrices mènent d'abord des actions d'information, de formation et de mobilisation des acteurs concernés. Ces mêmes moyens sont mis au service d'objectifs différents, voire opposés s'il s'agit de « relais », qui ne cherchent qu'à faire intérioriser et à faire reproduire la norme existante ; ou, s'il s'agit de « médiation critique », qui vise à faire bouger la norme. De plus, il faut souligner que, sur le terrain, lorsque les actions de médiation critique s'inscrivent dans la durée, l'évolution des demandes et la diversification des publics touchés sont manifestes. Les objectifs sont souvent élargis, modifiés, ou, parfois, échouent ou disparaissent.

3. Ressources subjectives et capital d'expérience biographique spécifique

Toutes ces expériences, qui se sont faites au sein d'une sphère privée en continuité avec la sphère publique, aboutissent à la formation de ce que nous appellerons des *ressources subjectives* spécifiques : compétences de compréhension, de création de liens intersubjectifs, de communication, et de résolution de problèmes. Bien entendu, les expériences à elles seules ne suffisent pas ; encore faut-il qu'elles aient été réfléchies, mises à distance, comparées, pour qu'elles puissent s'intégrer aux ressources subjectives de la personne. Les médiatrices sont amenées, par les fonctions qu'elles exercent, à faire un travail réflexif intense sur les relations entre les expériences de socialisation auxquelles elles ont été soumises – et avec lesquelles elles sont toujours aux prises – et les processus de médiation dans lesquels elles s'impliquent.

Or, ces ressources subjectives, bien qu'elles soient tout à fait opérationnelles, n'étaient reconnues par aucun diplôme. L'un des combats menés avec détermination par les médiatrices socioculturelles, qui ont fini par se regrouper en association nationale pour mieux le conduire, était précisément de faire reconnaître la valeur des compétences qu'elles avaient acquises par expérience biographique, et qu'elles mettaient en œuvre quotidiennement mais bénévolement, ou contre de fort modiques vacations. Mais pour qu'elles puissent obtenir un statut professionnel, les autorités administratives insistaient sur la nécessité préalable d'une formation au travail social débouchant sur un diplôme de valeur nationale.

Pierre Bourdieu a conceptualisé le diplôme comme l'une des trois formes de « capital culturel », le capital culturel certifié. Il justifie le recyclage – voire le détournement – du terme de « capital » par le fait que le diplôme place son titulaire dans une position plus forte sur les marchés du travail. Dans cette perspective, on pourrait dire que le problème des médiatrices, c'était de faire reconnaître officiellement leurs ressources subjectives comme du « capital », que nous proposons d'appeler *capital d'expérience biographique spécifique*.

Elles y ont, semble-t-il, finalement réussi. En 2003, un texte officiel est paru, qui permet de « valoriser les acquis de l'expérience » dans les parcours de formation initiale aux métiers du travail social. Ainsi, les expériences biographiques, aussi bien privées que professionnelles, qui sont susceptibles d'avoir apporté des compétences spécifiques aux candidats à ces métiers, se voient-elles reconnues.

4. Trois logiques d'action entremêlées

Pour analyser les logiques qui sous-tendent les cours d'action des médiatrices, la distinction proposée par François Dubet (1994) entre trois logiques d'action – l'intégration, la stratégie, la subjectivation – paraît fort pertinente.

Les médiatrices sont confrontées, ainsi que leur entourage, à une société dont les institutions – école, Églises, système politique, armée – sont remises en question et n'arrivent plus à répondre aux missions qu'elles ont à remplir (comme, par exemple, celles qui concernent la représentation des intérêts de tous les groupes sociaux, le processus de socialisation des jeunes générations, le règlement des conflits, etc.). On peut reprendre ce que dit F. Dubet à propos des milieux populaires : l'action cherche à donner du sens à la vie dans un monde qui se caractérise par la vitesse et les changements constants. En multipliant les expériences sociales de médiation, ces femmes articulent les trois logiques de l'action qu'a identifiées F. Dubet.

Par la *logique d'intégration*, « l'acteur, qui se définit par ses appartenances, vise à les maintenir ou à les renforcer au sein d'une société considérée comme un système d'intégration » (Dubet, 1994). Pour assumer des fonctions de médiation, les médiatrices doivent avoir la confiance de leurs communautés d'appartenance familiale, locale, ethnique, mais aussi celle des administrations locales. Lorsqu'elles aident au rapprochement de deux individus qui appartiennent à la même « communauté », au sens de F. Tönnies (1992), c'est-à-dire une association « naturelle » de type familial, ethnique ou de quartier, elles font œuvre d'intégration. Quand, après avoir travaillé sur les problèmes scolaires de leurs propres enfants, après avoir commencé à comprendre les logiques propres aux enseignants et à l'Éducation nationale, elles mettent leurs connaissances à la disposition d'autres familles, d'autres enfants, elles œuvrent à augmenter leur intégration scolaire.

À la logique de l'intégration, s'associe celle de la *stratégie*. F. Dubet désigne comme logique d'action stratégique des cours d'action par lesquels « l'acteur essaie de réaliser la conception qu'il se fait de ses intérêts dans une société conçue comme un marché » (1994). Les informations qu'elle recueille sur le fonctionnement du système scolaire permettent à ses enfants d'être mieux armés face au système de compétition scolaire généralisée. Certaines d'entre elles sont détentrices de diplômes obtenus dans leur pays d'origine, mais qui ne sont pas reconnus en France. En agissant comme médiatrices, elles cherchent un moyen de reconquérir une appartenance aux classes moyennes urbaines que la migration leur a fait perdre. Qu'elles aient été scolarisées ou pas, toutes finissent par rechercher à terme une certaine reconnaissance officielle qui vienne sanctionner l'utilité sociale de leur action de médiatrice. Après tout, raisonnent-elles, leurs activités bénévoles sont d'ordre public et non pas seulement d'ordre privé. D'autre part, si elles ont pu résoudre des problèmes que personne d'autre, à commencer par les travailleurs sociaux, dont ce serait la fonction, n'ont pu résoudre, c'est que – même illettrées – elles ont quelques compétences peu fréquentes. Si elles se contentent au début, et pendant longtemps, de la « reconnaissance » – au double sens du terme – des autres membres de leurs réseaux de sociabilité (reconnaissance communautaire, pourrait-on dire), elles en viennent nécessairement à aspirer un jour à une reconnaissance sociétaire, qui se traduise par une reconnaissance statutaire (un emploi de médiatrice). L'action orientée vers l'intégration – soutien aux membres du groupe familial, puis action intégrative aux réseaux du voisinage – comporte d'ailleurs d'emblée une dimension stratégique ; par exemple, une médiatrice, en comprenant mieux les règles du jeu scolaire, est plus à même d'aider son propre enfant à trouver sa place sur le marché scolaire.

F. Dubet dégage un troisième type de logique d'action, la *logique de subjectivation*, que l'on retrouve effectivement chez les médiatrices. Il s'agit d'une logique qui permet à l'acteur « de se représenter comme un sujet critique confronté à une société définie comme un système de production et de domination » (1994). Cette définition peut être complétée par ce qu'a écrit Charles Taylor ; le « sujet » renvoie à l'*authenticité* d'un individu, c'est-à-dire le fait :

> pour chaque être humain d'avoir sa propre façon d'être, de rechercher une forme de vie qui soit la sienne. Chacun doit puiser à l'intérieur de lui-même les sources morales de son existence. Quelque chose dans la nature de son expérience à lui-même semble rendre presque irrésistible, incontestable, une telle localisation (Taylor, 2000, p. 121).

La plupart des médiatrices immigrées ont connu les difficultés de l'adaptation à un nouveau pays, voire à un conjoint d'une autre classe sociale. Beaucoup ont dû combattre des représentations d'elles-mêmes – des « identités pour autrui » – qui ne les voyaient que comme femmes soumises à un système patriarcal, membres d'un milieu social dépourvu de ressources économiques, d'éducation et de culture, situé « tout en bas de l'échelle ». Toutes ont réfléchi sur leurs propres expériences ; elles ont réussi à les analyser et à les mettre à distance. En combinant, à ce travail sur elles-mêmes, un engagement dans l'action de médiation, elles s'avancent peu à peu, à travers de multiples conflits et dans la durée, vers l'authenticité et l'autonomie du sujet autonome.

Conclusion

D'un point de vue sociologique, les médiatrices constituent un phénomène intéressant qui révèle et permet d'analyser plusieurs facettes des processus de discrédit – et de la possible levée du discrédit.

Schématiquement, deux groupes sont ici en présence : l'un est victime de discrédit, ce qui entraîne bien des conséquences réelles, pratiques, qui diminuent considérablement les chances de vie de ses membres. L'autre « groupe » est celui des agents des institutions étatiques : écoles, hôpitaux, centres sociaux, administrations, Offices HLM, ANPE et Mission locale, commissariat, etc. Ce groupe est, vis-à-vis de l'autre, un groupe non seulement porteur de stéréotypes, de représentations sociales dévalorisantes, mais aussi un groupe dont une bonne partie des membres sont soit des relais plus ou moins passifs des stéréotypes discréditants, soit même des acteurs de ce processus.

Historiquement, c'est aux travailleurs sociaux que revient la fonction de « pont ». Mais la conjonction de la récession, du racisme et de l'apparition d'une génération issue de l'immigration, nombreuse et concentrée dans certaines cités HLM, a créé en France une situation à laquelle les travailleurs sociaux n'ont plus pu ni su faire face. L'incompréhension, les malentendus, les frustrations, les conflits larvés ou ouverts entre les deux groupes devinrent la norme. C'était (c'est encore ?) un processus auto-entretenu : plus se multipliaient les frustrations, plus fréquents les actes d'incivilité – commis en général par une minorité de jeunes –, ce qui alimentait les stéréotypes racistes et augmentait d'autant le discrédit général jeté sur ces populations, tous habitants confondus, y compris ceux et celles qui ne désirent rien d'autre que s'intégrer à la société française.

C'est alors que des femmes, un peu partout en France, sans se connaître, ont pris la mesure de la profondeur des problèmes et ont spontanément commencé à agir. Ces problèmes, elles les vivaient d'abord dans leur propre famille : problèmes de régularisation des papiers administratifs, mari au chômage, enfant en échec scolaire, adolescent en recherche vaine d'emploi, etc. ; puis à travers des voisins menacés d'expulsion, etc. Cherchant à résoudre ces problèmes, elles se sont adressées aux agents des institutions. Elles ont alors été confrontées au même problème que les autres habitants avant elles : ces agents, pétris de stéréotypes dévalorisants, les regardaient de haut, ne les écoutaient pas, ne croyaient pas ce qu'elles disaient. La méfiance, fille du discrédit, faisait son œuvre, et ses conséquences étaient dévastatrices. Un véritable mur d'incompréhension s'élevait entre les deux groupes. Ces femmes ont cherché à ouvrir des brèches dans ce mur, et, à terme, à le faire disparaître.

Nous nous sommes appuyée sur les théorisations de François Dubet pour tenter d'analyser leurs logiques d'action. Ses distinctions sont analytiques ; on peut supposer que les trois types qu'il distingue sont co-présents dans chaque action menée par les médiatrices. Dès le début de leur engagement dans la médiation, il y a déjà une *visée* stratégique : s'atteler à la résolution d'un problème auquel tel ou tel membre de la famille est confronté, c'est chercher à défendre ses intérêts. Mais cela ne signifie pas encore qu'il y a *action* stratégique, car cela supposerait une bonne connaissance du champ des actions possibles et de leurs conséquences probables, des moyens et opportunités accessibles et de leurs voies d'accès.

Il y a aussi l'amorce d'une logique d'action visant la subjectivation – la recherche d'une identité autonome – dès que la médiatrice sort de chez elle et prend une initiative. Cette logique se développe tout au long du cours d'action, puisque c'est elle que connaissent les agents auprès desquels elle négocie, que c'est elle et elle seule qui porte la négociation.

Il y a également d'emblée une logique d'action visant l'intégration, et de deux façons différentes – qui menacent à terme d'entrer en collision. L'une de ces façons est en effet de créer des liens (avec les voisines par exemple), en partageant avec elles ses expériences de rencontre avec les agents institutionnels ; ou en les regroupant pour avoir plus de poids dans la négociation avec eux (par exemple, avec les enseignants). On pourrait dire que cette logique d'action vise *l'intégration communautaire*, par opposition à une autre qui vise *l'intégration sociétaire*, au sens de l'insertion dans la société française « instituée » : la reconnaissance officielle, par ses agents, de l'utilité de la fonction de médiatrice, ou l'obtention d'une meilleure insertion pour tel ou tel de ses enfants ou le conjoint.

Nous avons vu que leur engagement partait initialement de questions posées dans la sphère *privée*, et qu'au fur et à mesure qu'il se développait, il se déployait dans une sphère *publique*, qu'il contribuait lui-même à faire exister. De nombreux signes semblent indiquer qu'un tel mouvement de décloisonnement entre le public et le privé est en marche à l'échelle de toute la société française. La validation des acquis de l'expérience (VAE) ouvre la possibilité de prendre en compte, dans le recrutement de travailleurs sociaux, non seulement les diplômes mais aussi les « expériences biographiques » susceptibles d'avoir conféré des savoirs et des savoir-faire.

Dans notre vocabulaire, cela signifie la reconnaissance par les collectivités territoriales et l'État que les *ressources subjectives* formées par et dans l'expérience vécue peuvent constituer un *capital d'expérience biographique*, lequel – en tant que tel – peut être monnayé sur le marché de l'emploi public. Il n'est pas impossible que la connaissance de l'action des médiatrices, ayant lentement remonté depuis les quartiers défavorisés jusque vers les sommets de l'État, à travers de multiples canaux – dont les enquêtes sociologiques –, ait contribué à cette innovation.

Nous aimerions revenir, pour terminer, sur la difficile gestion des « identités pour autrui » à laquelle est conduite toute femme agissant en tant que médiatrice – c'est-à-dire à la gestion en temps réel des images que se font d'elle les agents, d'une part, les membres du groupe d'appartenance, mari et enfants en tête, d'autre part. Son problème est, en peu de mots, de rechercher et de maintenir la « bonne distance » entre ces deux groupes.

D'un côté, en effet, il lui faut se faire accepter par tel ou tel agent, le convaincre, par la parole et par l'action (bénévole), qu'elle vaut mieux que ce qu'il ou elle pense d'elle. Tout en sachant que si elle y réussit, son interlocuteur institutionnel la détachera mentalement de son groupe d'appartenance – dont il ne modifiera pas son image mentale –, et qu'il aura tendance à la prendre comme quelqu'un capable d'expliquer aux autres membres de son groupe le point de vue institutionnel. Le danger ici est de se voir réduite à la fonction de relais. Le risque serait grand de perdre d'un côté ce qui serait gagné de l'autre : de perdre la confiance des membres de son groupe à mesure que l'on réussit à gagner celle de tel agent institutionnel. D'être soupçonnée, à terme, de « trahir » son groupe. Pourtant, une médiation ne peut réussir que si les deux parties font des concessions. Il est indispensable d'expliquer les logiques institutionnelles aux habitants, mais il faut trouver le juste milieu entre cette explication et l'intériorisation complète de cette logique.

Le danger inverse existe aussi. C'est celui de défendre auprès des institutions le point de vue du groupe d'appartenance sans faire aucune concession. Immanquablement, on passerait de la médiation critique à la représentation politique, et l'on se verrait renvoyer au champ politique – particulièrement fermé aux immigrés (en tant que groupes et en tant qu'individus).

Il faut donc beaucoup d'habileté et de réflexivité pour éviter ces deux types d'écueil. C'est pourquoi nous avons pensé utile, dans le cadre de ce travail, de restituer ce que nous avons appris sur le phénomène des médiatrices. Sur cet exemple, on peut comprendre pourquoi, même dans des conditions de discrédit poussé, l'action reste possible.

Bibliographie

Bertaux D., 1974, « Mobilité sociale biographique. Une critique de l'approche transversale », *Revue française de sociologie*, 15(3), p. 329-362.

Delarue J.-M., 1991, *Banlieues en difficulté : la relégation*, Paris, Syros Alternatives.

Delcroix C., 1986, *Espoirs et réalités de la femme arabe. Algérie-Égypte*, Paris, L'Harmattan.

–, 2000, « Pour une connaissance des processus de médiation et des figures de médiateur », *Utinam*, 1-2, p. 149-161.

Delcroix C., Guyaux A., 1992, *Double mixte, la rencontre de deux cultures dans le mariage*, Bruxelles, L'Harmattan/Contradictions/ADRI.

Delcroix C. *et al.*, 1996, *Médiatrices dans les quartiers fragilisés. Le Lien*, Paris, La Documentation française.

Dubar C., 1991, *La socialisation : construction des identités sociales et professionnelles*, Paris, Armand Colin.

Dubet F., 1994, *Sociologie de l'expérience*, Paris, Seuil.

Fayman S., Keil M., 1994, *Relais féminins de l'immigration africaine en Île-de-France et Haute-Normandie*, rapport au FAS-Plan urbain, Préfecture de Haute-Normandie.

Friedberg E., 1988, « L'analyse sociologique des organisations », *Pour*, 28.

Goldberg-Salinas A., 1996, « Femmes et rapports sociaux de sexe dans les travaux sur les migrations en France », *Les Cahiers du MAGE*, 3, p. 77-86.

Taylor Ch., 2000, « Individu et modernité, entretien avec Charles Taylor », in Dortier J.-F. (dir.), *Philosophies de notre temps*, Auxerre, Sciences humaines.

Tönnies F., 1992, « Communauté et société : catégories fondamentales de la sociologie pure », in Merrien F.-X. (dir.), *La sociologie*, Paris, Larousse (1re trad. fr., Paris, Retz, 1977).

Varro G., 2003, *Sociologie de la mixité. De la mixité amoureuse aux mixités sociales et culturelles*, Paris, Belin.

CHAPITRE 4

Reconnaissance et transaction sociale dans l'espace urbain patrimonial

Processus de valorisation et dévalorisation à Strasbourg et à Valparaíso

Maximiliano SOTO

Doctorant en sociologie au CRESS, EA 1334
Membre du Collège doctoral européen, Université de Strasbourg

Cette contribution se concentre sur les effets actuels de la mise en valeur des quartiers historiques proches du centre ville patrimonial et leurs conséquences sur les identités et les processus de reconnaissance. La question de départ porte sur les effets socio-spatiaux des procédures de réhabilitation et d'amélioration de l'habitat, en comparant deux villes patrimonialisées : Strasbourg en France et Valparaíso au Chili.

Dans ce contexte, l'habitat est une ressource sociale relevant de l'analyse des nouveaux processus transactionnels dans l'espace urbain patrimonial, illustrés par les différences entre les quartiers historiques de Strasbourg et de Valparaíso. La sociologie de la transaction sociale permet de comprendre les différentes formes de socialisation à partir de la mise en place d'outils de médiation ou de négociation dans un terrain conflictuel, comme le patrimoine urbain. Cette théorie constitue un outil dans la compréhension des conflits d'intérêt (Bourdin, 1992), des médiations sociales (Blanc, 1992) et des processus de valorisation du patrimoine bâti entre différentes compositions sociales et spatiales, par exemple entre le centre ville et les quartiers proches dans les villes patrimonialisées par l'UNESCO (parmi elles, Strasbourg et Valparaíso).

L'analyse des rapports sociaux dans les villes patrimonialisées part d'une connexion entre la forme urbaine et la vie sociale. Une nouvelle configuration des processus transactionnels se produit dans des processus de valorisation et de dévalorisation patrimoniale. Les transactions sociales portent sur la reconnaissance des habitants et de leur espace, parce qu'elle « permet d'analyser le rapport social dans son exercice quotidien, à la fois comme inducteur et comme induit » dans la production du territoire (Remy, 1992, p. 89).

La reconnaissance peut être définie comme un acte performatif de confirmation intersubjective de soi-même par rapport à autrui (Honneth, 2002). Il s'agit d'un processus de prise de conscience ayant une dimension sociale et spatiale ; il produit une valorisation de l'espace social d'attachement. Des dynamiques de mise en valeur d'un patrimoine bâti, qui est le reflet de l'histoire du lieu, se repèrent dans les quartiers historiques. Elles répondent à différentes logiques, mais nous les réunissons comme des processus de patrimonialisation. Parmi les acteurs de cette valorisation, nous distinguons des acteurs externes (ou exogènes), l'UNESCO par exemple, et des acteurs internes (ou endogènes), parmi lesquels les habitants du quartier, les autorités locales, etc.

Dans l'approche micro-sociologique d'une communauté de quartier (Coing, 1966), les processus de reconnaissance peuvent être abordés à partir du concept de communauté de valeur, dans la dimension culturelle de la théorie d'Axel Honneth sur la reconnaissance. Toute forme d'estime sociale de l'individu au sein de sa communauté d'appartenance (ici le quartier), s'inscrit dans cette dimension : « C'est l'accord essentiel sur un objectif pratique qui produit d'un coup un horizon de valeurs intersubjectif dans lequel chacun apprend à reconnaître l'importance des capacités et des qualités des autres » (Honneth, 2002, p. 156). Cet horizon de valeurs intersubjectif peut produire une valorisation ou une dévalorisation du patrimoine bâti et de l'histoire du quartier, fondée à la fois sur une expertise partagée des usagers du quartier et sur sa dimension socio-spatiale.

L'expertise d'usage est une expertise du quotidien fondée sur des savoir-faire liés à la pratique et à l'usage d'un territoire et de ses composants : les équipements, l'infrastructure, les services publics, etc. Cette expertise repose sur une connaissance vécue et partagée. Elle est une forme de socialisation qui intègre des processus transactionnels, en termes de valeur d'échange et de valeur d'usage notamment. La mise en valeur d'un quartier peut être un objectif pratique qui produit une reconnaissance des habitants et de leur territoire d'appartenance.

Les processus de patrimonialisation se déroulent sur un terrain conflictuel et des intérêts opposés s'affrontent dans toute procédure d'amélioration d'un quartier. Dans une opération de réhabilitation, on peut arriver à un compromis sur la transformation d'un immeuble ou d'un bâtiment ; mais les divergences d'intérêts demeurent, par exemple entre les habitants et les architectes et autres techniciens. Sur ce terrain conflictuel, les négociations et les compromis ne sont jamais définitifs. On peut intégrer la participation des habitants dans l'amélioration de leur habitat, mais ce sera souvent de la participation conflictuelle.

Lorsqu'une procédure d'amélioration de l'habitat débute (une réhabilitation des façades ou de la place du quartier), le patrimoine architectural des quartiers historiques génère un conflit potentiel entre les intérêts des usagers du quartier et les intérêts des investisseurs externes. La façade est une frontière ou un seuil entre le dedans et le dehors, ou entre l'espace public et l'espace privé : « La protection découle du principe que, si une construction est bien une propriété individuelle, son aspect extérieur appartient également à la collectivité qui doit pouvoir en jouir ou, au moins, ne pas en être incommodée » (Steinmetz, 2005, p. 29). La réhabilitation des façades est, par conséquent, le fruit de négociations laborieuses. Les façades sont le signe qui marque le territoire à aménager ou à réhabiliter ; elles sont un témoignage qui transcrit la réalité sociale, politique, économique et culturelle, dans la morphologie d'un îlot ou d'un quartier.

Dans ce contexte, notre démarche de recherche s'élabore à partir d'observations et d'enquêtes sur deux quartiers : à Strasbourg, la Krutenau et la Gare, à Valparaíso, le *Cerro Alegre* et le *Cerro Cordillera*[1]. Elle porte sur les relations entre les processus de production du territoire, les relations sociales et les mutations internes. Il s'agit de relever les initiatives révélatrices de créativité et de potentiel, les traits d'attachement aux quartiers et, en même temps, expliciter les transformations de la composition socio-spatiale du quartier. La mise en valeur d'un quartier produit des changements dans la physionomie intérieure des îlots, les couleurs des façades, les activités commerciales ; par exemple, les anciennes boulangeries peuvent devenir des pâtisseries de luxe ou des galeries d'art. De même, la répartition socio-économique de la population du quartier peut changer plus ou moins profondément. Les processus de patrimonialisation sont différents dans un centre ville saturé (comme à Strasbourg et Valparaíso) et dans les quartiers historiques voisins qui sont attractifs, en termes résidentiel et commercial.

1. La reconnaissance : les dimensions endogènes d'un urbanisme participatif

Le rapport entre l'État et la société civile est marqué par une faible participation citoyenne dans la plupart des projets de réhabilitation ou de rénovation urbaine, plus précisément dans l'inclusion des habitants dans les projets d'amélioration de l'habitat. Par exemple, à Valparaíso, les cas

---

[1] En espagnol, *cerro* signifie colline.

de prise en compte effective de l'avis des habitants dans les opérations de réhabilitation sont rares : il manque des cadres/outils d'appropriation des projets par les habitants et il n'y a que peu de concertation en amont[2]. Or, la participation citoyenne est importante pour pérenniser le projet de rénovation ou d'amélioration de l'habitat, car il y a des différences entre l'urbanisme des techniciens et celui des usagers.

Le patrimoine architectural, comme élément structuré et structurant de la mémoire et de l'identité locale, est tourné vers le passé et vers l'avenir. Il inclut à la fois une dimension individuelle et une dimension collective, et la force du passé réside dans l'héritage qui est transmis. Une ville possède un patrimoine qui peut être soumis à différentes formes de patrimonialisation, relevant de processus endogènes et/ou exogènes ; la valorisation vient, d'un côté, des habitants, de l'autre, d'acteurs externes, économiques et/ou culturels.

La patrimonialisation *endogène* suppose un urbanisme participatif qui débouche sur une production identitaire du lieu. La patrimonialisation *exogène* est le résultat d'un urbanisme technocratique qui met en place une procédure de réhabilitation répondant à des intérêts économiques extérieurs au quartier. Dans les faits, les villes patrimonialisées, comme Strasbourg et Valparaíso, sont un espace de conflit mais, en même temps, de médiations entre des acteurs sociaux et des formes spatiales d'appropriation du patrimoine bâti, dans les quartiers historiques proches du centre ville. « L'architectonique spatiale est une médiation qui agit comme un révélateur et modifie le champ de potentialités. [...] L'urbanité suppose une forme de sociabilité englobante, dont la force sociale découle des ressources diverses utilisées par les acteurs » (Remy, 1999, p. 178).

Dans une procédure de réhabilitation, on peut observer la présence des intérêts privés dans les espaces publics, comme les quartiers historiques, les zones de conservation historique ou l'environnement de monuments nationaux comme une cathédrale. L'interaction des individus dans l'espace urbain patrimonial développe une pratique culturelle et sociale permanente. Dans la spatialité urbaine, la production identitaire s'élabore par rapport aux espaces connus et aux espaces vécus. L'espace public, une place ou une rue, représente un niveau d'appropriation de la vie sociale comme phénomène de production identitaire dans les processus transactionnels. Ce sont des processus qui font cohabiter différentes formes de valeur et qui restent dans la dichotomie privé/

---

2 Au Chili, le ministère de la Planification nationale (MIDEPLAN) distribue des fiches invitant les habitants à participer. Il demande leur avis et leur signature, mais ne dit rien sur la présence des citoyens dans les instances de décision relatives à la réhabilitation.

public (Remy, 1973). Il y aurait ainsi une distinction entre la réhabilitation de l'espace privé et la revitalisation de l'espace public, c'est-à-dire entre l'intérieur d'une maison qui devient *loft* et une rue qui transforme la morphologie du quartier.

La reconnaissance du patrimoine bâti d'un territoire constitue un processus de valorisation de son histoire et de son évolution. L'appropriation de ce lieu est un processus de mise en valeur partagée entre le territoire et les habitants, par rapport à la participation citoyenne, à l'histoire locale et à la composition socio-spatiale du territoire. Une dévalorisation du lieu par les habitants constitue un processus de rupture, à la fois sociale et spatiale. Inversement, un processus d'urbanisme participatif est un processus de reconnaissance et de mise en valeur par les habitants qui valorise le lieu d'attachement (Guérin-Pace, 2006).

La réhabilitation de la *Unión Obrera*[3] dans le *Cerro Cordillera* à Valparaíso représente un type d'urbanisme participatif qui permet de comprendre l'inclusion de la reconnaissance de l'espace vécu et connu, lorsque les pratiques d'appropriation produisent une mise en valeur du bâtiment habité. À Valparaíso, dans certains secteurs de la ville, il reste des anciennes « cités ». À la fin du XIXe siècle, elles ont répondu au besoin d'habitat dans les secteurs populaires, conséquence de l'exode rural. Au recensement de 1885, Valparaíso comptait 430 cités, avec des ménages de 5 à 10 personnes par logement. Selon le règlement de 1899, les cités sont : « une propriété destinée à la location aux ouvriers de chambres ou de logements ; une cité a plusieurs unités d'habitation ou sections du bâtiment qui ont une cour commune » (*Revista de Higiene*, 1901).

La réhabilitation de l'immeuble a commencé en 2002, sur l'initiative des jeunes de 9 à 16 ans qui habitent l'immeuble et qui cherchent des sources de financement avec le soutien de l'Atelier d'action communautaire (TAC)[4]. Ces jeunes acteurs sociaux sont aidés par le Fonds de

---

3 Le projet de réhabilitation du bâtiment de la *Unión Obrera* porte sur un bâtiment emblématique de l'histoire de l'habitat social à la fin du XIXe siècle. C'est un bon exemple de l'habitat social collectif de cette époque. Dans ce bâtiment de 3 263 m^2 de surface au sol, avec une cour intérieure qui harmonise la structure et trois étages reliés par des couloirs intérieurs, il y a 34 appartements au total. Il est loué à 34 familles qui ont travaillé avec le ministère de l'Habitat et de l'Urbanisme (MINVU), le Programme de récupération et développement urbain de Valparaíso (PRDUV) et la *Junta de Andalucía* (l'institution qui organise l'autogouvernement de la communauté autonome d'Andalousie, en Espagne), sur la conception et la mise en œuvre de sa réhabilitation, entre 2006 et 2008. Il a été inauguré en juillet 2008.

4 Le *Taller de Acción Comunitaria* (TAC) est un organisme de développement local qui travaille avec les habitants du *Cerro Cordillera* à la connaissance et l'appropriation de l'histoire de leur quartier.

solidarité pour l'habitat, créé par l'État chilien pour le développement de l'habitat social, la *Junta de Andalucía* et les locataires eux-mêmes. Commencée en 2004, avec la participation des voisins, difficilement négociée, l'opération a abouti en 2008 à la réhabilitation complète de l'immeuble, pour les 34 familles (une centaine de personnes aujourd'hui). Elles ont quitté leur logement pour la durée des travaux avec beaucoup d'inquiétude, mais elles sont toutes revenues.

Ce cas d'urbanisme participatif est un produit transactionnel, ou un compromis entre une réhabilitation technicienne des architectes et une réappropriation participative des habitants. C'est une coproduction de l'urbanisme « profane » et de l'urbanisme « savant » avec, en même temps, l'inclusion de l'expertise d'usage dans la réhabilitation d'un ancien bâtiment qui représente l'histoire ouvrière d'un quartier ouvrier conservant une image du XIXe siècle (Ferrada et Jiménez, 2007). Cet espace de délibération donne la possibilité de négocier un compromis, qui est le résultat d'un consensus partiel entre les usagers et les techniciens.

Cet exemple suggère qu'il n'y a pas de délibération sans appropriation du territoire et, inversement, la mise en délibération sans appropriation n'a aucun sens, parce que l'expertise d'usage est absente du débat. « Toutefois la disposition à participer à la délibération ne peut se développer pleinement que moyennant des formes sociales de reconnaissance qui ne se nouent pas exclusivement dans l'espace de la délibération » (Pourtois, 2002, p. 307). La reconnaissance de soi-même dans la discussion est cruciale pour intégrer l'espace connu et vécu par les habitants dans le débat. Mais cette intégration n'annule pas tous les conflits.

Certains éléments des processus de patrimonialisation représentent un plus pour une politique de réhabilitation qui peut concerner l'espace public, l'espace privé ou les deux. « L'historicité du cadre bâti, la proximité du centre, les avantages du site offrant les points de vue les plus spectaculaires sur les monuments classés, l'intervention municipale enfin » (Lévy, 1987, p. 221), sont autant d'éléments qui peuvent activer l'intérêt foncier et immobilier sur le cadre bâti dévalorisé, tout en conservant des éléments qui permettent une mise en valeur, par exemple dans une réhabilitation en Opération programmée pour l'amélioration de l'habitat (OPAH), en France.

C'est le cas du quartier ancien de la Krutenau à Strasbourg. Sa réhabilitation dans le cadre d'une OPAH est restée sous la surveillance des habitants organisés dans le Comité d'action pour la réhabilitation sociale de la Krutenau (CARDEK). Le projet municipal de 1962 proposait la démolition de l'ensemble du quartier, à l'exception des façades le long des quais, à proximité du centre ville. En 1972, un nouveau projet municipal prévoit de créer sur le quartier des axes de circulation rapide contournant le centre ville, avec l'élargissement de certaines voies et la destruction d'un nombre conséquent d'immeubles. En fait, de nombreux immeubles ont été démolis, laissant la place à la construction de nouveaux. Au milieu des années 1970, la population de la Krutenau était très affectée par les opérations de démolition dans son quartier (CARDEK, 1983).

La mobilisation des habitants dans le CARDEK a débouché sur un processus de réhabilitation avec une procédure OPAH en 1977. Elle a permis une rénovation-démolition contrôlée entre 1977 et 1982. « L'opération visait la restauration-réhabilitation de 100 à 150 logements par an dans le secteur de la Krutenau. Celle-ci projetait la remise en état de l'ensemble de 300 logements en combinant la restauration légère, la restauration lourde, les curetages, ainsi que la construction de "logements-tiroirs" sur les terrains municipaux » (Masson, 1994, p. 107). En 1981, 25 % du parc locatif de la Krutenau a été réhabilité dans le cadre de l'OPAH (environ 800 logements). Les logements construits sont en majorité des petits logements d'une ou deux pièces (Observatoire de l'Habitat, 1991).

Par contre, les actions du CARDEK dénonçant la spéculation et exigeant un droit au logement ont évolué entre 1980 et 1990, pour deux raisons. La première est la loi dite Quillot de 1982, sur les rapports entre bailleurs et locataires. Cette loi reconnaît la possibilité d'établir des accords collectifs de location, mais ceux-ci reposent uniquement sur les locataires des immeubles concernés et ils excluent toute association extérieure aux bâtiments. Le CARDEK perd ainsi sa représentativité de l'ensemble des habitants ; plus d'une dizaine d'associations ont été créées par rapport à des objectifs spécifiques entre 1982 et 1986 (Masson, 1994, p. 123)[5]. La deuxième raison est la mutation de la population qui habite le quartier : les cadres supérieurs et intermédiaires ont remplacé la population modeste du quartier. D'après les recensements de la population entre 1975 et 1990, 82 % des locataires des logements conventionnés venaient d'un autre quartier ou d'une autre ville en 1990, ce qui signifie une population plus jeune et d'un autre niveau social, pour moitié des étudiants (Observatoire de l'Habitat, 1991).

5 Par exemple, les habitants du 20 rue des Balayeurs ont constitué une association de locataires pour obliger le bailleur à accepter le maintien des locataires dans l'immeuble.

	Artisans commerçants	Cadres, professions intellect. sup.	Professions intermédiaires	Employés	Ouvriers
1975	6 %	7 %	10 %	24 %	52 %
1982	3 %	16 %	22 %	27 %	32 %
1990	2 %	24 %	42 %	22 %	10 %

Répartition par CSP des actifs et évolution 1975-1990, IRIS 1104[6]

(Source : INSEE, RGP 1975, 1982 et 1990)

Le CARDEK change de stratégie au début des années 1990 ; il devient un Centre socioculturel, avec un rôle d'animation des activités pour la nouvelle population qui habite le quartier. Il reçoit l'agrément de Centre socio-culturel en 1991 et prend en charge de nouveaux intérêts et des préoccupations nouvelles ; le logement est remplacé par des sujets plus importants pour les nouveaux venus : la sécurité, le bruit et les espaces de loisirs.

La restructuration du quartier ancien modifie le commerce de proximité et/ou le parc locatif, avec l'augmentation des *lofts* ou appart-hôtels. L'espace devient méconnaissable pour ses anciens habitants, ce qui réduit à leurs yeux l'intérêt d'un urbanisme participatif. Ce processus de réhabilitation a des effets contradictoires : il dévalorise le patrimoine bâti des uns et il contribue à valoriser l'environnement patrimonial des *investisseurs-gentrifieurs*.

Le changement s'accompagne d'investissements et d'améliorations dans les logements, rénovés ou réhabilités, comme dans tout le secteur touché : commerces, équipements et services. Ceci entraîne des changements sur le marché de l'immobilier et du logement, en donnant un rôle décisif aux propriétaires, promoteurs, organismes financiers et autorités locales. Dans l'ensemble, le phénomène entraîne généralement une plus grande valeur marchande des secteurs renouvelés, y compris la reconquête de la valeur symbolique des centres urbains.

La gentrification implique « l'émergence d'un nouveau mode de vie urbain, d'une nouvelle image urbaine et de nouveaux types de consommation » (Bidou, 2003, p. 12), et, en même temps, des améliorations physiques ou matérielles, ainsi que des changements immatériels, économiques, sociaux et culturels, qui entraînent une élévation appréciable du statut du quartier. Dans les quartiers revalorisés, l'image historique reste sur les façades, mais la transformation interne des immeubles produit des *lofts* et des duplex avec un nombre réduit de pièces, en

6 La Krutenau regroupe les IRIS 1102, 1103 et 1104. L'IRIS 1104 correspond au secteur de l'Académie, qui a expérimenté les actions du PACT-ARIM lors de la mise en place de l'OPAH en 1977.

même temps que le commerce de proximité évolue vers les nouvelles formes de consommation recherchées par les nouveaux venus.

Dans des quartiers revalorisés, on propose des types de consommation visant des personnes extérieures au quartier, à la recherche d'une consommation culturelle spécifique. Ce comportement marque la différence entre la valeur d'usage de l'habitat dans une gentrification résidentielle et la valeur d'échange dans une gentrification commerciale qui recherche les emplacements stratégiques. Lorsque la charcuterie du *Cerro Alegre* a fermé ses portes en 2001, pour être remplacée par le *Café Vinilo*, comme espace de consommation pour les « bourgeois-bohêmes », celui-ci reste sur le grand axe du tourisme culturel à Valparaíso, la *calle Almirante Montt.*

2. Le patrimoine architectural au carrefour des intérêts dans la mise en valeur

Le patrimoine architectural d'une ville est une ressource culturelle qui représente l'héritage accumulé, avec une dimension tangible dans les immeubles, les emplacements et les éléments décoratifs ; mais la population qui habite dans un quartier historique bénéficie aussi de sa valeur immatérielle dans l'usage de cet espace. Cet héritage constitue un élément visuel et une image valorisée qui permettent de comprendre la coexistence d'intérêts culturels, sociaux, économiques et politiques dans un territoire déterminé.

Dans les processus de patrimonialisation, certaines formes sont plus valorisées que d'autres, ce qui est source de conflit entre elles. Il existe un patrimoine du Moyen Âge au centre de Strasbourg et un patrimoine industriel du XIXe siècle à Valparaíso. Autour de ces deux périmètres classés par l'UNESCO, le quartier de la Gare à Strasbourg a un patrimoine qui reflète une période plus récente, et le *Cerro Cordillera* à Valparaíso au contraire une architecture plus ancienne. Les différentes occupations du sol et de l'espace témoignent des intérêts divers et opposés qui marquent l'évolution de la ville et les différentes compositions socio-spatiales du tissu urbain.

Les acteurs locaux de la patrimonialisation *endogène* sont nombreux. On trouve les habitants qui agissent au nom de leur expertise d'usage, mais aussi la mairie et les promoteurs immobiliers qui tiennent un discours de préservation et d'investissement. Il y a un processus hybride entre deux échelles de mise en valeur, le quartier ou le bâtiment à réhabiliter et la ville. Les institutions qui développent des stratégies d'achat dans les quartiers anciens à partir d'une vue économique fonctionnelle exercent un contrôle sur la mémoire comme fragment d'un « passé intériorisé ». Le principal effet des procédures de réhabilitation touche les espaces du vécu et de la mémoire, comme espaces d'identification du quotidien. « Au-delà de l'appropriation physique de l'espace bâti, il existe une intériorisation de cet espace dans la mémoire et l'imaginaire collectifs de la société considérée » (Zannad-Bouchrara, 1994, p. 23). À chaque transformation du patrimoine bâti correspond une transformation dans le comportement, les attitudes et les pratiques spatiales sur le lieu amélioré ou réhabilité.

Le processus de patrimonialisation exogène dépend beaucoup de la Convention du patrimoine mondial de l'UNESCO et des organismes internationaux de conservation comme l'ICOMOS (*International Council on Monuments and Sites*). Il évalue le patrimoine historique par le degré d'authenticité, censé représenter un intérêt particulier et universel à la fois. « La Convention de l'UNESCO a été motivée par et coïncide avec l'inflation, poursuivie depuis les années 1960, des types de biens ainsi désignés et qui, antérieurement, étaient appelés monuments historiques ou monuments d'art et d'histoire » (Choay, 2006, p. 265).

Le classement des villes sur la liste du Patrimoine mondial de l'Humanité peut être identifié comme un « culte postmoderne des monuments », qui structure les investissements et les réhabilitations, sans inclure les avis des habitants et l'expertise des usagers, mais qui est réalisé par des politiques publiques de réhabilitation. À Valparaíso, depuis 2001, le ministère de l'Habitat et de l'Urbanisme met en œuvre un programme de réhabilitation des façades sur le *Cerro Alegre*, le *Cerro Concepción* et le *Cerro Cordillera*, trois collines dans la zone de conservation patrimoniale. Ce programme a pour but d'améliorer l'image extérieure des bâtiments ou des maisons anciennes et de diminuer l'insalubrité du lieu, mais sans se préoccuper des anciens habitants, ni de l'avenir des activités commerciales traditionnelles dans les périmètres réhabilités[7].

Dans un processus de patrimonialisation *exogène*, l'authenticité active la mise en valeur d'une ville, par rapport à une image urbaine particulière, comme l'image du Moyen Âge à Strasbourg et l'image de la ville industrielle du XIXe siècle à Valparaíso. Ces villes ont certains éléments de valeur exclusifs, les « monuments ». Mais les monuments ont deux connotations selon la ville. Par exemple, en Europe, les monuments ont été fréquemment conçus pour structurer la ville, comme la cathédrale au centre de Strasbourg. En revanche, dans une ville industrielle, les « monuments » ne sont pas voulus comme tels, ils sont le résultat de choix pratiques et spontanés dans la structuration urbaine par rapport à la fonctionnalité économique. C'est le cas de la morphologie

[7] Entre 2001 et 2008, 90 immeubles ont bénéficié de ce dispositif de réhabilitation.

socio-spatiale sur les collines de Valparaíso, comme le bâtiment de l'*Unión Obrera* ou les maisons anglaises du *Cerro Alegre*, qui sont vraiment des monuments historiques, signes ou traits dans l'histoire de la ville. « Leur signification et leur importance en tant que monument ne proviennent pas de leur destination originelle, mais elle leur est attribuée par les sujets modernes que nous sommes » (Riegl, 1903, p. 60).

La valeur universelle qui est attribuée à un bien patrimonial particulier par un processus exogène de patrimonialisation résulte d'une expertise et d'un classement qui adoptent le regard extérieur de l'évaluateur, du visiteur ou du touriste culturel. Le regard des habitants ne participe pas à ce classement d'un bien patrimonial, ce qui est un malentendu, parce que c'est le regard intérieur, et non le regard extérieur, qui donne une valeur historique au bien patrimonial. « Ce statut lui est faussement attribué, par suite de la confusion, entretenue faute d'une terminologie spécifique, entre monument et patrimoine d'un côté, monument et patrimoine historiques de l'autre » (Choay, 2006, p. 265). Le monument est un élément qui garde la mémoire d'un lieu spécifique par rapport aux habitants et à leurs traditions, croyances, rites et événements. Le degré d'authenticité est en relation à la mémoire vivante de la communauté qui lui est attachée. Les monuments historiques qui figurent sur la liste de la Convention du patrimoine ont été classés par un regard érudit de chercheur, par une reconnaissance savante de la culture où il manque l'expertise des usagers dans la sélection. Ils ont été classés par un regard ethnocentriste européen, où le critère de condition vivante est absent. Il reste seulement une mise en valeur exogène qui peut activer les intérêts économiques du marché pour restructurer les activités ou les fonctions du quartier.

Le patrimoine architectural représente une forme de relation entre l'habitant-sujet, le quartier-objet et le degré d'appropriation du lieu par les individus, à partir des pratiques de l'espace (ou de sa routinisation). Dans ces pratiques, les individus peuvent donner une valorisation historique à certaines unités de leur quartier, comme c'est le cas de la *calle Castillo* ou du *Camino Cintura* pour les habitants du *Cerro Cordillera*, ou la rue de la Krutenau pour les habitants de ce quartier. Dans ces processus de reconnaissance et de valorisation, il reste une valeur d'usage qui s'accroît lors du passage de la valeur ancienne à la valeur moderne de l'espace (Ledrut, 1973).

Ces quartiers témoignent des étapes de la production de la ville et du mouvement des capitaux à partir du centre et de ses fonctions commerciales, financières et industrielles ; nous l'observons à Strasbourg comme à Valparaíso. Par ailleurs, la coexistence des formes diverses dans les quartiers historiques constitue un élément de liaison entre l'hétérogénéité et les différences esthétiques de la ville patrimoniale. De cette manière, le lien social est un élément qui permet l'émergence d'une structure sociale qui se manifeste dans et autour de la ville patrimoniale. La coexistence des formes valorisées et dévalorisées est un élément constitutif des conflits internes à la vie sociale, les choix en matière de patrimoine sont rarement le résultat d'un consensus.

L'élément patrimonial joue un rôle différent selon les intérêts du marché et des politiques de l'habitat. Dans cette dynamique sociale, la transaction sociale est un processus de médiation des conflits, mais aussi un mécanisme de négociation déséquilibrée entre les intérêts du marché et les intérêts des groupes sociaux impliqués. Les intérêts sociaux se présentent dans un cadre de différenciation et de spécification très complexe pour élaborer une solution commune au conflit (Mormont, 1992). Strasbourg et Valparaíso sont des espaces de conflit, mais, en même temps, également de médiation entre des acteurs sociaux et des formes spatiales d'appropriation du patrimoine bâti.

3. Le conflit de la reconnaissance : dimensions d'un urbanisme valorisant à Strasbourg et Valparaíso

Les procédures d'amélioration de l'habitat aboutissent à des segmentations territoriales distinguant des formes patrimoniales valorisées et dévalorisées. Cette pratique permet de sélectionner les meilleurs emplacements dans l'espace urbain par rapport à l'image centrale de la conservation historique et à une valorisation de la proximité du centre, du confort et du patrimoine bâti.

Les processus d'appropriation sont différents entre le centre-ville et les quartiers proches, où les pratiques d'usage élaborent des parcours divers autour de la forme urbaine et du sens donnés à la vie sociale. « Le centre est un espace commun où il n'est pas nécessaire d'habiter pour se sentir chez soi. Le quartier est un espace approprié socialement par les résidents » (Remy, 1992-1993, p. 168). La réhabilitation du centre joue sur cette production identitaire, mais aussi sur le concept de transaction sociale qui trouve son origine dans les conflits d'intérêts où cohabitent la dimension individuelle et la dimension collective. La réhabilitation est affectée par l'hégémonie du marché, où les intérêts du *marketing* peuvent détourner de la lutte contre la dégradation de l'habitat, au profit de mesures de restructuration du patrimoine urbain.

La politique patrimoniale à Strasbourg

Le centre-ville strasbourgeois mis en valeur par l'UNESCO et les quartiers de la Gare et de la Krutenau

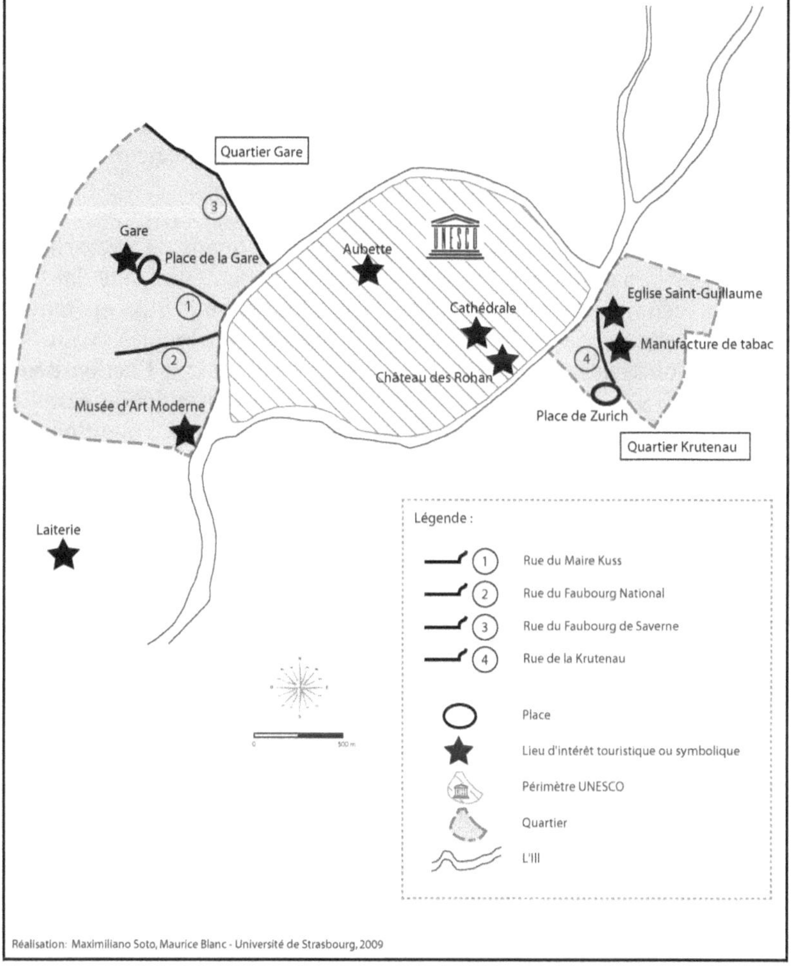

Réalisation : Maximiliano Soto, Maurice Blanc - Université de Strasbourg, 2009

La ville de Strasbourg a été classée sur la liste du Patrimoine mondial de l'Humanité par l'UNESCO en 1988, pour l'image de monumentalité historique du Moyen Âge qui est restée dans le périmètre central. Les critères pris en compte pour l'inscription patrimoniale se sont concentrés sur « l'ellipse insulaire » au cœur de la ville, la cathédrale comme réalisation artistique unique et joyau de l'art gothique en

Europe, et la « Grande-Île » comme un « ensemble urbain caractéristique de l'Europe moyenne et ensemble exceptionnel d'architecture typique » (UNESCO, 1988).

En France, la restructuration du patrimoine bâti commence, dans les années 1950 et 1960, par des opérations de rénovation-démolition ponctuelles, justifiées par des bombardements de la Deuxième Guerre mondiale, ou par l'état vétuste des immeubles. Dès les années 1960, on se préoccupe de la préservation de certains sites architecturaux et urbains, d'où la conception d'opérations de restauration selon la loi dite Malraux de 1962. Elle permet la création d'un vaste « secteur sauvegardé » au centre de Strasbourg, le quartier de la Cathédrale. Un peu plus tard, on met en place une zone de protection paysagère (ZPPAUP) pour l'ensemble de la ville du XIXe siècle. En même temps, la nécessité de moderniser le parc locatif, au profit de la population qui réside dans les quartiers centraux ou péri-centraux dégradés, aboutit aux opérations OPAH[8]. Cette procédure vise à transformer les immeubles, voire les quartiers concernés, en intégrant la dimension sociale à l'action patrimoniale. « Il s'agit de préserver et d'améliorer le patrimoine immobilier en assurant le maintien sur place, dans les meilleures conditions de confort, des populations modestes qui l'occupent »[9].

Les plans de restauration et de réhabilitation de l'habitat, selon la loi Malraux et les procédures OPAH, élaborent un nouveau lexique d'intervention et de production dans les quartiers historiques des villes, puis dans les villages. La *réhabilitation*, avec toutes ses connotations juridiques, a plutôt une signification sociale : il s'agit de redonner « droit de cité » à un quartier ou à un immeuble (Bourdin, 1984, p. 30). Cette procédure inclut une touche de politique sociale pour rétablir les habitants dans leurs droits.

Dans ce contexte, les procédures de réhabilitation qui sont menées dans les quartiers historiques voisins du centre ville valorisent le quartier dégradé mais, finalement, l'habitat réhabilité attire de nouveaux habitants, plus riches que les anciens. Les intérêts du marché se concentrent sur le centre ville patrimonial pour augmenter la plus-value dans les quartiers les plus proches du centre ville, par l'amélioration et la réhabilitation de l'habitat et du cadre bâti. Le quartier de la Krutenau est un bon exemple : il a été victime des politiques de rénovation ou de démolition orientées par la spéculation immobilière. « C'est par pans

---

8 Le remplacement des opérations de rénovation-démolition par des opérations de réhabilitation-amélioration a commencé en 1975, lors de l'année européenne du patrimoine architectural qui lance la notion de « conservation intégrée » comme moteur essentiel de l'urbanisme et de l'aménagement du territoire.

9 *Le Moniteur*, « OPAH », 20 juin 1977, p. 189.

entiers que le patrimoine et le cadre de vie "krutenauvien" disparaissaient jour après jour, pour laisser place à des immeubles aussi démesurés qu'inintéressants, résidences dont la médiocrité des formes n'avait d'égale que la suffisance des dénominations » (Foessel et Coltat, 1989, p. 5-6).

Pour empêcher la spéculation immobilière dans l'OPAH, le CARDEK demande à la municipalité de Strasbourg la création d'une zone de protection contre la spéculation et le marché immobilier, c'est-à-dire une zone d'aménagement différé[10] et la création de 500 logements HLM, mais sans succès. Les activités immobilières ont continué après la fin de l'OPAH et, suite à cette opération, la Krutenau est devenue très attractive et valorisée par les investisseurs immobiliers, en raison de sa proximité du centre ville et de sa morphologie physique modernisée. En outre, la municipalité a vendu ses propres immeubles aux promoteurs privés, une action en contradiction avec la demande du CARDEK et l'objectif de conserver la physionomie mixte du quartier. On peut citer un épisode où, malgré la demande de l'office HLM désireux de restaurer un immeuble municipal, la ville a vendu l'immeuble en question à un promoteur privé, en se chargeant de reloger les locataires, car le projet de réhabilitation était incompatible avec le maintien de la plupart des locataires présents (CARDEK, 1983, p. 135).

Quant au quartier de la Gare à Strasbourg, il possède un patrimoine de cités ouvrières qui rappellent l'histoire de ce faubourg. Ce secteur a été la cible du marché depuis 1988, avec une OPAH gérée par la société ARIM pour transformer l'image « mosaïque » de la Gare en « porte de ville ». C'est un périmètre privilégié pour des opérations de réhabilitation et des interventions sur des immeubles dans un patrimoine architectural qui est le reflet d'un patrimoine industriel et ouvrier, à proximité immédiate du centre ville. 71 % des logements étaient occupés par des locataires, d'après le recensement général de la population de 1982, et 10,6 % par des propriétaires – avec une présence forte d'inactifs et de retraités (Ruff, 1987, p. 47). Le coût des travaux et les crédits sont élevés, ce qui décourage les propriétaires qui seraient intéressés par une remise en état de leur patrimoine locatif (Ruff, 1987, p. 6). Le périmètre d'intervention est une zone de bâti mixte (habitat et artisanat) et une zone très commerçante où l'habitat a cédé la place aux hôtels et aux magasins à plusieurs niveaux. Ce secteur constitue une zone de passage

---

[10] Une zone d'aménagement différé (ZAD) permet la constitution de réserves foncières. Dans la perspective d'un projet d'aménagement, la ville dispose pendant une durée de 14 ans d'un droit de préemption sur toutes les ventes et cessions à titre onéreux des biens immobiliers ou de droits sociaux (Choay et Merlin, 1998, p. 715).

des voyageurs, des touristes ou des actifs non-résidents à Strasbourg, surtout depuis l'arrivée du TGV-Est à Strasbourg en 2007[11].

La politique patrimoniale à Valparaíso

En revanche, la ville de Valparaíso a été classée au Patrimoine mondial de l'Humanité par l'UNESCO en 2003, parce que cette ville « apporte un témoignage unique ou du moins exceptionnel sur la tradition culturelle ou une civilisation vivante ou disparue » (UNESCO, 2003). Valparaíso a été pendant le XIXe siècle le port plus important du Pacifique avec un haut niveau de croissance économique et commerciale. Mais, après l'inauguration du canal de Panama et la crise économique de 1929, l'activité portuaire est retombée. La ville a conservé sur certaines collines les vestiges de la croissance économique passée ; ces vestiges marquent la morphologie sociale de la ville, notamment au *Cerro Alegre* et au *Cerro Cordillera.*

Cette ville a connu une baisse de population : entre les recensements de 1992 et 2002, elle a reculé de 275 982 à 272 520 habitants, soit une baisse de 2,5 % en 10 ans (INE, 2002). Par ailleurs, entre décembre 2000 et février 2001, le niveau de chômage du Chili était de 10,5 %, Valparaíso ayant le taux le plus élevé : 13,7 % (INE, 2002). La situation économique de Valparaíso est très dégradée, mais le patrimoine urbain et culturel de la ville peut constituer un élément pour sortir la ville de sa situation préoccupante. Le plan Valparaíso de 2001 a pour but d'établir un diagnostic de la condition patrimoniale des espaces privés et des espaces publics de la ville ; le Conseil des monuments nationaux a déjà fixé les périmètres des zones typiques. Ce diagnostic a constitué le dossier soumis au Comité évaluateur de l'UNESCO.

Deux secteurs de Valparaíso sont aménagés en centre patrimonial : le *Cerro Alegre* et le *Cerro Cordillera.* Le *Cerro Alegre* correspond à un secteur patrimonialisé influencé par le marché et les Subsides pour la réhabilitation patrimoniale (SRP). Par contre, le *Cerro Cordillera* correspond à un secteur divisé en deux zones, l'une dans la zone de conservation UNESCO et l'autre dans la zone de conservation du MINVU, plus étendue, où se trouve le bâtiment de l'*Unión Obrera.* Ce sont deux zones différentes pour la mise en place de programmes de réhabilitation, mais elles représentent le patrimoine bâti d'un quartier qui était habité par des ouvriers du port, qualifiés et non qualifiés.

---

[11] La station d'échanges a été mise en service avec le TGV-Est, en juin 2007. Elle favorise les échanges entre les différents modes de transport (TGV + tram, vélo + tram, vélo + train TER).

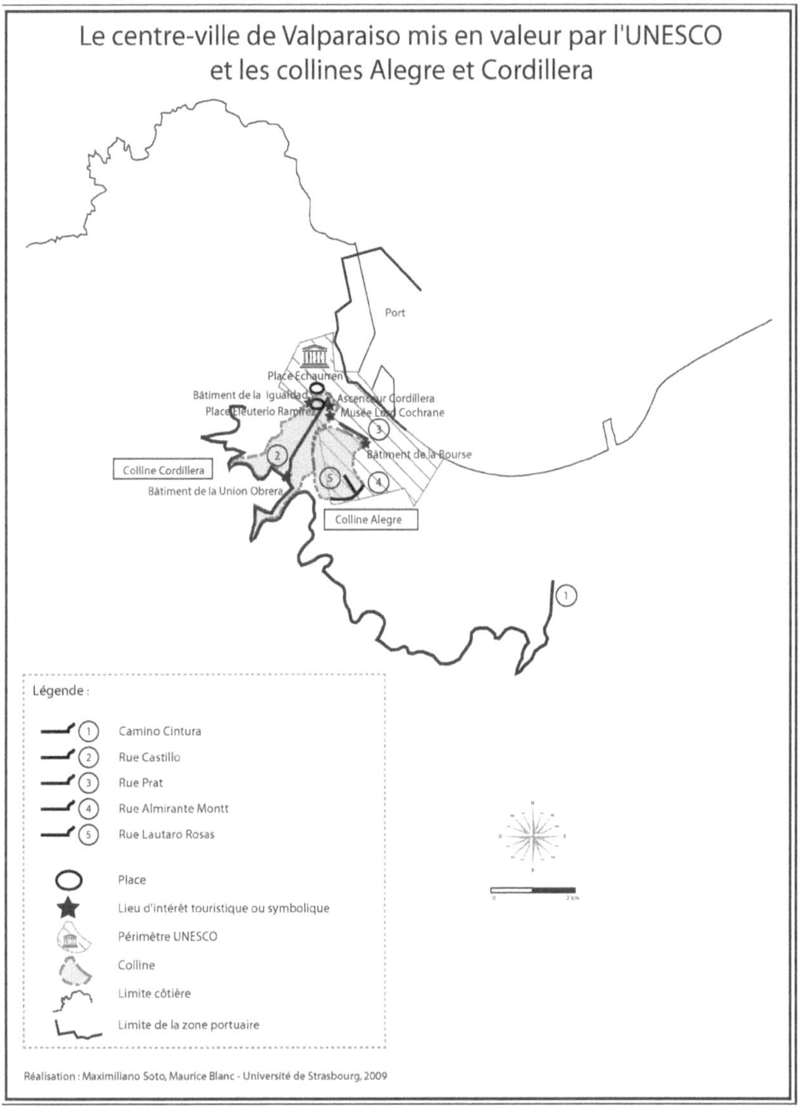

Dans le *Cerro Cordillera*, il y a des formes qui coexistent mais qui ne cohabitent pas, car on trouve des formes patrimoniales valorisées et d'autres dévalorisées, ou revalorisées pour une nouvelle population plus aisée. Le *Cerro Cordillera* est passé d'une dévalorisation caractérisée par une population modeste avec de faibles revenus à une revalorisation qui attire les investissements immobiliers et les touristes. Cette colline était stigmatisée dans les anciens itinéraires touristiques de la ville comme un lieu dangereux et à éviter. Par contre, après le classement patrimonial de la ville, le *Cerro Cordillera* est devenu un lieu attractif pour les investisseurs immobiliers, surtout à proximité immédiate du centre patrimonial.

Les programmes actuels d'amélioration de l'habitat à Valparaíso cherchent à associer ces nouveaux lieux de consommation avec le sentiment de confort des habitants et des consommateurs. La revitalisation des espaces publics et la réhabilitation des façades et des maisons anciennes ont pour objectif de diminuer l'insalubrité extérieure du lieu et contribuer à l'augmentation de la plus-value.

La revitalisation des espaces urbains passe par la procédure du Programme de récupération des espaces publics patrimoniaux. Ce programme a pour objectif la récupération des bâtiments qui ont une valeur architecturale dans un espace d'usage commun pour les voisins du secteur. Il s'agit d'une mise en valeur de l'espace public par rapport aux promenades, aux escaliers et aux places qui présentent un intérêt touristique. Il existe dix secteurs publics « récupérés » à Valparaíso : la promenade *Atkinson* au *Cerro Concepción*, la rue *Lautaro Rosas* au *Cerro Alegre*, la place *Eleuterio Ramírez* et la rue *Sócrates* au *Cerro Cordillera*, etc.

Le projet de la rue *Lautaro Rosas* n°547 est un exemple du SRP : un immeuble de quatre étages a été transformé en un immeuble restructuré en sept logements. Ce projet incorpore le concept *loft* dans la structuration de l'espace intérieur, avec des appartements de 48 à 72 m^2 (MINVU, 2004). Dans ce contexte, le SRP est une stratégie de réhabilitation d'une zone classée « typique » par l'UNESCO, avec restructuration de l'espace intérieur et récupération de l'espace public pour les nouveaux résidents.

Au *Cerro Cordillera*, le SRP a aussi permis la réhabilitation d'un immeuble de 1910 de la rue *Sócrates*. Il a une surface totale de 613 m^2 et il est devenu un immeuble de 11 lofts avec une surface entre 37 et 77 m^2 répartis sur quatre étages et à 200 mètres de la place *Eleuterio Ramírez*, le principal point de rencontre de la colline (MINVU, 2004). Ce projet a réhabilité les façades en reprenant des portes, des fenêtres et des éléments ornementaux, originaux.

Conclusion

La reconnaissance d'un quartier historique par ses habitants permet sa mise en valeur architecturale et patrimoniale dans un processus transactionnel. Dans le meilleur des cas, cette valorisation passe par un processus d'amélioration participative par les résidents eux-mêmes, avec l'incorporation des prescriptions techniques dans une patrimonialisation endogène. Les formes patrimoniales sont alors des formes habitables dans la reconnaissance, l'appartenance et la valorisation des habitants, comme c'est le cas de la réhabilitation du bâtiment de l'*Unión Obrera* et les actions du CARDEK dans les années 1980.

Les quartiers historiques sont des espaces générateurs de conflits de valeurs car, pour certains élus et les promoteurs-investisseurs, le patrimoine le plus intéressant est le patrimoine architectural, dans la logique marchande d'une patrimonialisation exogène. Par contre, pour les habitants et leurs associations, la valeur patrimoniale inclut l'espace social et culturel du quartier. La procédure de réhabilitation et/ou d'amélioration de l'habitat vise à établir une cohabitation provisoire qui passe par des compromis et des transactions. Il y a réduction de la tension, mais pas de solution définitive.

La réhabilitation patrimoniale de l'habitat social est un processus transactionnel combinant valeurs, intérêts et enjeux ; c'est en même temps un espace conflictuel entre les habitants, la municipalité et les promoteurs-investisseurs. Dans la réhabilitation de l'*Unión Obrera*, les transactions sociales restent sur un terrain formel et informel, à la fois de médiation et de co-production de l'habitat ; elles cherchent à concilier la garantie pour l'habitant de retrouver son logement après travaux avec une réhabilitation de qualité par l'architecte. L'urbanisme participatif de l'*Unión Obrera* est un cas de coopération conflictuelle entre l'expertise du technicien qui réhabilite le logement et la connaissance pratique de l'usager qui l'habite.

Le paradigme méthodologique de la transaction sociale intervient dans un couple d'opposition entre connaissances disciplinaires, interdisciplinaires et/ou transdisciplinaires. De même, il existe dans les processus de patrimonialisation un couple d'opposition entre le quartier valorisé et le quartier dévalorisé, entre la valeur d'usage et la valeur d'échange dans la recomposition des quartiers historiques. On peut constater dans les quartiers historiques valorisés qu'il n'y a pas une gentrification purement « spontanée », la gentrification est en partie un résultat de la politique de réhabilitation.

À Strasbourg, les mutations dans les quartiers proches du centre ville représentent les évolutions de la ville dans le cycle de valorisation, dévalorisation et revalorisation. C'est le cas des quartiers de la Gare et de la Krutenau, qui ont été revalorisés et restructurés par les procédures de réhabilitation OPAH. Le patrimoine bâti vétuste de ces quartiers devient attractif pour les investisseurs dans l'ancien dévalorisé ; de nouvelles appropriations se produisent dans les quartiers anciens (Lévy,

1987). Les anciens quartiers peuvent devenir des espaces d'appropriation revalorisés par des stratégies de mise en valeur ou de patrimonialisation jouant sur la proximité, le confort, mais aussi la valorisation des anciennes façades à colombage.

En conséquence, les procédures de réhabilitation et d'amélioration de l'habitat produisent des valorisations et des transformations de l'habitat à Strasbourg et à Valparaíso. Les biens patrimoniaux possèdent une valeur d'échange marchande qui l'emporte souvent sur leur valeur culturelle. Pour s'imposer, un urbanisme participatif doit réussir à modifier le rapport de force. Permettre la reconnaissance d'une vie sociale patrimoniale qui reste méconnue passe par des processus transactionnels de participation et de négociation sur ce qui doit évoluer et changer dans la vie du quartier historique.

Bibliographie

Bidou C. (dir.), 2003, *Retours en ville*, Paris, Descartes et Cie.

Blanc M. (dir.), 1992, *Pour une sociologie de la transaction sociale*, Paris, L'Harmattan.

Bourdin A., 1984, *Le patrimoine réinventé*, Paris, PUF.

–, 1992, « Négocier ou coopérer : Les conditions d'un choix », in Blanc M. (dir.), p. 151-166.

CARDEK, 1983, *Bilan Social : Opération programmée d'amélioration de l'habitat de la Krutenau*, Strasbourg.

Coing H., 1966, *Rénovation urbaine et changement social*, Paris, Éditions Ouvrières.

Choay F., 2006, *Pour une anthropologie de l'espace*, Paris, Seuil.

Choay F., Merlin P., 1998, *Dictionnaire de l'urbanisme et de l'aménagement*, Paris, PUF.

Ferrada M., Jimenez C., 2007, « La primera vivienda social en Valparaíso. Fines siglo XIX – inicios siglo XX », in Castillo M.-J., Hidalgo R. (eds.), *Cien años de política de vivienda en Chile*, Santiago, Universidad Andrés Bello, p. 30-49.

Foessel G., Coltat F., 1989, *La Krutenau perdue et retrouvée*, Strasbourg, Contades.

Guérin-Pace F., 2006, « Le quartier entre appartenance et attachement : une échelle identitaire ? », in Authier J.-Y., Bacqué M.-H., Guérin-Pace F. (dir.), *Le quartier. Enjeux scientifiques, actions publiques et pratiques sociales*, Paris, La Découverte, p. 151-162.

Honneth A., 2002, *La lutte pour la reconnaissance*, Paris, Éditions du Cerf (original, 1992).

INE, 2002, *Rapport annuel*, Valparaíso, Institut National de Statistique.

Ledrut R., 1973, *Les images de la ville*, Paris, Anthropos.

Lévy J.-P., 1987, *Centres villes en mutation*, Paris, Éditions du CNRS.

Masson C., 1994, *1950-1994 : le rôle de la population dans les transformations de la Krutenau*, Strasbourg, Maîtrise d'aménagement, UFR de géographie, Université Louis Pasteur.

MINVU, 2004, *Chile : un siglo de política de vivienda y barrio*, Santiago, Ministerio de la Vivienda y del Urbanismo.

Mormont M., 1992, « Pour une typologie des transactions sociales », in Blanc M. (dir.), p. 112-135.

Observatoire de l'Habitat, 1991, *Cahier*, 6, Strasbourg, ADEUS (Agence d'urbanisme).

Pourtois H., 2002, « Luttes pour la reconnaissance et politique délibérative », *Philosophiques*, 29(2), p. 287-309 :

http//:www.erudite.org/revue/philoso/2002/v29/n2/006256ar.

Remy J., 1973, « La dichotomie privé/public dans l'usage courant : fonction et genèse », *Recherches Sociologiques*, 4(1), p. 10-38.

–, 1992, « La vie quotidienne et les transactions sociales : perspectives micro ou macro sociologiques », in Blanc M. (dir.), p. 83-111.

–, 1992-1993, « Conflit et urbanité. La morphologie de l'habitat comme ressource sociale », *Revue des sciences sociales*, 20, p. 166-176.

–, 1999, « La ville : architectonique spatiale et univers d'intercompréhension », *Recherches Sociologiques*, 30(1), p. 177-183.

Revista de Higiene, 1901, VII (Santiago de Chile).

Riegl A., 2003, *Le culte moderne des monuments*, Paris, L'Harmattan (original, 1903).

Ruff V., 1987, *L'action d'amélioration de l'habitat des quartiers anciens en milieu urbain. Le cas du quartier de la Gare à Strasbourg*, Strasbourg, Maîtrise d'aménagement, UFR de Géographie, Université Louis Pasteur.

Steinmetz D., 2005, « La façade, entre expression de l'espace privé et ordre public », *Revue des sciences sociales*, 33, p. 20-31.

UNESCO, 1988, SC-88/CONF.007/13, *Convention concernant la protection du patrimoine mondial, culturel et naturel*, 12e session, Paris, juin.

–, 2003, WHC-03/27.COM/24, *Convention concernant la protection du patrimoine mondial, culturel et naturel*, 27e session, Paris, juin-juillet.

Zannad-Bouchard T., 1994, *La ville mémoire. Contribution à une sociologie du vécu*, Paris, Méridiens Klincksieck/Masson.

Deuxième partie

Participation, transactions et démocratie

CHAPITRE 5

La société civile, lieu de transactions identitaires

Tom STORRIE

Directeur honoraire des Instituts de Formation (Colleges of Further & Higher Education, UK), Professeur associé au Centre UNESCO des Droits de l'Homme et de la Démocratie, An-Najah National University, Naplouse, Palestine

« La société civile est structurée comme "l'autre côté" de la pénétration de l'État dans la vie quotidienne » (Giddens, 1991, p. 151). L'État et la société civile existent ensemble dans une tension fondamentale d'interdépendance, incontournable et conflictuelle, qui cherche simultanément à reproduire et réinventer la société. Les théories de l'ordre et de l'action sont évoquées lorsque l'État, poussé par sa tendance régulatrice dominante, en vient à des accommodements avec la société civile qui, par sa nature idiosyncrasique, ne se laisse jamais entièrement contrôler par les autorités « établies ».

La société civile n'est pas ici conçue comme le lieu d'institutions intermédiaires entre le domaine privé et l'État, mais comme un espace discrétionnaire dans le domaine public. La notion de « discrétion » est entendue comme « le discernement ou le pouvoir de décider » (*Le petit Robert*). Dans ce sens, des actions discrétionnaires peuvent apparaître même au cœur de l'appareil étatique, parfois avec des effets salutaires. Les « lanceurs d'alerte » (*whistleblowers*) sont des exemples parfois dramatiques, comme le Dr. David Kelly[1]. Le courage des personnes qui

[1] David Kelly, haut fonctionnaire britannique (*civil servant*), expert éminent en armes de destruction de masse et membre de l'équipe des Nations unies envoyée en Iraq en 2002, était profondément troublé par les mensonges du gouvernement britannique pour justifier sa proposition de guerre contre l'Irak. Il avait fait part discrètement de ses inquiétudes à quelques journalistes. Il a bien sûr transgressé l'obligation solennelle de ne pas divulguer les secrets d'État. Cela a fait scandale et la presse a cherché ce *whistleblower*. Le gouvernement n'ayant pas trop cherché à le protéger, il a été

franchissent ce seuil dangereux nourrit la société civile, en même temps qu'il se nourrit d'elle.

Une sociologie de la transaction sociale permet d'explorer cette problématique à partir de deux interdépendances qui projettent la société vers l'avenir : régulation/discrétion et multiculturalité/interculturalité. Cette approche prend en compte la crise globale récemment intensifiée qui met à nouveau la laïcité occidentale à l'épreuve, lorsqu'elle doit faire face à des demandes religieuses et culturelles de plus en plus diverses. Nous considérons la laïcité et l'interculturalité comme les traits distinctifs d'une théorie de l'ordre et d'une théorie de l'action et nous explorons leurs interrelations. En conclusion, l'apprentissage interculturel – qui reste à définir et à promouvoir – apparaît comme le fondement nécessaire à la pratique d'une citoyenneté adéquate ; et la société civile est le lieu le plus approprié pour cet apprentissage. En d'autres termes, il en va de la nécessité de développer, dans la crise identitaire actuelle, la compétence de savoir-négocier pour sortir de cette crise[2].

1. De l'individualisme à l'individuation

Même si nous acceptons la théorie de la société civile comme le lieu le plus adapté à cet apprentissage, le monde « réel » renferme des obstacles complexes et intimidants, constitués de structures externes et de normes intériorisées qui se renforcent mutuellement et qui minent la société civile de l'intérieur. Dans la modernisation frénétique d'aujourd'hui (Beck et *al.*, 1994), les institutions de la démocratie représentative deviennent impuissantes face aux dynamiques du secteur techno-scientifique, cause principale des « incertitudes manufacturées » dans la « société du risque » où « les menaces sont produites industriellement, externalisées économiquement, individualisées juridiquement, légitimées scientifiquement et minimisées politiquement » (Beck, 1995). Les institutions démocratiques restent formellement en place et les apparences sont maintenues, mais elles ne font que ratifier des actions et des décisions déjà prises ailleurs.

Idéologiquement, l'individualisme est bien établi comme version dominante de la valeur démocratique de la liberté. Pour Dominique Schnapper, « l'idée même de nation [...] est intimement liée à l'individualisme moderne, [...] elle repose sur l'idée que cet individu-citoyen a la capacité de s'arracher, au moins partiellement, à ses enracinements particuliers et à entrer en droit en communication avec les autres. Il peut

vite dévoilé. Il est mort en août 2003, déclaré « suicidé », ne pouvant plus supporter, a-t-on supposé, les pressions dans lesquelles il était condamné à vivre.

2 Les extraits de citations en anglais sont traduits par l'auteur.

cesser d'être déterminé par son appartenance à un groupe réel ». Le citoyen est défini par la capacité de rompre avec ces déterminismes qui l'enfermeraient dans une culture et un destin imposés par la naissance. Il se libère ainsi « des rôles prescrits et des fonctions impératives. [...] Ce qui fonde le principe de la nation démocratique, c'est l'opposition entre l'universalisme du citoyen et les spécificités de l'homme privé, membre de la société civile » (Schnapper, 1994, p. 92).

Dominique Schnapper permet à la société civile de se fondre avec aisance dans la sphère privée, ce qui est la conséquence logique d'une construction de la société fondée sur l'individualisme des co-contractants. Le malaise grandit lorsqu'elle exclut la réalité charnelle du sujet, socialement et culturellement situé, de toute prise en considération sérieuse comme acteur positif sur la place publique.

Nous devons reconnaître l'importance de cette réalité charnelle comme acteur dans le domaine public et lui redonner une place centrale. Nous ne devrions plus nous pencher sur la société, mais sur l'individuation :

> Le sujet personnel ne peut émerger qu'en se libérant, d'un côté, des forces de la technologie et du marché libre et, de l'autre, du contrôle communautaire. [...] Dans la situation actuelle, la démocratie ne doit pas être seulement l'organisation de la liberté négative, mais elle doit aussi encourager le processus d'individuation, elle doit spécialement reconnaître la diversité culturelle qu'implique le concept du sujet (Touraine, 1998, p. 136-137).

Cette autonomisation personnelle bien fondée, préconisée par Alain Touraine, est l'approche que nous adoptons. En d'autres termes, c'est la culture d'une « authenticité intérieure », produit d'un travail existentiel sur « le projet réflexif du soi » (Giddens, 1991, p. 215). À l'encontre de l'idéologie substantialiste de l'individualisme, cela permet la mise au point des interactions entre personnes, dans une dynamique relationnelle de base qui constitue la personne.

La sociologie de la transaction sociale s'efforce de saisir cette complexité relationnelle. Cette approche prend ses distances avec les théories ou idéologies séduisantes qui prétendent réduire, voire contrôler, le phénomène de la complexité. Nous ne pouvons pas faire mieux que d'appréhender la complexité par l'imagination et avec une intelligence prudente, afin de mieux contribuer à la réinvention continue de la société. Que nous le souhaitions ou non, que nous exercions notre imagination ou non, nous ne pouvons pas choisir de ne pas contribuer à la reconstitution continue de la société. Pour Salman Rushdie, nous nous infiltrons « l'un dans l'autre [...] à la manière des saveurs quand on cuisine » (1991, p. 394 ; 1993, p. 420).

2. Vers un apprentissage artisanal en citoyenneté

Le citoyen démocratique est confronté au défi de contribuer avec intelligence à la réinvention continue de la société, en partant de ce contexte relationnel incontournable. Cette tâche ne peut se faire qu'avec et au travers d'autrui ; en la réalisant, on crée ensemble un apprentissage artisanal de la citoyenneté. Dans un sens subjectif et très important, chacun reste un apprenti citoyen. Si la citoyenneté formelle peut être objectivement accordée et possédée, une pleine citoyenneté subjective est un noble idéal qui ne peut jamais se réaliser pleinement. Il requiert la double compétence de faire valoir ses droits et de prendre ses responsabilités.

L'existence d'une structure sociale déjà reconnue est une condition préalable à toute activité politique, démocratique ou autre. Aucun compromis, contrat ou accord ne peut être conclu s'il ne s'inscrit dans une forme de vie reconnue, au moins implicitement. Toute langue et, par extension, tout mode de raisonnement sont des institutions qui nous sont transmises par notre histoire et notre culture spécifiques. Penser autrement relève de « l'illusion rationaliste [...] selon laquelle l'ordre social et politique peut s'établir par un accord. Nous sommes sur un terrain bien plus sûr quand nous affirmons, avec Hume, que ce qui prime, c'est la vie sociale et que l'accord [...] n'est qu'une éventualité parmi d'autres dans le cadre d'une vie commune » (Gray, 1989, p. 254). Toute forme de démocratie et de citoyenneté peut donc être comprise comme « un acquis culturel, un don de l'histoire, susceptible d'être perdu ou détruit » (Morrell, 1990). Bien sûr, chacun agit suivant sa propre interprétation de cette vie commune supposée, selon ses dispositions personnelles, préférences et idéologies ; ces référents, à leur tour, sont profondément influencés par les contextes culturels, ethniques (voire ethnocentriques) dans lesquels ils sont encastrés.

Comment aller au-delà des descriptions prescriptives et partisanes de la « bonne » conduite démocratique et parvenir à une position plus existentielle où le moment démocratique actuel devienne l'objet d'une réflexion des acteurs concernés s'essayant à évaluer sa qualité démocratique ? Comme avec la langue, de tels moments démocratiques n'appartiennent jamais à un individu quel qu'il soit mais à la collectivité de gens qui les ont générés, ce qui complexifie le problème : comment l'ensemble des individus concernés peut-il réussir cette évaluation ? Cela indique le cadre d'un apprentissage social approprié. Deux catégories de citoyens y prennent place : le citoyen individu et le citoyen collectif.

En d'autres termes, un apprentissage citoyen artisanal exige *idéalement* d'être contextualisé dans les rythmes sociaux et sociables d'un citoyen collectif (qui peut prendre des formes variées, plus ou moins formalisées, dans la vie associative, syndicale, parmi les élus municipaux, groupes de pression, groupes d'amis, etc.). Les codes sociaux, culturels et politiques de tous les jours peuvent être observés, repérés, expérimentés et développés. Les apprentis citoyens sont amenés ainsi, dans la meilleure tradition de la recherche-action, à intervenir dans les processus sociaux comme moyen de prendre connaissance de ces mêmes processus sociaux (Storrie, 2004). Le concept de citoyen collectif est justifié empiriquement par le fait que le pouvoir est inhérent généralement aux groupes. Selon Crozier et Friedberg (1977), seul le pouvoir peut contrer le pouvoir. Supprimer la liberté de l'acteur ordinaire et lui interdire de prendre des initiatives est plus dangereux que de laisser le monopole des initiatives à certains acteurs ou autorités supérieures.

3. Société civile

Stratégiquement, il faut se tenir généralement à une bonne distance « du monopole de certains acteurs ou autorités supérieures », c'est-à-dire du cœur du pouvoir de l'État, pour pouvoir résister, élaborer et proposer des versions alternatives et crédibles des avenirs possibles. Étant donné que tout ordre établi est toujours en partie un désordre établi, il est dans l'intérêt bien compris du corps politique dans son ensemble que des alternatives soient toujours à l'ordre du jour. « La démocratie est soutenue non par le système qui la prescrit, quelque soit le système, mais par les défis offerts à ce système » (Mombiot, 2000, p. 357). Cela indique immédiatement l'espace de ces associations et institutions intermédiaires, normalement associées à la société civile ; on peut dire qu'elles se trouvent à une certaine distance institutionnelle du pouvoir d'État. Mais nous pouvons aller plus loin avec Giddens, chez qui la société civile est partie intégrante du corps politique démocratique.

L'« autre côté » de l'État comprend à la fois le public et le privé, mais il faut les séparer pour clarifier comment la notion de société civile est utilisée ici. « Le public ne se distingue clairement du privé que quand une société d'étrangers est établie au sens plein du mot, c'est-à-dire quand la notion d'"étranger" perd sa signification. À partir de ce moment, l'indifférence civile, qui est le mécanisme d'enclenchement d'une confiance publique généralisée, devient plus ou moins distincte du domaine privé, et particulièrement de la sphère des relations intimes » (Giddens, 1991, p. 150-152). La notion de société civile est mobilisée dans le sens d'un domaine public sous-tendant, au moins dans l'idéal, une indifférence civile confiante.

Si la société civile est conçue comme un « espace discrétionnaire », la notion de « discrétion » n'est pas associée en premier lieu au devoir de maintenir le secret, comme dans l'idée de la discrétion professionnelle qui légitime souvent le silence professionnel, mais comme « la liberté ou pouvoir de décider, ou d'agir selon son propre jugement » (*Shorter Oxford Dictionary*). Dans ce sens, la discrétion professionnelle indiquerait une convention opposée, toujours potentiellement en tension avec la régulation hiérarchique, en reconnaissant que le professionnel doit agir selon son propre jugement dans certaines occasions, en tenant compte des circonstances présentes qui ne peuvent jamais être entièrement anticipées par les régulations institutionnelles déjà codifiées. Un bon exemple est celui des travailleurs sociaux qui se trouvent souvent appelés à émettre des jugements professionnels quelque peu en décalage avec le cadre régulateur dans lequel ils sont censés rester. C'est un scénario qui accepte la légitimité de situations d'ambiguïté qui produisent à leur tour des tensions et désaccords au sein des hiérarchies qui, par la suite, doivent être résolus en termes de compromis négociés au moyen d'un processus de « coopération conflictuelle » (Blanc, 1998, p. 219). En effet, cette image de deux figures opposées, chacune avec sa propre légitimité, symbolise bien le rapport dialogique entre l'État et la société civile, chacun s'intégrant dans l'autre.

Parce qu'elle se prête spécifiquement à l'initiative collective volontaire, la société civile est un contexte dans lequel la citoyenneté, et donc la société, peut être explorée, adaptée, voire changée. En d'autres mots, le couple régulation/discrétion peut servir comme référentiel pour l'entité accouplée d'État et de société civile qui fait le corps politique. Dans ces termes, la société civile n'est pas conçue principalement comme située dans les « institutions intermédiaires » (organisations professionnelles, entreprises, services publics, vie associative, etc.) mais elle est définie pour l'essentiel comme une certaine approche des problèmes sociaux, approche qui peut se manifester au cœur même des institutions de l'État.

Dans la perspective de la sociologie de la transaction sociale (Blanc, 1994 ; Remy, 1998), on peut parler d'une tension dynamique et incontournable dans le corps politique, où l'État, gouverné par le besoin de régulation qui, par sa nature, tend vers une clôture sociale, doit nécessairement gérer et négocier interminablement avec sa société civile plus ou moins idiosyncrasique. Dans ces termes, la distance du pouvoir de l'État est finalement moins la mesure d'une différence institutionnelle qu'une certaine disposition hérétique, une certaine non-conformité radicale. Plus le corps politique est ouvert à cette disposition, plus la consistance de la société civile sera solide. La logique de cet argument amène à la conclusion qu'une société ouverte doit avoir un cadre laïc.

4. Laïcité

Pour l'essentiel, la laïcité nous renvoie strictement à ce monde, à l'univers des hommes et des femmes, de leurs factions et de leurs rapports de force, à l'art et à la nécessité du compromis, sans légitimer un recours arbitraire à aucune autorité dite transcendante, voire divine, comme source de vérité *a priori*. Dans ces termes, c'est un appel à la citoyenneté démocratique sans pour autant sanctionner une logique qui place « la religion » dans le domaine privé ; en Europe et en Turquie par exemple, il existe des partis politiques chrétiens et islamiques. En mettant le sacré en tant que tel en dehors de ce jeu terrestre, de ce jeu socio-culturo-politique interminable, nous reconnaissons que « nous devons sacraliser dans la démocratie son absence de vérité, c'est-à-dire la règle qui permet aux différentes vérités de s'affronter » (Morin, 1987).

Schématiquement, la laïcité a été couvée longtemps en Europe à l'insu de tous, depuis la concurrence au Moyen Âge entre l'Empereur du Saint Empire Romain et le Pape, puis l'émergence du protestantisme ; ce même mouvement a connu une nouvelle impulsion au XVIe siècle, avec le conflit entre la science et la religion et la naissance des États-nations, chacun réclamant sa propre souveraineté. Idée enfin mûrie, dont le moment propice était venu, la laïcité marchait avec la raison moderne au nom du progrès ; sûre de sa propre vérité, pour détrôner la religion et la chasser de la place publique, elle établissait un système hégémonique qui, à son tour, risquait aussi d'aller au-delà des limites de sa légitimité, insensible à l'engendrement de ses propres points aveugles.

L'affaire du foulard islamique en France est exemplaire d'un de ces points aveugles. Comme l'a noté *The Guardian*, quotidien britannique, au moment chaud de cette affaire (11.02.2004) : « Si une société s'oppose à l'obligation forcée du port du foulard, la même logique devrait également l'amener à s'opposer à l'interdiction forcée du port du foulard ». L'intégrité de la laïcité est maintenue et sauvegardée, non pas par la projection d'un sens déjà déterminé sur le port d'un article vestimentaire par certaines jeunes filles, mais par l'offre d'un enseignement qui est axé vers l'autonomisation de tout un chacun et le questionnement critique de tout phénomène. Pour le dire autrement, il n'est pas possible que le port d'un foulard dans l'école par des élèves puisse porter atteinte à l'intégrité de l'enseignement laïque. Franchir ce seuil réduit la laïcité à un laïcisme simplificateur, l'investissant d'une posture dogmatique, voire triomphante, ce qui la fragilise en même temps.

C'est pour alerter sur le danger de cette tendance que Jean Baubérot, seul membre de la Commission Stasi à avoir voté contre la proposition d'interdire des signes religieux ostensibles à l'école publique, a écrit son livre pour défendre la laïcité contre ce qu'il appelle « l'intégrisme républicain ». Il préconise une laïcité inclusive, c'est-à-dire hégémonique « sans être dominatrice, dans la mesure où elle n'est pas un corps de doctrines, une religion civile, voire une anti-religion » (p. 269). Ce langage circonspect va de pair avec la perspective d'Edgar Morin sur la démocratie, lieu d'absence de vérité à même d'accueillir l'affrontement des vérités différentes. Baubérot propose *Une déclaration internationale sur la laïcité au XXIe siècle* dont voici le dernier article :

> Article 18. Tout en veillant à ce que la laïcité ne prenne elle-même, dans ce nouveau contexte, des aspects de religion civile où elle se sacraliserait plus ou moins, l'apprentissage des principes inhérents à la laïcité peut contribuer à une culture de paix civile. Ceci exige que la laïcité ne soit pas conçue comme une idéologie anticléricale ou intangible. C'est une conception laïque, dynamique et inventive qui donnera une réponse démocratique aux principaux défis du XXIe siècle. Cela lui permettra d'apparaître réellement comme un principe fondamental du vivre-ensemble dans des contextes où la pluralité des conceptions du monde ne doit pas paraître comme une menace mais plutôt comme une véritable richesse (declarationlaicite@hotmail.fr).

La laïcité, dans ces termes, est un accueil des personnes et des groupes, religieux ou autres, pour prendre place dans le domaine public avec leur potentiel d'apprentissage de la citoyenneté, individuellement ou collectivement.

5. Le culte de l'identité

Soulever les questions d'identité signale souvent une anxiété, un problème irritant à régler, surtout quand il s'agit de l'identité ethnique : des clans, tribus, peuples et État-nations s'identifient en compétition et en conflit avec un « Autrui » pertinent. Jamais complétée, toujours en construction, l'identité peut néanmoins sembler devenir tout à fait consolidée au bout d'un certain temps. Pourtant, dans des circonstances imprévues, elle peut être transformée radicalement, même dissoute. Dans l'ex-Yougoslavie, ceux qui s'identifiaient auparavant comme Yougoslaves se déclarent maintenant Croates, Serbes, Kosovars, etc. La ferveur avec laquelle les Palestiniens affirment leur identité palestinienne est un acte de résistance contre l'occupation et l'exploitation de leur pays par les Israéliens. Au Royaume-Uni, avec un Parlement en Écosse et une Assemblée nationale au Pays de Galles depuis 1999, la *britishness* est maintenant soumise à un nouvel examen et les Anglais, qui ne se sont jamais posé la question auparavant, se demandent ce que c'est d'être anglais. Dans l'Union européenne, la sensibilisation à une identité européenne commune en devenir relègue la question des identités nationales, toujours importantes, à un niveau secondaire. Stuart Hall en décrit la dynamique :

> Bien qu'elles semblent évoquer une origine dans un passé lointain avec lequel elles continuent à rester en correspondance, les identités à vrai dire sont les ressources de l'histoire, de la langue et de la culture à utiliser dans le processus de devenir plutôt que de l'être : non pas « qui sommes-nous ? » ou « d'où sommes-nous venus ? », mais plutôt « que pourrions-nous devenir ? », « comment nous a-t-on représentés ? » et comment tout cela pèse sur la représentation que nous pourrions donner de nous-mêmes, [...] non pas un retour aux racines (*roots*) mais un accommodement avec nos routes[3] (1996, p. 4).

Que nous le percevions ou non, ce processus inévitable de transaction sociale nous implique dans un commerce existentiel ensemble, donc une négociation plus ou moins à notre insu sur le moment qui nous oblige à adapter, soit positivement ou négativement, nos différences.

Cela peut amener à l'affirmation défensive et de plus en plus ferme d'une appartenance sociale ou ethnique minoritaire ; par exemple, quand les membres de cette minorité se perçoivent menacés par une majorité hégémonique supposée ne s'accommoder ni aux styles de vie de la minorité, ni à ses valeurs. Cette réaction de défense peut être jugée excessive mais, de leur point de vue, ce communautarisme serait la seule défense stratégique imaginable contre les agressions craintes ou subies. De même, les communautarismes ethniques majoritaires, par exemple les Nazis et leurs descendants contemporains qui agitent aujourd'hui certains pays européens, peuvent se figer dans une violence nue de droiture fausse, cherchant frénétiquement à construire des défenses imprenables autour de « leurs » territoires culturels inaliénables.

Avec la révolution en cours des techniques de la communication, les jeux sinistres des politiques de l'identité se jouent dans un monde globalisé où les multinationales capitalistes ont remplacé le vieux modèle fordiste des entreprises qui employaient leur main d'œuvre jusqu'à la retraite. Maintenant, bien que les élites néo-conservatrices restent relativement stables,

> ces multinationales ont vite appris l'art de la « mutation » (*shape-changing*) en se délestant (*out-resourcing*) de leurs établissements et en sous-traitant absolument tout, sauf le pouvoir de décision stratégique du quartier général de la haute finance mondiale. [...] Pourtant, ce sont les mêmes groupes et presque les mêmes individus, qui ne font que réapparaître dans de « nouvelles vies ». [...] La montée de cette « élite » redouble la perte de vigueur de la démocratie (Crouch, 2000, p. 26, 28 et 36).

3 Jeu de mots en anglais : *roots* et *routes*.

La post-démocratie est la menace contre laquelle Crouch met en garde : « La fragmentation de l'action politique en de nombreuses causes et *lobbies* donne un avantage systématique aux riches et aux puissants, à un degré beaucoup plus élevé qu'une politique dominée par la lutte des partis » (*ibid.*, p. 53). Un nouvel ordre global inclusif semble émerger avec force, imposant ses propres valeurs. Selon Michael Hardt et Antonio Negri (2000), nous sommes aujourd'hui bien loin des impérialismes classiques, dans l'empire tout à fait nouveau d'une souveraineté financière globale, inclusive et extraterritoriale, avec « une gouvernance sans gouvernement ».

C'est l'atrocité du 11 septembre et les réactions de l'administration de George Bush à cette atrocité qui ont propulsé les politiques de l'identité en tête de l'ordre du jour de la mondialisation : la déclaration de « guerre contre le terrorisme », concept impossible en soi, paré en outre de la rhétorique menaçante et vertueuse d'une « croisade » du monde « civilisé » contre des terroristes globaux identifiés pour la plupart comme islamistes[4]. C'est la justification des guerres en Irak et en Afghanistan, contre les États « criminels » qui soutiennent le terrorisme, avec la menace d'une troisième guerre contre l'Iran, tant que Bush était président des États-Unis. « Eux » utilisent le terrorisme, ce qui « nous » contraint à utiliser « le traumatisme et l'épouvante » (*shock and awe*[5]). « Eux » portent les chapeaux noirs et sont les malfaiteurs tandis que « nous », avec nos chapeaux blancs, sommes les missionnaires de la noble cause de la démocratie néo-conservative globale.

Une propagande parallèle et opposée se développe dans le monde islamique. Les valeurs et les postures sont tissées de références religieuses des deux côtés et le diable est conjuré comme le mauvais génie de « l'autre » camp. La guerre contre le terrorisme est promue par conviction plutôt que par argument : ce terrorisme est présenté comme une menace d'une envergure sans précédent et un fléau de cauchemars est lâché dans le monde[6]. Selon l'*Oxford Research Group*, « la guerre contre le terrorisme détourne l'attention des causes fondamentales de l'insécurité, ce qui fait que les problèmes de la pauvreté, de l'exclusion politique et de l'injustice globales ne sont pas traités en liaison avec la

---

4 Il y a bien sûr d'autres extrémistes religieux : chrétiens, juifs et autres (Armstrong, 2000).

5 Expression du ministère de la Défense des États-Unis.

6 *Al-Qaida* n'est pas une machine à tuer dotée d'une structure de commandement hiérarchique efficiente, avec des « cellules dormantes » encastrées dans chaque pays de l'Occident ; c'est en fait le reflet de la « gouvernance sans gouvernement », avec des groupes indépendants partageant une même idéologie de vouloir assainir un monde corrompu au moyen de la violence religieuse (Burke, 2004).

question de la sécurité dans la plupart des pays. [...] Le trait le plus dangereux du terrorisme n'est pas nécessairement les actes violents eux-mêmes, mais nos réponses à ces actes » (Abbott *et al.*, 2007, p. 48 et 56).

La société civile est « l'autre côté » de l'État, aussi les politiques identitaires sont-elles devenues « l'autre côté » de l'*imperium* global. Dans un monde maintenant grandement peuplé de fantômes, « l'identité » est embastillée et elle descend en spirale jusque dans les essentialismes des politiques identitaires. Le défi est de découvrir une contre-dynamique, une spirale ascendante et centrifuge.

6. Multiculturel/interculturel

Une opinion courante voudrait que la dimension multiculturelle soit la source des communautarismes et qu'elle soit reléguée dans la sphère privée. L'approche adoptée ici est différente. Les notions du temps et de l'espace peuvent être conceptualisées séparément mais elles doivent néanmoins être vécues ensemble. Il en va de même avec le phénomène multiculturel/interculturel, où le « multiculturel » relève de l'espace, tandis que « l'interculturel » relève du temps. Avec ce raisonnement, le couple d'oppositions multiculturel/interculturel peut être compris comme le moteur d'une tension inévitable entre les contraintes d'un ordre ethno-culturel et les (inter)actions toujours conditionnées et conditionnelles des acteurs.

Face à un choix posé dans ces termes, le jugement populaire est trop facilement disposé à penser que la sécurité existentielle reste du côté du multiculturel tandis que l'interculturel – l'autre côté de la même pièce – semble être porteur de risques inutiles. Mieux vaut rester dans la zone confortable du monde familier, en refusant de reconnaître et de s'accommoder de ces moments interculturels qui peuvent être traversés d'incertitudes et de menaces existentielles. Cela fait un avec nos ethnocentrismes dont l'obstacle majeur à la compréhension mutuelle à l'intérieur de nos communautés et sociétés n'est pas généralement apprécié. Ces codes comportementaux sont intégrés bien souvent dans ce que Giddens (1987) appelle « la conscience pratique » :

> Les humains peuvent, dans une certaine mesure [...] rendre compte des circonstances de leurs actes. Mais cela n'épuise nullement ce qu'ils savent de leurs raisons d'agir. Bien des connaissances subtiles et d'une complication éblouissante sont inclues dans, et constitutives des actes que nous posons. Nous les faisons intelligemment, mais sans pour autant qu'ils soient nécessairement accessibles à la conscience discursive de l'acteur.

Soulignons que, dans ces couples d'opposition qui se manifestent dans la dynamique de la transaction sociale, il y a toujours un degré d'instabilité ; mais aussi une régularité qui revient souvent et, à un moment donné, il apparaît dans chaque couple un pôle « positif » ou dominant et un pôle « négatif » ou plus faible. Par exemple, dans le couple État-société civile, le dominant est normalement l'État. La tendance du côté dominant est de chercher à augmenter sa domination par ce que E.P. Thompson appelle « les contraintes compulsives du discours dominant » (1993, p. 109). Elles réussiraient à consolider l'hégémonie de la pensée dominante, en proclamant une idéologie unidimensionnelle et en perdant de vue la relativité nuancée de ses propres perspectives. Pour chercher un équilibre sain dans tout couple, il faut régulièrement appuyer et travailler le négatif.

Il en est ainsi avec le couple multiculturel/interculturel. Le « négatif » ici est clairement la dimension interculturelle et la travailler permet de renforcer l'intelligence de la société civile sur elle-même. Cela nous ramène au projet de l'individuation et comment percevoir la diversité comme un trésor et non comme une menace. Selon Pnina Werbner (1997, p. 4), nous devons « résoudre le puzzle de l'hybridité culturelle qui est à la fois transgressive et normale ; en dépit de son ordinaire quotidien, elle est vécue comme dangereuse, difficile et revitalisante ».

7. Apprentissage interculturel

Les trois scénarios qui suivent illustrent comment l'identité peut être assumée et représentée de façons très différentes par le même individu selon les circonstances. Premier scénario : dans une situation de crise raciste, une pression est exercée sur les membres de minorités vulnérables, pour qu'ils affirment ou se réfugient dans une identité communautariste où les communautés ainsi essentialisées sont assujetties à un choix impossible : se conformer aux normes culturelles dominantes ou subir un rejet brutal. Deuxième scénario : dans une situation quotidienne « normale », les notables de plusieurs minorités résidentes se rencontrent avec des élus et des fonctionnaires territoriaux de la circonscription pour débattre et s'accorder sur la distribution des ressources municipales, pour financer les projets communautaires proposés par chacune des ces minorités. Troisième scénario : informel, décontracté, à l'aise entre amis réalisant une certaine mixité, ethnique notamment, sans besoin d'être sur ses gardes et en attente d'un moment susceptible d'être riche en hybridation culturelle.

Dans le premier scénario, l'espace pour la négociation est réduit presque à zéro. Le deuxième scénario est une situation classique de négociation explicite ; le protagoniste habile saura adopter le personnage qui convient pour bien représenter sa communauté. Mais le troisième scénario convient le mieux à un apprentissage interculturel : les personnes sont là par choix, se connaissent pour la plupart et elles sont disposées par un intérêt mutuel à s'accommoder les unes aux autres et à négocier leur vivre-ensemble dans des registres implicites. Plus encore, ces personnes se situent souvent au niveau de la « conscience pratique », où leurs adaptations peuvent être négociées avec intelligence et subtilité, mais sans être accessibles à la conscience discursive, au moins immédiatement.

Ceci nous amène aux questions au cœur de l'argument : qu'est-ce que l'apprentissage interculturel et comment le promouvoir ? On pourrait dire qu'il est le produit d'une observation participante réflexive des interactions avec autrui. Pour chacun, l'objet d'observation principal est l'implication de la singularité dynamique de son propre soi dans ces interactions. C'est un engagement fascinant où chacun peut

> non seulement consentir au droit à la différence, mais plus avant au droit à l'opacité qui n'est pas l'enfermement dans une autarcie impénétrable, mais la substance d'une singularité non réductible. Des opacités peuvent coexister, confluer, tramant des tissus dont la véritable compréhension porterait sur la texture de cette trame et non pas sur la nature des composantes (Glissant, 1990, p. 204).

Comment le promouvoir ? L'Office franco-allemand pour la Jeunesse (OFAJ) est un pionnier dans ce champ depuis les années 1960. Ses programmes de recherche sont d'un genre très participatif et institués dans les années 1970. Ils réunissent périodiquement (pour une semaine à la fois, sur une période de trois ans) des groupes de professionnels (éducateurs, enseignants, travailleurs sociaux, etc.) recrutés dans les pays concernés (toujours la France et l'Allemagne, parfois un troisième pays). Ils partagent leurs perceptions sur un thème choisi (exclusions, environnement, racismes, etc.). Si ce thème formel est l'objet immédiat et le point de départ, ce sont néanmoins les interactions dans l'ensemble du groupe, participants et chercheurs, qui fournissent la dynamique. Le dispositif très ouvert mis en place avec cette approche rassemble une très riche diversité de participants en tant qu'âges, genres, ethnicités, cultures et professions. La négociation aussi explicite que possible est toujours au cœur du processus, laissant ainsi le maximum d'espace pour que surgissent sur la scène les contretemps inattendus, parce que normalement cachés par les programmations conventionnelles. Ce sont ces « obstacles », relevant des différences, désaccords et malentendus mis en jeu, qui deviennent par la suite le matériau pour des analyses et apprentissages réflexifs (Storrie, 2006).

C'est un travail parfois exténuant, aux moments joyeux ou frustrants, mais qui risque heureusement d'opérer une sorte de décentration qui permet d'échapper à l'anesthésique du familier. La négociation explicite au cœur du processus est la stratégie pour ne pas perdre l'occasion de se pencher avec réflexivité sur les soi-disant obstacles et de les transformer en « surprises intrigantes », c'est-à-dire des opportunités permettant de méditer sur les moteurs de nos différences, désaccords et malentendus : quelles mixités du « personnel » et du « culturel », quels mécanismes personnels, culturels, idéologiques sont à l'œuvre dans les représentations que chacun construit de la curieuse conduite de l'autre ?

Ce scénario « ofajien », avec les acteurs contenus dans un cadre dans lequel et avec lequel ils sont incités à négocier, est une représentation à une petite échelle de la tension ordre/action qui se manifeste aussi au niveau de l'État et de la société civile. Afin que la société civile soit d'une bonne consistance, l'État doit savoir accueillir de façon robuste et inclusive, donc laïque dans le meilleur sens du mot, la participation du peuple dans les affaires publiques, dans toute la diversité propre à une société de façon incontournablement multiculturelle :

> [C'est] l'interaction créative de trois aperçus complémentaires : l'encastrement culturel des êtres humains ; l'inévitabilité et la désirabilité de la diversité culturelle et du dialogue interculturel ; et la pluralité interne de chaque culture. [...] Une société multiculturelle constituée dialogiquement [...] se perçoit à la fois comme une communauté de citoyens et comme une communauté de communautés (Parekh, 2000, p. 338).

Un simple respect pour nos différences – que nous nous respections afin que rien ne bouge – évite un vrai engagement avec la diversité et son potentiel d'hybridation. Ce dernier est généré dans l'intersubjectivité en termes de contribution à l'individuation de chaque personne. Après tout, nous ne percevons pas « les choses dans leur totalité ; nous ne sommes pas des dieux mais des créatures blessées, des lentilles fêlées, capables seulement de perceptions fragmentaires » (Rushdie, 1991, 1993, p. 23). Si nous ne prenons pas une certaine distance avec nos propres déterminismes culturels, nous allons en rester prisonniers. « L'altérité inassimilable (d'autres cultures) nous pose un défi intellectuel et moral, étend notre imagination, et nous oblige à reconnaître les limites de nos catégories de penser » (Parekh, 2000, p. 167).

Ainsi, une multiculturalité légitimée publiquement n'est-elle pas le fondement du communautarisme, mais de cet apprentissage interculturel. Le multiculturel est comme une huître ; le frottement du grès dur de l'apprentissage interculturel avec les exigences intrigantes et conflictuelles est nécessaire à la production de la « perle » : une société civile suffisamment consistante où les citoyens, individus et collectifs, peuvent apprendre à restreindre leurs propres démons et à négocier ensemble de meilleurs avenirs. Dans un monde sans garanties, où les zones de confort sont illusoires, il faut savoir travailler les côtés négatifs des couples de tensions critiques pour résister aux (et aller au-delà des) pensées uniques simplificatrices.

Bibliographie

Abbott C., Rogers P., Sloboda J., 2007, *Beyond Terror*, Rider, Oxford Research Group.

Armstrong K., 2000, *The Battle for God*, New York, HarperCollins.

Baubérot J., 2006, *L'intégrisme républicain contre la laïcité*, La Tour d'Aigue, Éditions de l'Aube.

Beck U., 1995, *Ecological Enlightenment. Essays on the Politics of the Risk Society*, New Jersey, Humanities Press.

Beck U., Giddens A., Lash S., 1994, *Reflexive Modernization*, Cambridge, Polity Press.

Blanc M., 1998, « La transaction, un processus de production et d'apprentissage du "vivre ensemble" », in Freynet M.-F., Blanc M., Pineau G. (dir.), *Les transactions aux frontières du social*, Lyon, Chronique Sociale.

Blanc M., Mormont M., Remy J., Storrie T. (dir.), 1994, *Vie quotidienne et démocratie*, Paris, L'Harmattan.

Burke J., 2004, *Al-Qaeda : The True Story of Radical Islam*, London, Penguin.

Crouch C., 2000, *Coping with Post-democracy*, Fabian Ideas 598, Fabian Society.

Crozier M., Friedberg E., 1977, *L'Acteur et le Système*, Paris, Seuil (English translation : *Actors and Systems : the Politics of Collective Action*, Chicago, University of Chicago, 1980).

Giddens A., 1987, *Social Theory and Modern Sociology*, Oxford, Polity Press.

–, 1991, *Modernity and Self-Identity*, Cambridge, Polity Press.

Glissant É., 1990, *Poétique de la Relation*, Paris, Gallimard.

Gray J., 1989, *Liberalisms*, London, New York, Routledge.

Hall S., 1998, *Questions of Cultural Identity*, London, Sage.

Hardt M., Negri A., 2000, *Empire*, Harvard, Harvard University Press.

Mombiot G., 2000, *Captive State : the corporate takeover of Britain*, London, MacMillan.

Morin E., 1987, *Penser l'Europe*, Paris, Gallimard.

Morrell F., 1990, *Encouraging Citizenship*, London, HMSO.

Parekh B., 2000, *Rethinking Multiculturalism : cultural diversity and political theory*, Hampshire, Palgrave.

Remy J., 1998, « La transaction sociale : forme de sociabilité et posture méthodologique », in Freynet M.-F., Blanc M., Pineau G. (dir.), *Les transactions aux frontières du social*, Lyon, Chronique Sociale.

Rushdie S., 1991, *Imaginary Homelands*, London, Granta Books.

–, 1993, *Patries imaginaires*, Paris, Christian Bourgeois Éditeur.

Schnapper D., 1994, *La communauté des citoyens*, Paris, Gallimard.

Storrie T.C., 1997, « Citizens or What ? », in Roche J., Tucker S., Thomson R., Flynn R. (eds.), *Youth & Society : contemporary theory, policy and practice*, London, Sage/Open University (2nd ed., 2004).

–, 2006, « Pour une observation participante réflexive », in Hess R., Weigand G., *L'Observation participante dans les situations interculturelles*, Paris, Économica-Anthropos.

Thompson E.P., 1993, *Witness Against the Beast*, Cambridge, Cambridge University Press.

Touraine A., 1998, « Sociology without Society », *Current Sociology*, 45(2).

Werbner P., 1997, « The dialectics of cultural hybridity », in Werbner P., Modood T. (eds.), *Debating Cultural Hybridity*, London, Zed Books.

CHAPITRE 6

Transaction sociale et politique au Chili après la fin de la dictature

Juan MATAS

Maître de conférence HDR en sociologie, Université de Strasbourg LCSE, FRE 3229

Qu'est-ce qui change et qu'est-ce qui reste en vigueur dans nos sociétés, dans ces temps d'accélération de l'histoire et de bouleversements des mentalités, des modes de vie et des rapports socio-économiques ? Parlant ici du Chili, mon pays d'origine et sujet de certains de mes intérêts scientifiques, la question est complexe. De prime abord, les vingt dernières années ont changé beaucoup de choses : la dictature militaire, long et sanglant épisode de notre histoire (1973-1990), n'a pas été une parenthèse, au sens où, à tous les niveaux, beaucoup de transformations actuelles sont le fruit de ces *années de plomb*. Depuis lors, une rapide croissance économique et la prospérité qui en a résulté, la démocratie retrouvée et presque vingt ans de gouvernements de la Concertation pour la démocratie (coalition de la démocratie chrétienne et de la gauche non communiste) ont infléchi le sens des changements mais ne les ont pas ralentis, au contraire. Néanmoins, bien des caractéristiques anciennes de la société chilienne, et certaines aussi issues de la période dictatoriale, restent profondément ancrées, même lorsqu'elles se présentent sous de nouveaux oripeaux. Je voudrais ici emprunter l'analyse du philosophe chilien Martín Hopenhayn :

> Il est vrai qu'au cours de ces trente-cinq années [1968-2003] le Chili a changé radicalement, et plusieurs fois. Aujourd'hui, tout le monde ou presque a accès à la télévision, à l'électroménager et aux services de base. Mais nous continuons à être un pays de patriciens et de plébéiens avec un certain arrière-goût de népotisme, où la distribution du revenu ne s'améliore pas, où la classe politique est irriguée par les noms de famille dynastiques, et où les gens se distinguent les uns des autres par l'école où ils envoient

> leurs enfants ou par le balnéaire où ils vont en villégiature. Nous suivons un modèle dominant où les gagnants sont ceux qui utilisent l'argent pour produire plus d'argent, où la culture se monétarise pour survivre, et où les propriétaires des journaux les plus puissants et les plus imbriqués avec le monde de la finance ont une incidence claire sur l'agenda politique. Nous continuons à être unis dans la retenue et segmentés dans les profits, les honorables et la plèbe. Avec suffisamment de mobilité entre les deux pour qu'on ne nous taxe pas de classistes, mais en préservant la hiérarchie dans les coulisses de cette modernité périphérique (Hopenhayn, 2005, p. 162).

Le propos de l'auteur nous interpelle par sa radicalité mais il comporte une analyse aiguë, et sous bien des aspects pertinente, de la réalité chilienne et, au-delà, latino-américaine.

L'élément que je me propose d'analyser ici – transaction et culture du consensus – se situe au carrefour du changement et de la continuité. S'il est incontestable que l'épisode dictatorial a contribué à façonner les représentations collectives en matière de conflit et de consensus, ce n'est pas là leur seul fondement. On trouve dans l'histoire politique et sociale du Chili d'autres sources qui ont donné naissance à des formes de compromis, expliquant d'ailleurs en partie la relative ancienneté du phénomène démocratique. Certaines organisations politiques, par exemple, ont acquis une importance et une crédibilité fondées sur leur capacité à être des interlocuteurs pour la gauche comme pour la droite (le Parti radical est sans doute le meilleur exemple de ce type d'organisations). On peut dire que la Concertation pour la démocratie, née sous la dictature et ayant pour projet de constituer une alternative crédible et durable à celle-ci, correspond à une attente et doit son succès au caractère consensuel de son projet, même si cela ne va pas sans engendrer certaines contradictions.

1. Fondements de la culture du consensus dans le Chili contemporain

Nous ne pouvons pas développer ici les aspects historiques qui ont contribué à façonner la société chilienne, de la période coloniale au XIXe siècle, et qui sont à l'origine de la spécificité du pays (ce qui ne veut pas dire, bien entendu, qu'il ne partage pas des traits communs avec les autres sociétés latino-américaines). Contentons-nous de rappeler que la colonisation espagnole ne donna au *capitanat général du Chili* qu'un rang secondaire, que la « pacification des Indiens », c'est-à-dire leur soumission ou leur élimination, fut longue, sanglante et aléatoire (une bonne partie du territoire Mapuche resta hors de contrôle pour les Espagnols tout au long de la période coloniale), que l'ampleur du métissage donna à la société chilienne de façon relativement précoce un caractère assez fortement intégré (contrairement, par exemple, à des sociétés duales telles que la péruvienne ou la bolivienne) et qu'après l'indépendance (en 1818) la construction de l'État-nation se fit sur des bases assez solides, par-delà les vicissitudes auxquelles donna lieu l'opposition des conservateurs et des libéraux. Les guerres victorieuses contre une coalition formée par le Pérou et la Bolivie (1838 et 1879-1881) contribuèrent également au renforcement de l'identité nationale (et à l'extension territoriale du pays au nord). Au cours du XIXe siècle, le Chili connaît plusieurs phénomènes qui vont participer des transformations majeures de cette jeune nation : ainsi, le long conflit ayant opposé d'abord les colonisateurs, puis la République, aux Mapuches, va-t-il prendre fin vers 1884 avec une dernière offensive des forces armées qui viendra à bout de la résistance de ceux-ci, accélérant par la même occasion la colonisation des terres de cette partie du sud du pays. Au cours du dernier tiers du même siècle et jusque vers les années 1940, on assiste à l'arrivée d'un nombre important d'immigrants en provenance d'Europe (notamment des Espagnols, des Italiens, des Allemands et des ressortissants des pays d'Europe centrale et orientale), mais aussi du Moyen-Orient (Syriens, Libanais, Palestiniens) et même de Chine (bien que parmi ces derniers la plupart provenaient du Pérou et habitaient les provinces annexées après la guerre dite du Pacifique). Certes, cette immigration n'a pas connu le caractère massif qu'elle a revêtu en Argentine, en Uruguay et au Brésil, mais elle fut parmi les plus significatives des autres pays d'Amérique latine.

Hormis ces deux faits, un troisième va commencer à prendre de l'importance dès la fin du XIXe siècle également : il s'agit du développement de la classe ouvrière, qui est à la fois le fruit de l'essor des activités minières, principalement dans le nord du pays (surtout salpêtre et cuivre) et de celles qui en dérivent (travailleurs portuaires, notamment), et du début de l'industrialisation, qui ne prendra son véritable envol qu'au cours des années 1930-1940. Cette classe ouvrière provient, principalement, des campagnes du centre et du sud du pays et elle va connaître un processus de prise de conscience de son exploitation et de sa force tout à la fois, qui se traduira par la naissance des premières organisations ouvrières, syndicales et politiques. Chez les mineurs du nord, ce sont les courants socialistes et plus tard communistes qui auront un rôle de tout premier plan, avec la figure de Luis Emilio Recabarren, ouvrier typographe, fondateur d'un grand nombre de journaux et propagateur des idées révolutionnaires, qui sera d'abord un leader du Parti démocratique, avant de fonder le Parti ouvrier socialiste, qui deviendra plus tard le Parti communiste (PC). Dans le centre du pays, les courants socialistes sont concurrencés par des groupes anarchistes, et notamment l'IWW[1], avant que le déclin de ces derniers n'ouvre la voie au développement d'une gauche dominée par le marxisme.

Dès la fin du XIXe siècle, un nouveau courant politique apparaît, d'abord dans le nord du pays, avant de s'étendre sur l'ensemble du territoire : c'est le Parti radical (PR), expression de la montée des couches moyennes et du renforcement des idées laïques. D'abord plutôt allié avec le Parti libéral, il deviendra peu à peu une force de premier plan, notamment avec la formation du Front populaire, dont il sera le parti majoritaire. Le Front parviendra au pouvoir aux élections de 1938, ouvrant ainsi la période des gouvernements à dominante radicale : Pedro Aguirre Cerda (1938-1941), Juan Antonio Ríos (1941-1946) et Gabriel González Videla (1946-1952) seront les trois présidents issus du radicalisme, même si leurs orientations se modifient, précipitant à la fin le déclin de ce parti. En effet, après les orientations clairement à gauche du premier et les quelques infléchissements introduits par le second, le dernier président issu du PR se fera élire à la tête d'une coalition allant des libéraux aux communistes (mais sans les socialistes) et, sous la pression de la droite et des États-Unis d'Amérique, chassera ses ministres communistes avant de déclarer le PC hors la loi, avec la promulgation d'une loi dite de « défense de la démocratie » qui fera ouvrir des camps de relégation pour accueillir les dirigeants communistes arrêtés et étendra le discrédit des radicaux, chassés aux élections de 1952 par le populiste Carlos Ibañez. Le naufrage final des gouvernements radicaux de cette période ne doit pas nous empêcher de mesurer les aspects positifs de leurs deux premières administrations, ni le fait qu'ils ont exprimé la montée de nouvelles catégories sociales, la volonté de modernisation d'une large partie de la société chilienne, les réalisations enfin dans les domaines de l'économique et du social.

Avec le déclin du radicalisme va se produire la montée d'une nouvelle organisation qui se situe au centre de l'échiquier politique, le Parti démocrate chrétien (DC), issu des secteurs sociaux-chrétiens du Parti conservateur, et dont le premier nom nous renseigne sur certaines de ses matrices idéologiques : la Phalange nationale. Son assise sera d'abord dans les classes dites moyennes, mais, à la différence du Parti radical, la DC ne cherche pas des alliances politiques, à droite ou à gauche. Elle a plutôt une vocation hégémonique qui la distingue par rapport aux stratégies d'alliances du PR. On abondera ici dans le sens d'Eugenio Tironi :

> Le Parti radical fut [...] l'axe de la stabilité politique de cette période [1938-1973]. [...] Avec un électorat principalement urbain, composé de fonctionnaires publics et de secteurs moyens et uniformément répandu dans tout le

[1] *International Workers of the World*, puissante organisation anarchiste née aux États-Unis d'Amérique et que l'on retrouve dans plusieurs pays latino-américains.

> pays, avec une forte tradition laïque et rationaliste, ce parti fut le grand promoteur de l'accord démocratique et un élément d'équilibre de par son style pragmatique et de concertation. [...] À l'inverse du Parti radical, le Parti démocrate-chrétien se signala par un *élan* rénovateur fortement doctrinaire ; il s'opposa aux formules de coalition et fit de son indépendance dans l'action un principe fondamental. [...] Avec la Démocratie chrétienne, le centre devint une alternative politique qui *figea* le jeu politique ; qui rendit de plus en plus difficiles les concertations et les alliances ; qui en finit avec la possibilité de former des consensus amples et stables (Tironi, 1987, p. 19).

Il faudra attendre les nouvelles données de la vie politique sous la dictature, et le basculement de ce parti dans l'opposition au régime, pour voir entrer la DC dans une phase de recherche d'accords avec d'autres forces opposées au régime en place qui conduiront à la naissance de la Concertation pour la démocratie (qui a d'abord été connue sous le nom de « Concertation pour le non », en référence à son opposition au plébiscite présidentiel convoqué par Pinochet pour se faire réélire à la présidence de la République en 1987 ; c'est l'échec de Pinochet à ce plébiscite qui a ouvert la voie au retour de la démocratie).

Du point de vue social, nous pouvons caractériser le Chili comme une société relativement intégrée, ayant une identité assez forte, mais connaissant en même temps des clivages sociaux, ethniques et économiques profonds. Nous pouvons ici reprendre à notre compte en grande partie l'analyse de Manuel Antonio Garretón :

> Le principal trait de la démocratie politique chilienne jusqu'en 1973 a été l'imbrication de la société et de la politique à travers le système des partis, orientés vers l'État au double sens d'accès aux biens et aux services du développement, et d'accès à la capacité de définir l'orientation d'un tel développement. La dictature militaire a eu comme projet de détruire cette imbrication et de tenter une recomposition des relations entre l'État et la société, en privilégiant le marché, en démantelant l'État et en éliminant la politique. Elle a échoué dans tous ces aspects, à l'exception de l'imposition d'un nouveau modèle économique qui a détruit l'économie. Le régime démocratique qui a surgi en 1990 avait pour tâches de compléter la démocratisation politique, bridée par des enclaves autoritaires, modifier le modèle socioéconomique et recomposer les relations entre l'État et la société (Garretón, 2007, p. 77).

C'est autour d'un État fort et de la recherche de consensus que se sont forgés les différents compromis qui ont permis les avancées historiques de la société chilienne, aussi bien sur le plan socioéconomique que sur le plan politique. La vitalité même des mouvements sociaux et du mouvement syndical est à mettre en rapport avec cette donnée : les antagonismes sociaux ne sont pas en contradiction avec la cohésion sociale, le conflit et la recherche de compromis participent d'un même processus. Les raisons pour lesquelles le modèle participatif chilien s'est épuisé, au cours des années 1960, avant de s'effondrer en 1973, sont diverses et assez complexes, mais l'épuisement des espaces de consensus nous semble être à la fois une de ces causes et la conséquence de certaines évolutions, internes, régionales et mondiales.

Ce propos ne doit pas être compris comme un plaidoyer pour le modèle politique et socio-économique chilien d'avant 1973. Ce sont ses imperfections, ses limites et ses insuffisances qui ont été les premières responsables de son échec, premières au sens chronologique du terme, car la responsabilité la plus lourde est portée, à la fois, par le gouvernement des États-Unis d'Amérique de l'époque (avec, à sa tête, un certain Richard Nixon) et par les forces réactionnaires chiliennes, civiles et militaires, et leurs complices. Mais, dans l'esprit de beaucoup de Chiliens, c'est le niveau excessif du conflit, socioéconomique, politique et culturel tout à la fois, qui est perçu comme ayant été à l'origine de la tragédie et des malheurs qui se sont abattus sur une large partie de la population. Ceci aide à comprendre la popularité de la notion de transaction et de consensus dans le Chili post-dictatorial.

2. Les périodes de la dictature et de la transition à la démocratie

S'il est facile de fixer la période correspondant à la dictature militaire, celle de la transition à la démocratie donne lieu à des analyses diverses et parfois opposées. Franck Gaudichaud le rappelle :

> La « transitologie » et les réflexions sur les sorties de régimes autoritaires sont devenues au fil du temps une discipline à part entière des sciences politiques : les « transitologues » s'attachent à décrire les modes de passage d'un régime politique autoritaire à un régime démocratique libéral représentatif. Dans ce domaine, l'Amérique latine reste un laboratoire à ciel ouvert, où plusieurs pays se sont engagés dans des processus de « transition pactée » : sous la pression de mouvements d'opposition à la dictature ou dans un contexte de guerre civile, une partie des élites politiques négocient avec le pouvoir en place et les classes dominantes, une transition « démocratique », aboutissant à des formes hybrides, nommées parfois « démocratie dégradée », voire « incertaine » (Gaudichaud, 2008, p. 317).

Le même auteur rappelle le débat autour de la fin (et même du début...) de la transition, dans le cas du Chili. Ainsi, Patricio Aylwin, premier président élu sous les couleurs de la Concertation, estimait que la transition avait débuté avec les négociations entre la junte militaire et les partis victorieux de la coalition du non et se terminait sous sa présidence. Son successeur, démocrate-chrétien comme lui et fils d'un ancien président, Eduardo Frei, situerait la fin de la transition à la fin de son mandat. Pour Ricardo Lagos, premier président socialiste depuis Salvador Allende, c'est avec les réformes constitutionnelles approuvées par le Congrès chilien en juillet 2005, que prenait fin la transition. Mais certains auteurs estiment que celle-ci est encore en vigueur et que la démocratie chilienne comporte encore des enclaves autoritaires, tel le mode de scrutin qui régit les élections parlementaires (système binominal). Au-delà des aspects un peu byzantins de cette discussion, c'est la question même de la définition de la démocratie qui est en jeu.

Pour caractériser le credo de la dictature militaire, on peut, encore une fois, emprunter la formule d'Eugenio Tironi :

> Le paradigme de l'action du régime militaire a été la pensée économique de F. A. Hayek et de M. Friedmann. L'idéal est d'éliminer toute régulation politique dans tous les rapports sociaux par la généralisation totale du marché, ceci combiné à un État énergique et fort, situé au-dessus de la société et qui se charge de préserver la liberté des marchés, la sécurité publique et la défense extérieure. [...] À partir de son célèbre « modèle économique », le régime militaire fit, en l'absence de toute résistance, un effort systématique pour étendre les principes libéraux à tous les domaines de la société (Tironi, 1987, p. 39-40).

Entendons-nous bien : les principes libéraux dont nous parle Tironi se cantonnent au domaine économique (envahissant par la même occasion le social, sommé de se ranger aux mêmes logiques que l'économique), le libéralisme politique est savamment écarté !

Avec la dictature militaire, le dialogue et la recherche de consensus n'est plus de mise ; toute opposition est réprimée et les violations des droits de l'homme, loin de constituer des bavures, font partie du régime de terreur ayant pour mission de supprimer tout obstacle à la mise en œuvre du « redressement national », comme ils auto-désignent leur besogne. Le modèle néolibéral produit une montée brutale des inégalités, enrichissant les plus riches, améliorant la situation économique d'une partie de la population et aggravant les difficultés de bon nombre de ceux qui étaient déjà les plus vulnérables. On estime que, vers 1982-1983, plus de 50 % de la population se trouvait en situation de pauvreté (et même d'extrême pauvreté pour la moitié d'entre eux), tandis que les grandes fortunes affichaient sans complexe leurs richesses et qu'une partie des classes moyennes accédait à des nouveaux produits de consommation, synonymes d'aisance et de modernité... Les super- (et hyper-)marchés et les *malls* deviennent les temples de la « culture pinochetiste » et même les plus démunis y promènent leur émerveillement, dans ces années où se produit *el apagón cultural* (traduit littéralement, la « coupure du courant culturel »).

Les analyses divergent à l'heure de faire un bilan des réussites et des échecs de la dictature, tout comme pour comprendre les raisons de la soumission des militaires au rejet de leur maintien au pouvoir exprimé dans les urnes et les conditions de leur départ. Sans vouloir m'y attarder de façon excessive, voici quelques points de repère à partir de ma perspective sur ces questions. D'abord, pour les échecs et réussites, précisons qu'il ne s'agit pas de minorer la responsabilité que portent les dirigeants de la junte militaire, leurs collaborateurs et autres affidés dans les crimes et les atrocités commis et dans la destruction de l'État de droit, en affirmant que le bilan comporte aussi des réussites ; ensuite, une part importante de chacune de ces réussites n'est pas du fait de la dictature. Ceci étant posé, on peut noter une certaine éradication de l'inflation, qui était devenue une affection chronique de l'économie, ainsi qu'une augmentation sensible et une diversification des exportations. Parmi les échecs, l'augmentation des inégalités (mais était-ce un échec ou un effet voulu ?), mais aussi la fracture identitaire, que relève avec acuité Jorge Larraín :

> Les personnes peuvent se sentir membres d'une communauté lorsqu'elles sont reconnues comme telles par les autres, quand leur intégrité physique, leurs droits et leur contribution sont respectés, garantissant ainsi l'auto-confiance, l'auto-respect et l'auto-estime qui sont la base tant de l'identité de chacun comme de l'identité collective que l'on partage. [...] Le changement le plus profond et important de l'identité chilienne dans cette période [celle de la dictature] est en rapport avec le passage d'une société de cohabitation relativement exempte d'exclusions radicales à une société divisée et traumatisée par la violation systématique des droits de l'homme et la tentative d'effacer de la mémoire jusqu'à l'existence même de ceux qui furent éliminés. Il s'agit ici de la négation totale de l'autre. L'identité chilienne en tant que communauté imaginée demeure fracturée jusqu'à nos jours et elle le demeurera à l'avenir jusqu'à ce que ceux qui furent torturés et exilés et les familles de ceux qui furent tués et disparus puissent ressentir à nouveau un certain degré minimum de fraternité avec les Chiliens « de l'autre bord ». Ceci peut commencer à partir du moment où il y aura justice et réparation pour les offensés et où ceux avec une responsabilité directe dans les violations et les disparitions et toutes les institutions étatiques qui y ont participé auront reconnu publiquement des faits et chercheront à réparer le préjudice (Larraín, 2005, p. 166-168).

On voit bien ici que les réussites dont peut se targuer la dictature se situent au niveau quantitatif et économique, tandis que ses échecs sont davantage qualitatifs, sociaux et éthiques. Reste qu'il s'agit des conséquences les plus négatives de ce régime pour le pays, et pas forcément pour le projet dont celui-ci était porteur. Du point de vue de la dictature, les éléments les plus négatifs semblent être plutôt son incapacité à consolider un courant politique majoritaire et à vaincre durablement la résistance des organisations politiques et syndicales, qui vont refaire surface malgré la répression et créer (autour du plébiscite présidentiel de 1987, qui était censé offrir un nouveau mandat au général Pinochet et une « légitimité » démocratique le rendant moins infréquentable) une alternative au pouvoir en place, en imposant le dialogue et la recherche de nouveaux consensus : c'est la Concertation des partis pour la démocratie, qui gouverne donc le Chili depuis le retour des militaires dans leurs casernes. Par ailleurs, sur le terrain même des réussites économiques, les gouvernements de la Concertation, tout en réduisant drastiquement la pauvreté, ont réussi à diminuer plus fortement l'inflation, à augmenter la croissance et à porter les exportations à des niveaux jamais atteints. C'est donc que la démocratie peut être non seulement préférable à la dictature pour des motifs éthiques mais aussi par son efficacité économique !

Il n'en demeure pas moins que le projet de la dictature et des « élites entrepreneuriales » qui l'ont accompagnée et qui lui sont restées reconnaissantes et dévouées, était global : la violation des droits de l'Homme, la torture et l'assassinat n'étaient pas des bavures mais un pilier sur lequel reposait l'ordre nouveau qu'il fallait faire émerger. On peut ici citer Osvaldo Torres, historien et anthropologue chilien qui a consacré plusieurs travaux à la question des droits de l'Homme au Chili :

> Depuis le retour de la démocratie, on a beaucoup discuté sur les responsabilités des partis politiques et de l'institution militaire par leur participation au gouvernement illégitime, mais les responsabilités civiles sur ces faits, en particulier celles de l'élite entrepreneuriale, sont encore des sujets à débattre en profondeur. En analysant plus en détail les déclarations faites par d'importants représentants de cette élite au moment de la mort de Pinochet, on peut non seulement apercevoir les formes de justification qui alimentent son appui à la dite *œuvre* de l'ex-dictateur, mais qui parlent de la persistance d'une culture autoritaire depuis laquelle elle analyse les faits politiques et sociaux actuels (Torres, 2008, p. 17-19).

L'auteur rappelle un peu plus loin un extrait de la déclaration émise par le Directoire de la SOFOFA, la plus puissante des organisations patronales chiliennes, au lendemain de la mort de l'ancien dictateur, en décembre 2006 :

> Au-delà des sentiments légitimes et des jugements que peuvent avoir les citoyens sur sa personne et sa gestion, nous les industriels chiliens croyons nécessaire de reconnaître et de valoriser l'importante contribution qu'en matière économique a réalisée le gouvernement du Général Pinochet afin de mettre de l'ordre dans une économie qui était désarticulée et semi-détruite au début des années 1970. [...] À partir de ceci, a commencé un profond processus de modernisation institutionnelle qui a permis de recomposer

l'institutionnalité républicaine et d'impulser tout au long des vingt dernières années une croissance soutenue de l'activité économique et de l'emploi, ainsi qu'une réduction importante des niveaux de pauvreté que le pays a incubées lors des décennies passées (cité in Torres, 2008, p. 17-19).

La thèse centrale de l'auteur est que ces élites entrepreneuriales, dont le pouvoir (pas seulement économique) reste grand, ont participé en toute connaissance de cause à l'élaboration et la mise en application de politiques dont le volet répressif était indissociable. C'est, bien sûr, inquiétant, dans la perspective normale d'alternance au pouvoir que suppose le régime démocratique ; de nombreuses discussions autour du thème de la « démocratisation » de la droite pinochétiste (c'est-à-dire, à peu près, de la droite tout court) ont du mal à dégager un consensus sur le sujet. Bien sûr, on peut toujours se dire que le contexte actuel ne se prête guère à de nouvelles et sanglantes aventures crypto-fascistes, mais ce n'est qu'à demi-rassurant et pose toujours la question de l'existence ou de l'absence du commun dénominateur qui rend possible une identité commune par-delà nos différences, voire même nos antagonismes.

Dans le long chapitre qu'il consacre aux transformations de l'État au Chili, Manuel Castells résume bien la transformation expérimentée par l'État sous la dictature et l'échec du projet incarné par ladite dictature :

> Tout au long de son histoire, l'identité collective fondamentale du Chili a été l'identité nationale. Elle a été construite à partir de l'État. L'État a configuré la nation comme un principe de cohésion interne, par-dessus les classes et comme principe de défense face à l'extérieur : les voisins perçus comme menaçants, les puissances économiques spoliatrices et les entreprises étrangères. Naturellement, l'État a représenté aussi les intérêts des classes dominantes à chaque moment historique. Mais le principe constitutif de l'État a été de représenter et d'articuler la nation chilienne comme une communauté face au monde extérieur. [...] Le coup d'État militaire n'a pas détruit seulement la démocratie mais le modèle d'État et la relation État/nation. L'État s'est séparé de la nation et s'est transformé en État de classe et corporatif militaire. La nation s'est fractionnée entre classes et entre vainqueurs et vaincus. L'État s'est en réalité vassalisé par rapport aux États-Unis (inspirateurs du coup d'État) et s'est aligné en fonction de la politique de blocs en Amérique latine et dans le monde. [...] L'État a délégué son principe de légitimité dans le fonctionnement du marché. Dans ces conditions, l'idéologie du marché a remplacé celle de la nation. La crise subséquente de l'État militaire s'est produite par son incapacité à institutionnaliser sa domination sous la forme d'une légitimité démocratique libérale excluante, tel qu'était son projet. C'est-à-dire que le dynamisme du marché n'a pas été suffisant pour stabiliser la relation État-société une fois que la situation d'émergence était passée. Et la répression ne sert pas contre les classes moyennes urbaines et leurs acteurs politiques quand la menace d'une guerre de classe a disparu. Le régime militaire, confronté à l'opposition croissante des secteurs popu-

laires et des classes moyennes, a tenté de se relégitimer au moyen d'un référendum taillé à sa mesure. De fait, il a sous-estimé la profonde transformation culturelle et politique que le pays avait connue. La soif de liberté était déjà plus forte que la peur à ceux qui la refusaient (Castells, 2005, p. 115-119).

C'est aussi pour reprendre le fil de son histoire qu'une majorité de Chiliens a voté *non* au plébiscite présidentiel. Quant aux raisons qui ont conduit au retrait des militaires du pouvoir, les analyses les plus sérieuses sont à la fois discordantes sur de nombreux aspects et concordantes sur au moins deux : d'abord, les divisions au sein des forces armées entre les partisans d'un long règne dictatorial et d'un tour de vis à l'égard des opposants, et ceux qui estimaient l'heure venue de rentrer dans le rang tout en se protégeant par des lois d'impunité et en pérennisant les aspects jugés majeurs des politiques (notamment économiques) entreprises sous leur férule. Ces divisions avaient pu exister également au début de la période dictatoriale, quand une partie des chefs militaires prônaient une dévolution du pouvoir aux civils, une fois achevée l'élimination de la gauche par les méthodes que l'on sait... Le deuxième aspect concerne les modifications ayant eu lieu à l'échelle internationale : le Chili restait, en 1987, le dernier pays sud-américain (avec le Paraguay) à connaître une dictature militaire, et des alliés tels que Washington pressaient la junte militaire d'amorcer une transformation qui la rende plus fréquentable. La guerre froide se terminait et Gorbatchev se posait comme partenaire et non plus comme adversaire de l'Occident. L'échec au plébiscite a fourni l'occasion à tous ceux qui, dans le camp du pouvoir, cherchaient une sortie, de prendre l'ascendant sur les irréductibles. Le fait que la Concertation ait saisi l'opportunité pour nouer le dialogue avec le pouvoir en place afin d'aboutir à la tenue d'élections pluralistes un an plus tard a donc rendu possible le dispositif de la transition. La culture de la transaction reprenait ses droits.

3. Évolutions récentes dans le domaine politique et dans d'autres sphères de la vie sociale

Pour les observateurs les plus critiques, le Chili actuel est toujours piégé par les conditions dans lesquelles s'est produite la transition, et les gouvernements concertationnistes portent une responsabilité majeure dans cet état de choses. La crainte et la timidité pour les uns, l'avidité et le calcul égoïste pour les autres, seraient à l'origine de cette démocratie imparfaite, voire de cette pseudo-démocratie dénoncée par les pourfendeurs du compromis, perçu ici sous l'angle de la compromission. Ce sont des analyses que je ne partage pas, et je vais essayer d'expliquer pourquoi. Tout d'abord, parce que la transition ne s'est pas produite dans un contexte d'écroulement de la dictature ; les forces armées ont gardé le contrôle de la situation et, n'en déplaise à certains, le pouvoir pinochetiste s'appuyait aussi sur un soutien qui, pour être minoritaire, n'était pas moins significatif, y compris au sein de secteurs populaires. Dans ce contexte, le choix pour les opposants à la dictature était clair : ou bien on refusait le cadre dans lequel le changement de régime pouvait avoir lieu, ou bien on l'acceptait, quitte à se mobiliser pour l'aménager de la façon la plus démocratique possible. Ceux qui estimaient que la participation même au plébiscite présidentiel, dans le cadre de la campagne pour le non, était une caution apportée à la dictature, sont restés en marge de la Concertation et ont constaté à leurs dépens qu'une majorité de la population adhérait à cette stratégie du possible. Une fois la victoire du non acquise, encore fallait-il la transformer en véritable avancée sur la voie du retour à la démocratie. Les négociations avec le gouvernement ont ainsi permis de réformer par référendum la Constitution de 1980 (élaborée par la dictature et légitimée par un simulacre de référendum constitutionnel où l'opposition avait été largement muselée et les résultats contestés en raison de l'absence de contrôle du scrutin par l'opposition) et de se présenter à des élections présidentielles et parlementaires pluralistes avec un minimum de garanties. Au cours de ces élections, le vote du plébiscite fut confirmé et Patricio Aylwin, un démocrate-chrétien, ancien président du Sénat, élu président de la République. Bien entendu, tous les obstacles au retour de la démocratie n'étaient pas pour autant levés : les commandants en chef des forces armées échappaient au contrôle de l'exécutif, et Pinochet lui-même demeurait commandant en chef de l'armée de terre, les lois d'impunité promulguées par le dictateur protégeaient de la justice la grande majorité des responsables des crimes, disparitions et autres exactions commises pendant ces seize ans et demi de pouvoir illégitime, le mode de scrutin binominal et les sénateurs désignés portaient atteinte à la représentativité du parlement… et l'on pourrait poursuivre cette énumération. Mais la seconde phase de la transition, celle qui nous rapprochait significativement du retour de la démocratie, pouvait commencer.

Les presque vingt ans de gouvernements de la Concertation ont accompli une œuvre considérable, tant sur le plan économique que sur celui de l'élargissement des libertés publiques, des réformes sociales et sociétales ou de la présence et de la fiabilité retrouvée du Chili sur le plan international. Il ne s'agit pas de nier toute zone d'ombre, mais d'être conscient (comme l'est une large majorité de la population chilienne) de la richesse et du caractère positif du bilan. Le pays traumatisé et fracturé de la fin des années 1980 n'est plus qu'un souvenir, qu'il ne faut pas effacer afin de ne plus connaître les années honteuses de la dictature, mais qui ne correspond plus au Chili actuel. Les questions qui font aujourd'hui débat sont d'une nature différente de celles du passé. Il ne s'agit plus, par exemple, de se demander comment scolariser un minimum de huit ans tous les enfants du pays mais plutôt comment améliorer les performances éducatives, réduire les inégalités sociales face à l'éducation et mieux accueillir dans les Universités les jeunes issus des catégories les plus modestes, dont la part de ceux qui postulent à une formation universitaire s'accroît sans cesse. L'éradication de l'extrême pauvreté est à portée de main et les programmes sociaux mis en place par les administrations Lagos et Bachelet visent d'abord cet objectif. C'est tout cela, et bien d'autres éléments encore, qui me conduit à dire que cette coalition a, d'ores et déjà, réussi à entrer dans l'Histoire avec un grand H. Du point de vue politique, le contexte même (et jusqu'au mode de scrutin des parlementaires) a obligé à maintenir un dialogue constant avec l'opposition de droite, regroupée dans un pacte nommé « Alliance pour le Chili », aussi bien pour faire voter le budget ou des lois que pour aller vers un élargissement de la démocratie, effaçant peu à peu la ligature juridique héritée de l'ancien régime. La droite a été, lors des deux dernières élections, proche de la victoire, et sous la bannière de Sebastián Piñera, un riche homme d'affaires, elle caracole en tête des sondages pour l'élection présidentielle de décembre 2009 (alors que la Présidente sortante Michelle Bachelet, qui ne peut pas constitutionnellement se représenter, obtient environ 74 % d'opinions favorables) : l'effet d'usure de vingt années de gouvernements de la Concertation et certaines divisions apparues au sein du bloc au pouvoir semblent peser plus lourd que le bilan de celui-ci, mais seule l'élection elle-même dira si cette analyse est fondée.

C'est encore vers Manuel Castells que nous pouvons nous tourner à l'heure de dresser un bilan du chemin parcouru et un examen des principaux défis qui attendent le Chili à l'heure du bicentenaire de son indépendance, qui a été célébré en 2010 :

> Avec du sang, de la sueur, des larmes et de la patience, beaucoup de patience, le Chili a consolidé sa croissance économique, réduit sa pauvreté, soulagé ses inégalités, modernisé son infrastructure, accru son éducation, amélioré de façon substantielle ses conditions de vie, affirmé le respect des Droits de l'Homme, récupéré sa mémoire historique et établi la démocratie politique et le dialogue social. Cet énorme effort, en un peu plus d'une décennie, contraste avec le cheminement incertain d'une Amérique latine où des pays et des économies marchent au bord de la crise structurelle, de l'explosion sociale et de la déstabilisation politique. Le fondement de ce modèle chilien démocratique de développement est davantage politique et culturel qu'économique. C'est la capacité des acteurs politiques pour reconstruire la légitimité et la gouvernabilité de l'État par rapport aux différents secteurs de la société qui a rendu possible de prendre une série de me-

> sures économiques, sociales et institutionnelles qui ont permis de gérer la transition vers des eaux plus calmes. Aujourd'hui, au Chili et dans le monde, la démocratie est un facteur essentiel de développement. Parce que sans démocratie il n'y a pas de capacité d'action de la société sur elle-même à travers ses institutions. Et, sans cette capacité, le marché globalisé sans contrôle social génère des inégalités insupportables et des tensions insoutenables. Mais, d'un autre côté, sans développement, la démocratie se vide de son contenu pour la majorité de la population [...]. Cependant, le Chili a devant lui de vieux et de nouveaux défis qui exigent encore un effort considérable pour approfondir la démocratie et pour cheminer vers un nouveau modèle de développement requis par le contexte global. D'un côté, il y a encore des réminiscences, davantage culturelles qu'institutionnelles, du vieil ordre dictatorial et conservateur. [...] Le traitement des conflits encore latents dans la société chilienne, la dilution de la radicalisation idéologique dans des secteurs des classes dominantes, appelle la poursuite de la croissance pour une longue période. Et c'est ici où se pose la question de la nouvelle transition chilienne. Car [...] la transition vers le modèle informationnel, en restructurant et en modernisant les activités économiques existantes à partir de la connaissance, de l'information, de l'organisation et de la technologie, et en suscitant de nouvelles activités dans de nouvelles niches du marché, se présente comme une condition indispensable pour la compétitivité de l'économie chilienne dans un cadre global (Castells, 2005, p. 145-149).

Manuel Castells met le doigt sur deux problèmes particulièrement sensibles, pour lesquels il faudra du temps, mais aussi de la volonté et de la clairvoyance, afin d'en venir à bout. Le premier est que la structure des exportations reste celle d'un pays au niveau de développement modeste : du minerai, des matières premières, des produits de l'agriculture et de la pêche, principalement. Le pari de la connaissance semble la seule voie pour modifier cet aspect des choses. Et la transformation des mentalités pour surmonter les réminiscences de l'ordre ancien passe par des mutations culturelles dans divers domaines de la société, sans renoncer à une identité collective singulière qui constitue un des atouts majeurs du pays.

Conclusion

La transaction politique et sociale part de l'idée que les sociétés ne peuvent pas plus être considérées comme des ensembles homogènes, où les intérêts des individus et des groupes ne revêtent aucun caractère contradictoire et où les antagonismes sont perçus comme un signe de dysfonctionnement ou comme une pathologie, que comme des espaces d'affrontement où l'idée même de lien social regroupant tous les individus et les groupes ne serait qu'une façon de masquer l'opposition irréductible de ceux-ci. Plutôt que d'adopter ces visions manichéennes, il faut nous tourner vers une dialectique de la cohésion et de la lutte, d'une part parce qu'elle est bien souvent le reflet de la réalité, et d'autre part parce que les sociétés déchirées débouchent souvent sur des sociétés autocratiques qui imposent, au prix fort, une homogénéité de façade qui est l'expression des intérêts de la minorité qui confisque le pouvoir. Le Chili est bien placé pour témoigner de ce processus et la recherche de consensus est issue de cette expérience douloureuse.

Les vingt dernières années ont permis à la société chilienne d'accomplir des progrès substantiels dans différents domaines et d'effacer une part importante des distorsions introduites par les années Pinochet. Les temps qui s'ouvrent devant nous portent d'autres espoirs et exigent de nouveaux efforts pour atteindre le développement économique, social et culturel, pour porter plus d'attention aux problèmes environnementaux, pour jouer un rôle plus actif dans le nécessaire processus d'intégration latino-américaine. Il ne faut pas que le fil retrouvé de l'histoire commune soit coupé, ce qui ne veut pas dire qu'il faut toujours rechercher un consensus mou dans tous les domaines, mais qu'il faut nous respecter les uns les autres et dialoguer pour mieux avancer ensemble. C'est sur les épaules de la jeunesse chilienne que retombe une partie importante de ces responsabilités, mais on peut être confiant : elle saura se montrer à la hauteur de la tâche.

Bibliographie

Castells M., 2005, *Globalización, desarrollo y democracia : Chile en el contexto mundial*, Santiago, Fondo de Cultura Económica.

Garretón M. A., 2007, *Del postpinochetismo a la sociedad democrática*, Buenos Aires, Debate.

Gaudichaud F., 2008, « Le Chili de Michelle Bachelet : un pays modèle », in Gaudichaud F. (dir.), *Le volcan latino-américain. Gauches, mouvements sociaux et néolibéralisme en Amérique latine*, Paris, Textuel.

Hopenhayn M., 2005, *América Latina desigual y descentrada*, Buenos Aires, G. E. Norma.

Larraín J., 2005, *¿ América latina moderna ? Globalización e identidad*, Santiago, LOM.

Tironi E., 1987, *Pinochet. La dictature néo-libérale*, Paris, L'Harmattan.

Torres O., 2008, *La violencia de los Padres Fundadores. Elite empresarial y las violaciones a los derechos humanos*, Santiago, Forja.

CHAPITRE 7

La participation citoyenne à l'épreuve de la gouvernance et du débat public

Pierre HAMEL

Professeur de sociologie, Université de Montréal
Directeur de la revue Sociologie et Sociétés

Ces dernières années, la question de la participation a refait surface. Elle se déploie sur plusieurs registres dont celui de la gouvernance et du débat public. Elle se déroule à plusieurs échelles, allant du quartier urbain à l'espace métropolitain, mais aussi au-delà, en se déployant sur la scène nationale lorsque ce n'est pas en mobilisant des réseaux transnationaux. En outre, il faut parler d'une multiplicité de dispositifs mis en place par les pouvoirs publics, destinés à encourager, faciliter ou encadrer cette participation. C'est ce qui conduit les chercheurs à mentionner l'existence de plusieurs modèles participatifs (Bacqué, Rey et Sintomer, 2005) et à souligner l'importance du rôle que jouent les contextes à l'intérieur desquels ceux-ci prennent place (Thompson, 2008).

L'idée d'une participation citoyenne renoue à plus d'un titre avec l'essence même de service public (Monkkonen, 1988). Il reste que les termes dans lesquels elle est pensée de nos jours, que ce soit dans le cadre des services publics ou à leur périphérie, ont toutefois peu de choses à voir avec ce qui la caractérisait à l'origine, lorsque les citoyens définissaient et/ou prenaient en charge eux-mêmes la gestion et la fourniture des services publics, si ce ne sont les normes et les valeurs qu'elle véhicule et qui coïncident avec la démocratie elle-même.

Dans quelle mesure les dispositifs participatifs mis en place par les pouvoirs publics dans le cadre d'un débat public élargi à l'ensemble des citoyens ou aux riverains concernés par un énoncé de politique, un problème ou un projet conduisent-ils à transformer les modèles traditionnels de gestion dans le sens de leur démocratisation ? Quelle est l'efficacité des discours promotionnels à l'égard de la participation des citoyens et leur impact sur les expériences concrètes qui s'y rattachent ? Est-ce que la modernisation de la démocratie passe en priorité par une rénovation du discours participatif ?

Ces questions exploratoires n'épuisent pas le thème de la participation et du débat public tel qu'il est formulé par les gestionnaires publics en relation à des principes de gouvernance. Elles permettent tout de même d'indiquer dans quel sens j'entends l'examiner. Ma préoccupation est avant tout d'établir dans quelle mesure ces nouvelles références au thème de la participation et du débat public par les autorités politiques révèlent un changement institutionnel significatif de l'action publique en faveur d'une démocratisation de la gestion. En d'autres termes, jusqu'à quel point convergent-elles dans le sens d'un « référentiel durable de l'action publique » (Blondiaux, 2008, p. 24) ou quelle est leur portée effective ?

Afin d'apporter des éléments de réponse à ces questions, je passerai en revue dans un premier temps quelques points de vue formulés par les chercheurs à l'égard de la démocratie délibérative, en relation au thème de la participation. Dans un deuxième temps, à la lumière de ces éléments, je reviendrai à la question initiale relative à la profondeur et à la portée du changement institutionnel, portée par les références de plus en plus fréquentes au thème de la participation et du débat public.

1. Délibération et débat public : que nous apprend la recherche ?

Tous les chercheurs qui s'intéressent au thème de la participation et de la vie publique ne sont pas convaincus des vertus de la démocratie délibérative. Malgré une quantité impressionnante de travaux empiriques consacrés à cette approche depuis le milieu des années 1990 (Hamel, 2009), plusieurs incertitudes demeurent (Gauthier, Gariépy et Trépanier, 2008). Comme le mentionne Diana C. Mutz, il est loin d'être clair de savoir si oui ou non la démocratie délibérative engendre des bénéfices tangibles pour les citoyens et les sociétés (2008, p. 524). C'est que les chercheurs parviennent difficilement à cerner l'écart qui prévaut entre le monde des principes normatifs et celui de leur mise en application concrète. On assisterait en fait à un véritable dialogue de sourds entre, d'un côté, des théoriciens normatifs qui établissent les exigences ou les principes au nom desquels la délibération devrait se dérouler et, de l'autre, des chercheurs empiriques essayant d'éclairer dans les faits ce qui distingue la bonne délibération de la mauvaise.

En principe, la délibération se déroule dans des arènes où les négociations stratégiques de même que les rapports de pouvoir sont mis de côté au profit d'échanges rationnels sur la base du meilleur argument entre des participants ayant un statut d'égalité, c'est-à-dire étant dépouillés de leurs privilèges eu égard à leur droit de participer aux échanges. Cela dit, qu'est-ce qui explique en dernière analyse les bénéfices qui résultent de la délibération conduisant notamment à une plus grande empathie entre les participants, à une plus grande tolérance également entre eux, à une meilleure compréhension des arguments formulés par autrui, à une volonté d'en arriver à des compromis, à un changement dans les opinions, voire à une plus grande capacité à produire une décision consensuelle ?

Comme certains l'ont déjà établi, la délibération n'engendre pas toujours – loin s'en faut – les effets escomptés par ses promoteurs et elle peut même être contre-productive (Delli Carpini, Cook et Jacobs, 2004, p. 336). Cela n'a pas empêché la démocratie délibérative de connaître, du moins en Amérique du Nord, une position enviable – la théorie ayant alimenté un très grand nombre de controverses intellectuelles – dans le domaine du renouvellement de la pensée démocratique (Gutmann et Thompson, 2004). Il y a sans doute là un aspect paradoxal. En même temps, force est de reconnaître que l'engouement pour cette perspective théorique est un reflet des difficultés, en particulier sur le plan des valeurs et de la légitimité, que rencontrent les sociétés démocratiques. D'aucuns n'hésitent pas à ce sujet à parler de « crise de la représentation » qui converge avec une « baisse de confiance des citoyens dans les responsables politiques » (Sintomer, 2007, p. 17). Mais c'est aussi le cadre général de l'action publique qui est engagé dans la voie du changement, à cause notamment d'une « délégitimation » des pouvoirs administratifs (Rosanvallon, 2008, p. 111).

Par conséquent, l'ensemble des processus démocratiques sont en cause, si ce ne sont les fondements de la démocratie elle-même. Comme on sait, les processus démocratiques ne sont jamais entièrement achevés. C'est ce que Claude Lefort (1981) avait déjà clairement établi. Ainsi, la notion de démocratisation vue comme un processus graduel, convenu et irréversible, mis en place à la suite de choix et d'interventions politiques, ne correspond-il pas à la réalité. L'analyse historique de Charles Tilly (2007, p. 189) est de ce point de vue fort éclairante. Aujourd'hui comme hier, la dé-démocratisation est aussi fréquente que la démocratisation[1]. Il en résulte une nécessité, d'un côté, de prêter attention aux

[1] « In simplest terms, de-democratization occurs chiefly as a consequence of withdrawal by privileged, powerful, political actors from whatever mutually binding consultation exists, whereas democratization depends on integrating large numbers of

périls qui menacent les sociétés démocratiques et, de l'autre, d'élaborer une perspective qui permette de leur faire échec. C'est ce qui justifie dans une large mesure la théorie de la démocratie délibérative. C'est là qu'elle trouve sa pertinence.

La « délibération publique » peut être vue comme une forme particulière de « participation discursive » (Delli Carpini, Cook et Jacobs, (2004, p. 316). Ce qui n'empêche pas les citoyens de recourir à d'autres modèles d'action afin de prendre position par rapport aux enjeux publics. La présence des citoyens dans les débats publics – ou participant à divers exercices de délibération – peut être précédée, suivie ou accompagnée soit de mobilisations sociales, soit d'autres formes d'intervention plus directe de leur part dans l'espace public, que ce soit pour suppléer à l'insuffisance des politiques publiques ou pour initier des modes d'intervention que l'État n'est pas en mesure de proposer (Storrie, 2005).

Ces dernières remarques me conduisent à m'interroger sur la place et le rôle du débat public ou de la délibération par rapport à d'autres formes d'engagement citoyen. On sait que les acteurs de la société civile, et en particulier les mouvements sociaux, ont opté pour une position des plus ambivalentes à l'égard de la délibération et du débat public (Hamel, 2008). Comme le mentionne Iris Marion Young (2001), il existe une grande divergence entre les promoteurs de la démocratie délibérative et les activistes des mouvements sociaux. C'est en bonne partie la présence d'inégalités structurelles sur le terrain politique concret qui décourage les acteurs des mouvements sociaux et les amène à prendre leurs distances face aux dispositifs délibératifs, ceux-ci ayant tendance à être biaisés en faveur de ceux qui ont le plus de pouvoir.

Même si cette critique de la démocratie délibérative par les acteurs des mouvements est articulée à des enjeux fondamentaux de reconnaissance sociale pour ces acteurs, cela n'a pas empêché ces derniers de faire la promotion de la démocratie délibérative à l'intérieur comme à

---

ordinary people into consultation. In more complex terms, privileged, powerful elites such as large landlords, industrialists, financiers and professionals have much greater means and incentives than ordinary people to escape or subvert democratic compacts when those compacts turn to their disadvantage. Once they have integrated their lives and life chance into democratic regimes, ordinary people can only with great difficulty detach their trust networks from public politics, much less insert categorical inequalities into public politics or create newly autonomous centers of coercive power. The already rich and powerful can much more easily withdraw their trust networks, install inequalities, and create autonomous power centers. Although the authoritarian de-democratizing movements that multiplied in Europe after World War I, for example, did draw substantial popular support, more generally they aligned privileged elites against organized workers and political parties claiming to represent workers at large » (Tilly, 2007, p. 195).

l'extérieur des mouvements. D'ailleurs, en dépit du point de vue critique que formule Young (2001), les mouvements sociaux n'hésitent pas à jouer sur plusieurs tableaux en même temps, soit en prenant leurs distances face aux dispositifs délibératifs institués par l'État, soit en contribuant à leur mise en œuvre et à leur transformation lors des séances publiques de consultation ou de débat. L'espace public à l'intérieur duquel interviennent les acteurs sociaux, balisé par des règles institutionnelles et des procédures instituées, tend constamment à se redéfinir compte tenu des exigences propres à l'action collective en une multitude d'arènes publiques[2]. Il en résulte une interrogation sur les « régimes d'engagement » et la définition de la citoyenneté.

La démocratie délibérative peut se traduire ou emprunter une multitude de formes (assemblées de citoyens, séances de consultation publique, référendums, conseils de quartiers, budgets participatifs, jurys de citoyens, démarches d'élaboration de plans stratégiques, tables de concertation, etc.) (cf. notamment Gastil et Levine, 2005). Dans certains travaux de recherche, le modèle du débat public, qui consiste autant à « accompagner la réalisation d'un équipement ou d'une infrastructure que d'articuler la discussion autour d'une politique publique en cours d'élaboration » (Blondiaux, 2008, p. 53), s'apparente à ce qu'on qualifie en général au Québec et en Amérique du Nord de consultation publique (*public hearings*). Ce sens particulier du débat public doit être distingué de son sens générique – même si les deux ne doivent pas être opposés –, qui correspond à l'énonciation de points de vue controversés dans l'espace public, à leur confrontation et à leur synthèse éventuelle sous forme de compromis ou de consensus. C'est en pensant à ce sens générique que j'ai fait référence jusqu'à maintenant à la notion et aux processus de débat public.

Les quatre niveaux possibles d'engagement – implication, préfèrent dire certains – que les pouvoirs publics mettent en place à l'intention des citoyens vont en général de la simple information à la consultation proprement dite, qui prend place en aval des projets (une fois que les choix sont déjà clairement tracés), à la concertation (définie avant tout en amont et fournissant aux acteurs davantage de moyens pour influencer la décision) et à la co-décision que traduit par exemple l'idée de

---

2 À cet égard, Daniel Cefaï écrit : « Les mobilisations collectives constituent des laboratoires de l'action publique, fondent des réseaux d'alerte et de vigilance, d'enquête et d'expérimentation, contribuent par leurs dénonciations et leurs revendications à la thématisation de problèmes publics, polarisent autour d'eux le déploiement de micro-arènes publiques dans lesquelles participent et interagissent de multiples protagonistes, de droit privé et de droit public. [...] À bien des égards, les mobilisations collectives sont au cœur d'une démocratie technique, participative ou délibérative » (2007, p. 715).

partenariat ou de responsabilité partagée (Blondiaux, 2007, p. 53). Ces distinctions peuvent être utiles afin de départager les modalités et la portée du débat public eu égard aux processus et enjeux de la démocratisation. Elles mettent en lumière le fait qu'il faille attendre des retombées plus ou moins importantes des démarches en cours en fonction des niveaux où prend place l'engagement. Il n'en demeure pas moins qu'à chaque fois, si on examine le débat public sous l'angle de la délibération publique – considérant que cette dernière constitue l'expression concrète de la démocratie délibérative[3] –, on est confronté à un modèle idéal qui repose sur un certain nombre de critères et de valeurs. Le rôle de l'analyse est alors de tenter d'éclairer la distance qui sépare la réalité du modèle et de mettre en lumière les facteurs qui limitent la délibération ou empêchent qu'elle soit mise en œuvre conformément aux exigences requises par le modèle, tout en dégageant ce qui devrait éventuellement être fait pour améliorer le débat et la participation du ou des publics :

> When arguments offered by some participants go unanswered by others, when information that would be required to understand the force of a claim is absent, or when some citizens are unwilling to weight some of the arguments in the debate, then the process is *less deliberative* because it is incomplete in the manner specified. In practical contexts, a great deal of incompleteness must be tolerated. Hence, when we talk of improving deliberation, it is a matter of *improving* the completeness of the debate and the public's engagement in it, not a matter of perfecting it… (Fishkin, cité par Delli Carpini *et al.*, 2004, p. 317).

Le commentaire de Fishkin attire l'attention du lecteur sur la nature du débat public et sur les méprises possibles quant aux exigences qui découlent d'une mise en œuvre du modèle. La qualité de la délibération se mesure davantage à son étendue sociale qu'à sa capacité à répondre à un souci rhétorique formel.

Cela étant, au-delà de leurs vertus intrinsèques – du moins du point de vue d'une compréhension des enjeux sociaux et politiques et de la formulation de possibles voies de compromis –, le débat public et la délibération, à l'instar d'autres formes de participation discursive, empruntent des formes très variées. Cette diversité renvoie à l'histoire des milieux où ils s'inscrivent, notamment la tradition politique de ces milieux, de même que la configuration des forces en présence. En un mot, ce sont les incidences du contexte qui tendent à expliquer dans une large mesure la diversité des dispositifs délibératifs mis en œuvre, même si les intentions des réformateurs ne peuvent être ignorées. À cet égard, il existe une mise en forme des modèles d'échange et des approches qui

---

3 À noter, dans cette perspective, que la délibération est considérée comme une composante essentielle voire centrale du débat public.

peuvent s'avérer plus ou moins favorables à l'expression de la délibération et des processus de participation qui l'accompagnent (Hajer, 2005). Mais quelles sont les conditions requises pour que la délibération soit favorisée ? Pour l'instant, ce qui se dégage des travaux de recherche n'est pas concluant (Thompson, 2008, p. 500).

Il existe néanmoins plusieurs études qui tentent de dégager les facteurs de succès de la délibération. D'une manière synthétique, David M. Ryfe (2005) identifie cinq mécanismes auxquels les réformateurs devraient prêter attention : 1) les règles qui président aux échanges, à commencer par l'égalité, la civilité et l'inclusion ; 2) le contenu des échanges qui accordent une place à la connaissance et aux significations élaborées par les acteurs ; 3) le rôle des *leaders* et de leur capacité à proposer des arguments valables et à favoriser les échanges ; 4) l'importance des enjeux et de leurs retombées pour celles et ceux contribuant aux échanges ; 5) les démarches d'apprentissage résultant d'une mise en situation concrète et qui met en présence diverses catégories d'acteurs. Ces mécanismes ont tous fait l'objet d'analyses diverses, que ce soit sous l'angle de la gouvernance (Pierre, 2000) ou sous celui d'une redéfinition des politiques publiques (Fisher, 2003). On peut y voir autant de conditions à remplir pour avancer sur la route de la participation effective des citoyens au débat public, même si, pour chacune d'entre elles, des interrogations demeurent en ce qui a trait aux moyens pour tendre vers l'égalité politique (Dahl, 2006), en plus des dimensions éthiques à prendre en compte (Fung, 2005).

Il n'y a pas à ce propos de recette infaillible. La démocratie délibérative, tant dans ses principes que dans ses applications – au-delà de l'« idéal politique révolutionnaire » (Fung, 2005, p. 397) qui, à certains égards, l'anime –, demeure traversée par les incertitudes inhérentes à la vie démocratique des sociétés contemporaines. Le « "nouvel esprit" de l'action publique moderne » qui, selon Loïc Blondiaux et Yves Sintomer (2002, p. 17), caractérise la démocratie délibérative, va de pair avec la participation des citoyens, même si les deux ne doivent pas être confondus[4].

Encore une fois, il y a lieu de rappeler que la démocratie délibérative ne fait pas l'unanimité. Plusieurs auteurs remettent en cause ses vertus,

---

[4] « Dans certains discours, les deux notions sont définies avec une précision relative et semblent s'impliquer d'une façon logique : la délibération ne déploie toute sa rationalité que lorsque l'ensemble des parties concernées y participent ; réciproquement, la participation est susceptible de déboucher sur une dynamique rationnelle (pouvant contrebalancer le pouvoir des experts ou le monopole des représentants sur la définition de l'intérêt général) parce qu'elle engendre une délibération publique élargie » (Blondiaux et Sintomer, 2002, p. 27).

voire ses capacités à renouveler ou dépasser le modèle libéral traditionnel. Pour Michael Walzer (2004, p. 97), par exemple, elle ne peut remplacer complètement les processus de négociation qui alimentent la vie politique de tous les jours. C'est que l'égalité théorique postulée entre les participants à la délibération ou, plus largement, au débat, demeure une utopie qui ne s'applique pas dans la vie politique de tous les jours[5].

La critique formulée par Chantal Mouffe (2003) à l'endroit de la démocratie délibérative reprend à son compte, à certains égards, les arguments de Walzer en soulignant que les rapports de pouvoir sont constitutifs du social. Elle propose de transformer d'une manière « civique » les conflits et les antagonismes entre les acteurs sociaux – à plusieurs égards irréconciliables – en traitant d'emblée ces derniers sous un angle politique ; en cela, il est bien question de transactions sociales. Pour elle, il n'y pas de doute sur le fait que la démocratie délibérative ne permet pas de tenir compte de la nature profondément politique des conflits qui prévalent entre les acteurs sociaux.

Walzer et Mouffe ne sont pas les seuls à douter des vertus de la démocratie délibérative. En effectuant la recension des écrits, on a même l'impression que le point de vue critique domine. Comme le mentionne Blondiaux, « nombreux sont les travaux qui insistent sur les limites de la discussion, les effets de la domination et les inégalités entre les groupes, sur l'absence d'effectivité de la délibération, sur la part prépondérante jouée par les experts et les acteurs en position d'autorité, réduisant ainsi la portée de ces dispositifs délibératifs » (Blondiaux, cité par Hamel, 2008, p. 146). Bref, les promesses non tenues ou les déceptions, de même que les limites inhérentes aux dispositifs participatifs qui accompagnent l'exercice de la démocratie délibérative, constituent autant de reproches que plusieurs chercheurs mentionnent.

Il ne s'agit pas tant d'établir la liste des aspects positifs et négatifs, des qualités et des carences de la théorie délibérative, mais de prendre acte de quelques-unes des controverses qu'elle suscite. Comme je l'ai mentionné précédemment, la démocratie délibérative s'inscrit à plus

---

[5] On peut résumer son argument en faisant appel à l'extrait suivant : « Democracy requires deliberation, which is to say, a culture of argument, and it requires a body of citizens who are open, at least in principle (and some of the time in practice), to the best arguments. But arguing can't be isolated from all other things that citizens do. There is no such thing as pure argument, deliberation in itself, and no set of people whose work it is or ever could be. In most of the disputes that go on in political life, neither is there a single best argument that is or ought to be equally persuasive to people with different worldviews, religious beliefs, economic interests, and social standing. Hence there is no outcome that is purely deliberative, as opposed to political in the full sense of that term » (Walzer, 2004, p. 107).

d'un titre dans les failles du système politique et découle du manque accru de légitimité le caractérisant, et qui se reflète dans le mécontentement de la population à son endroit (Ryfe, 2007, p. 15). Mais elle repose aussi sur une série de changements tant à l'intérieur de l'État que dans les rapports entre l'État et la société civile. C'est ce qu'explique Jürgen Habermas : « le paradigme délibératif a pris de nos jours une pertinence nouvelle avec le développement d'une sphère publique en réseau et, plus généralement, avec l'importance des médias. Il permet en outre d'articuler les idéaux de la tradition politique avec la complexité de la vie sociale » (2003, p. 46).

Comment parvenir à faire des choix collectifs alors que la vie sociale est de plus en plus soumise à l'individualisation des rapports sociaux ? Est-ce que la démocratie délibérative et les scènes de débat public qu'elle permet de construire peut contribuer à briser la segmentation ou la « balkanisation » grandissante de la vie sociale autour des modes de vie, contribuant du coup à établir des arènes ou des lieux de communication permettant de dégager des consensus – des compromis – par rapport au bien public ou aux services publics ? À quelles conditions les dispositifs délibératifs institués par les pouvoirs publics peuvent-ils aider à formuler des choix collectifs dans un nouveau contexte de gouvernance ?

On sait qu'il existe encore un écart important, voire un dialogue difficile entre la théorie délibérative et ses pratiques effectives (Mutz, 2008). Plusieurs chercheurs ont souligné ce fait et formulé diverses propositions afin de réduire cet écart (Thompson, 2008), à commencer par des échanges continus entre théorie et empirie et la formulation de protocoles de recherche qui se déroulent en interaction sur les deux tableaux.

2. Participation et débat public : quels changements institutionnels ?

À la suite des commentaires qui précèdent, on peut revenir à la question posée initialement concernant la portée du changement institutionnel relatif à la participation des citoyens aux affaires publiques sous le registre de la gouvernance et du débat public. Il est certain qu'au cours des dernières années, dans la très grande majorité des pays occidentaux – voire même dans les pays du Sud –, on a assisté à un retour de la participation citoyenne sous diverses formes. Toutefois, bien qu'un tel engouement ne doive pas d'emblée engendrer une méfiance absolue, il ne signifie pas pour autant une avancée incontestable sur la voie de la démocratisation de la gestion publique. C'est que la prolifération du discours participatif ne se traduit pas toujours par une capacité accrue pour les citoyens d'influencer les décisions publiques. D'ailleurs, comme on l'a vu, il existe une échelle dans l'ouverture du système public à l'influence des citoyens par l'entremise des dispositifs participatifs. Tout n'est pas du même ordre. Ce n'est pas un hasard s'il arrive souvent que les innovations qui accompagnent les injonctions participatives demeurent exploratoires et faiblement instituées. Enfin, les élites n'acceptent jamais de voir leur échapper les privilèges qui leur ont été consentis par le passé. Par conséquent, les effets potentiels de la participation en termes de démocratisation de la gestion publique sont souvent contrés par des résistances ou des sécessions de la part des élites (Tilly, 2007).

L'appel à la participation citoyenne tel que formulé par les pouvoirs publics emprunte des formes et des modalités multiples. Toutefois, les nombreuses réserves exprimées à ce sujet par plusieurs observateurs – à commencer par les chercheurs –, qui évoquent la nature même du politique mettant en scène des éléments irréconciliables sur le plan des valeurs ou compte tenu de la présence d'inégalités sociales que les dispositifs participatifs parviennent peu à surmonter dans les faits, conduisent à une évaluation nuancée des dispositifs participatifs.

En d'autres termes, les problèmes à surmonter demeurent nombreux. L'accessibilité aux dispositifs participatifs est souvent limitée à cause de la formation antérieure ou de la culture des citoyens. Les classes moyennes, si ce ne sont les classes moyennes supérieures, sont en général sur-représentées. La faible représentativité de celles et ceux qui acceptent de prendre part d'une manière active au débat public autour d'enjeux majeurs ou de projets spécifiques est également maintes fois évoquée. Si cela converge dans une large mesure avec la sur-représentation de certains groupes sociaux, l'enjeu de la représentativité est aussi celui de la légitimité première du processus participatif. Même si on ne s'attend pas à ce que tous les groupes sociaux soient présents, il n'est pas sans conséquence sur l'ensemble de la démarche – sa portée effective – si c'est seulement une minorité qui se sent concernée. Qui s'est exprimé, en vertu de quels intérêts ? Ces aspects doivent nécessairement être pris en compte, au risque de miner la crédibilité des processus mis en place.

C'est aussi l'équilibre entre les acteurs en présence qui pose problème. D'entrée de jeu, tous les acteurs ne disposent pas de ressources identiques, que celles-ci soient matérielles, organisationnelles ou intellectuelles. Qu'est-ce qui peut contrer les déséquilibres ? Est-ce que le recours à des contre-pouvoirs, comme le suggèrent Fung et Wright (2005), peut être efficace pour neutraliser les prérogatives des acteurs dominants ?

À la suite de Maurice Blanc, on peut parler à ce sujet d'un paradoxe du contre-pouvoir délibératif :

> Il ne peut y avoir de délibération qu'entre égaux. Or, l'asymétrie des relations de pouvoir est un fait. Il faut donc un contre-pouvoir pour parvenir à un équilibre. Mais si ce contre-pouvoir s'exerce selon le mode traditionnel de l'affrontement et du coup de force, il paralyse la délibération. La seule issue est un contre-pouvoir coopératif fondé sur des valeurs communes (2005, p. 175-176).

C'est bien là un des défis majeurs de la participation que d'aplanir les divergences ou de dépasser les inégalités sociales effectives, en misant sur un projet commun. Il n'en demeure pas moins que dans les faits de tels écueils se révèlent très difficiles à surmonter.

Si, en théorie, l'idée de participation qu'on retrouve dans le modèle de la démocratie participative peut revêtir selon certains (Crépon et Stiegler, 2007) l'allure d'un pléonasme – toute démocratie étant par essence participative à divers degrés –, on sait bien qu'en réalité il n'en est rien. L'évocation de la participation conserve une part de subversion – du moins dans les représentations des autorités – si elle converge avec le principe d'élargir la consultation populaire et son influence sur les processus décisionnels. Dès lors, c'est l'enjeu d'une articulation de la démocratie participative à la démocratie représentative qu'il est nécessaire de revoir. Tandis que la démocratie représentative favorise l'expression de points de vue opposés à partir de l'hypothèse que l'imposition de la majorité permettra de résoudre – même si ce n'est que temporairement – les problèmes accédant à l'agenda politique, la démocratie participative encourage l'expression des points de vue minoritaires sans exiger au terme de l'exercice leur conformité à la règle de la majorité. La reconnaissance des identités et des différences prime ici sur la conformité. Dans ce contexte, l'intérêt général n'est plus donné à l'avance. Il est la résultante d'une mise en commun de la diversité et de la subjectivité des points de vue. C'est ce qui permet la construction d'un processus de régulation – et de reconnaissance sociale, doit-on ajouter – que la démocratie représentative n'est jamais en mesure de réaliser à elle seule.

Bibliographie

Bacqué M.-H., Rey H., Sintomer Y. (dir.), 2005, *Gestion de proximité et démocratie participative. Une perspective comparative*, Paris, La Découverte.

Blanc M., 2005, « Participation et démocratie », *Espaces et Sociétés*, 123, p. 167-180.

Blondiaux L., 2008, *Le nouvel esprit de la démocratie. Actualité de la démocratie participative*, Paris, Seuil.

Blondiaux L., Sintomer Y., 2002, « L'impératif délibératif », *Politix*, 57, p. 17-35.

Cefaï D., 2007, *Pourquoi se mobilise-t-on ? Les théories de l'action collective*, Paris, La Découverte.

Dahl R., 2006, *On Political Equality*, New Haven, Yale University Press.

Delli Carpini M. X., Coox, F. L., Jacobs L. R., 2004, « Public Deliberation, Discursive Participation, and Citizen Engagement : A Review of the Empirical Literature », *Annual Review of Political Science*, 7, p. 315-344.

Fisher F., 2003, *Reframing Public Policy. Discursive Politics and Deliberative Practices*, Oxford, Oxford University Press.

Fung A., 2005, « Deliberation Before the Revolution. Toward an Ethics of Deliberative Democracy in an Unjust World », *Political Theory*, 33(2), p. 397-419.

Fung A., Wright E. O., 2005, « Le contre-pouvoir dans la démocratie participative et délibérative », in Bacqué M.-H., Rey H., Sintomer Y. (dir.), p. 49-80.

Gauthier M., Gariépy M., Trépanier M.-O. (dir.), 2008, *Renouveler l'aménagement et l'urbanisme. Planification territoriale, débat public et développement durable*, Montréal, Presses de l'Université de Montréal.

Gastil J., Levine P. (dir.), 2005, *The Deliberative Democracy Handbook*, San Francisco, John Wiley & Sons.

Gutmann A., Thompson D., 2004, *Why Deliberative Democracy ?*, Princeton and Oxford, Princeton University Press.

Habermas J., 2003, « Au-delà du Libéralisme et du Républicanisme, la Démocratie Délibérative », *Raison Publique*, 1, p. 40-57.

Hamel P., 2009, *Le débat public : conditions d'émergence et exigences*, rapport de recherche, Montréal, Université de Montréal.

–, 2008, *Ville et débat public. Agir en démocratie*, Québec, Presses de l'Université Laval.

Hajer M. A., 2005, « Setting the Stage. A Dramaturgy of Policy Deliberation », *Administration and Society*, 33(6), p. 624-647.

Lefort C., 1981, *L'invention démocratique. Les limites de la domination totalitaire*, Paris, Fayard.

Mouffe C., 2003, « La politique et la dynamique des passions », *Politique et Sociétés*, 22(3), p. 143-154.

Monkkonen E. H., 1988, *America Becomes Urban*, Berkeley, University of California Press.

Mutz D. C., 2008, « Is Deliberative Theory a Falsifiable Theory ? », *Annual Review of Political Science*, 11, p. 521-538.

Pierre J., 2000, *Debating Governance. Authority, Steering, and Democracy*, Oxford, Oxford University Press.

Rosanvallon P., 2008, *La légitimité démocratique. Impartialité, réflexivité, proximité*, Paris, Seuil.

Ryfe D. M., 2007, « Toward a Sociology of Deliberation », *Journal of Public Deliberation*, 3(1), p. 1-27.

–, 2005, « Does Deliberative Democracy Work ? », *Annual Review of Political Science*, 8, 49-71.

Sintomer Y., 2007, *Le pouvoir au peuple. Jurys de citoyens, tirage au sort et démocratie participative*, Paris, La Découverte.

Storrie T., 2005, « La transformation du discours public pour l'action collective : l'association *Action by Differently Abled People in Tynedale* (ADAPT) », *Espaces et Sociétés*, 123, p. 113-127.

Thompson D. F., 2008, « Deliberative Democratic Theory and Empirical Political Science », *Annual Review of Political Science*, 11, p. 497-520.

Tilly Ch., 2007, *Democracy*, Cambridge, Cambridge University Press.

Walzer M., 2004, *Politics and Passion. Toward a More Egalitarian Liberalism*, New Haven, Yale University Press.

Young I. M., 2001, « Activist Challenges to Deliberative Democracy », *Political Theory*, 29(5), p. 670-690.

CHAPITRE 8

Le projet en tant que processus démocratique et en tant qu'espace transactionnel de reliance

Léa LONGEOT

Architecte, association Didattica,
École nationale supérieure d'Architecture de Paris La Villette

Provenant du champ de l'architecture, nous souhaitons mener notre réflexion autour des thématiques de la participation, de la citoyenneté et de la démocratie locale, à partir d'un projet de création collective que nous avons initié il y a plus de deux ans à Montreuil au sein d'une association basée à l'école d'Architecture de Paris La Villette. Ce projet s'est mis en place dans le cadre de coopérations et de partenariats associatifs et institutionnels dont la particularité est la grande hétérogénéité des milieux professionnels, sociaux, culturels et générationnels dont sont issus les participants au projet.

Nous aborderons le projet comme le lieu même du processus d'émergence et d'agencement d'un espace démocratique de création et d'un espace transactionnel de reliance. Le processus du projet est le lieu où se jouent des transactions sociales, « processus de socialisation et d'apprentissage de compétences démocratiques » (Blanc, in Freynet *et al.*, 1998) comportant une dimension interculturelle très importante[1] – le projet est considéré ici autant comme un projet visant la réalisation d'un processus que comme un projet visant la réalisation d'un objet.

Dans cette approche du projet visant un processus, et en particulier un processus de citoyenneté, nous nous intéressons aux méthodologies participatives et pédagogiques qui ont guidé les relations en train de se construire en vue d'encourager les rencontres sociales, culturelles,

[1] En particulier, le projet a relié des Rroms (de diverses origines), des Berbères d'Europe (majoritairement Kabyles de France) et des Occitans (ou des personnes de culture occitane).

professionnelles et générationnelles et les échanges, dans un travail commun. La notion de « transaction » rassemble en effet cette dimension constructiviste du processus et celle d'échange dans les relations. Nous tenterons de développer l'idée que le processus de projet peut être considéré comme un processus démocratique qui engage une méthode pédagogique dont l'un des enjeux est l'apprentissage du travail coopératif, travail considéré comme faisant partie des compétences démocratiques. Ce processus conduit en effet à créer du collectif en même temps que de créer une œuvre porteuse d'une parole politique, c'est-à-dire porteuse d'une parole singulière qui fait entendre une position, une différence, une culture dans l'espace public.

1. Un espace transactionnel de reliance avec des Rroms

Les Rroms (souvent appelés en France Manouches, Tsiganes, gens du voyage, Gitans, Bohémiens, etc.), constituent un peuple de France méconnu, souffrant de marginalisation, de stigmatisation, de discrimination et de racisme. C'est pourquoi la reliance, l'acte « d'articuler ce qui est séparé et relier ce qui est disjoint » (Morin, 1977) prend tout son sens avec les Rroms. Mais nous parlons bien de la reliance sociale, celle qui travaille le lien à l'*Autre*, le lien entre une population et les autres populations. La relation à l'*Autre*, celui qui n'est pas rrom, est déterminante dans la constitution identitaire culturelle des Rroms, l'*Autre* a même un nom, il s'appelle *Gadjo* en rromani (*Gadjé* au pluriel).

Rappelons que ce peuple de France a une histoire tragique et en même temps ignorée. C'est un peuple déporté d'Inde au début du XIe siècle qui n'a plus aujourd'hui de lien direct avec sa terre d'origine. Il est à présent sans territoire compact (Courthiade, 2004, p. 31 sq.), le peuple que les peuples autochtones d'Europe ont appelé Tsigane en France, *Zigeuner* en Allemagne, etc., du grec *Athigganoi*, « non touchés », qui désignait initialement une secte manichéenne errante sur le territoire européen juste avant l'arrivée des Rroms et provenant de Perse. Les Rroms sont apparus aux portes de l'Europe dans le courant du XIVe siècle (dans la Roumanie actuelle par exemple) ; en France, ils sont signalés au XVe siècle.

Les Rroms vivent à nos côtés en France depuis plus de cinq siècles. À leur arrivée, ils furent accueillis par les pouvoirs locaux grâce à des lettres de protection qu'ils portaient et qui provenaient des Princes de Bohème – d'où le nom qu'on leur a attribué à cette époque, Bohémiens – mais aussi de Hongrie ou de Pologne. Les chefs rroms disaient venir de la contrée de la Petite Égypte (nom donné à une région du Péloponnèse), ils se disaient Comte de Petite Égypte, d'où les noms qu'on leur donna également : « Égyptiens », « Gypsies », « Gitanos », « Gitans ».

La langue des Rroms, le rromani, provient du sanscrit indien, avec un vocabulaire qui s'est enrichi des langues parlées dans les pays traversés. À partir de cette origine, les linguistes ont pu distinguer différents groupes qui appartiennent au même peuple. La langue est l'élément le plus important sur lequel s'appuie l'identité rrom ; c'est par la langue qu'ils constituent un peuple, « on peut dire que le rromani joue un rôle symbolique comparable à celui du territoire pour une autre nation ou de la confession religieuse pour les Juifs » (Courthiade, 1993).

Ces différents groupes sont différents car ils n'ont pas suivi les mêmes chemins après leur passage en Grèce, où de nombreux mots sont restés dans les divers dialectes de ces groupes – le grec est la langue à laquelle ils ont le plus emprunté et le plus anciennement (XIIIe siècle). La diversité des Rroms nous enseigne que les hommes sont faits de leurs rencontres avec d'autres hommes, que l'on est soi parmi les autres, soi par rapport aux autres.

2. La dimension constructiviste du projet

Un projet de film participatif sur Montreuil et les Rroms fut ainsi initié dans le courant de l'année 2004-2005, au sein de l'association *Didattica* (dont le logo est : architecture, éducation, démocratie), en vue de créer les conditions d'une coopération sociale, interculturelle et transterritoriale avec des Rroms, en tant que population de France très souvent absente des lieux de la citoyenneté, lieux qui permettent l'accès à la démocratie.

Le but était de créer un espace démocratique et créatif dans la ville de Montreuil qui permette de travailler avec les Rroms sur le thème des interactions entre les identités, les nations et l'État. Pour cela, le projet comportait deux dimensions, il était à la fois un projet pédagogique qui favorise les rapports démocratiques et un projet de création qui favorise l'émancipation et l'affirmation identitaire dans la reconnaissance de l'altérité.

L'écriture de la fiction du film, associée à l'énonciation d'une méthode d'action, a constitué un programme d'actions, car l'histoire du film racontait la genèse et la mise en œuvre du film lui-même ; elle était ainsi effectivement vécue par les personnes qui allaient constituer le collectif du film. L'idée était en effet que le film retrace, à travers une fiction, le processus constructif de création du film.

3. Le projet comme fiction opératoire

Tout projet est une *fiction opératoire* (Boutinet, 1990). La trame fictionnelle du film alors écrite, constituait un instrument efficient du projet, elle se voulait rendre opératoire l'accueil d'autres concepteurs du film, citoyens créatifs et le rassemblement autour d'un collectif. Elle peut être considérée comme un cadre permettant la genèse de relations puisqu'elle détermine les étapes préconisées, anticipées des relations à construire.

Cette structure fictionnelle pose les jalons d'une histoire. C'est l'histoire d'un étranger du Sud-Ouest de la France qui débarque à Montreuil, un drôle d'étranger qui chante dans les rues à la recherche de quelque chose. Il est à la recherche d'une rencontre, à la recherche du bonheur en quelque sorte (le bonheur, étymologiquement, dans la plupart des langues, se présente en termes de rencontre : Lacan, 1986). Et la rencontre se réalise par le biais de la musique, et en particulier de la voix dans un territoire. Il cherche à rencontrer des Rroms pour jouer de la musique avec eux. La quête de cet Occitan à travers les rues et les parcs de la ville le mène vers la connaissance du peuple rrom, vers le chemin de ceux qui survivent et de ceux qui tentent de se battre pour faire reconnaître leurs droits et leur culture. Il rencontrera donc non seulement des musiciens, mais un peuple et son histoire. La rencontre aboutit à une volonté commune d'agir. Ils mèneront ensemble une action en vue de transmettre l'histoire politique, sociale et culturelle des Rroms pour combattre les préjugés et lutter contre le racisme. Ainsi, offriront-ils une grande fête à la ville de Montreuil, un événement sous le signe de la rencontre entre la culture occitane du Sud-Ouest de la France et la culture rrom, sous le signe de l'hospitalité montreuilloise[2].

4. Conditions de la genèse de la relation

Le démarrage du projet a donc consisté, dans un premier temps, à chercher les conditions de la rencontre avec des Rroms, les conditions opératoires afin de faire exister et rendre réelle la fiction ainsi définie. Deux directions ont été prises : l'une vers les Rroms français installés à Montreuil depuis longtemps (ceux, appelés Manouches, qui sont présents depuis plusieurs siècles, ceux venus de Roumanie suite à la fin de l'esclavage en 1856, ayant fait un détour par la Russie, ceux venant d'ex-Yougoslavie arrivés à Montreuil il y a plus d'une trentaine d'années, etc.), l'autre vers les Rroms roumains arrivés à Montreuil à la fin des années 1990-début des années 2000.

Étant habitante d'un quartier de Montreuil qui a historiquement accueilli des Rroms, je les croisais au quotidien, surtout des femmes

[2] Synopsis du Dossier « Montreuil, ville des Rroms. Un film réalisé en coopération avec des Rroms de Montreuil et d'ailleurs, d'autres habitants de Montreuil et d'ailleurs et des Occitans du Sud Ouest de la France et d'ailleurs », mai 2006.

faisant leurs courses. Je ne voulais pas aller vers cette population, installée depuis longtemps à Montreuil, directement, mais plutôt faire en sorte qu'une rencontre soit possible, autrement dit créer les conditions de rencontres potentielles. J'ai par exemple contacté l'anthropologue qui avait étudié des familles rroms de ce territoire dans les années 1970 (William, 1984). J'ai aussi pris rendez-vous avec une Rromni, Indiana Cortez, qui avait créé dans le quartier une association de soutien scolaire en direction d'enfants rroms et était actuellement engagée dans une association de ce quartier.

En ce qui concerne les Rroms roumains, j'ai contacté le collectif de soutien aux Rroms de Montreuil qui s'était monté en 2002 et dont j'avais suivi les actions militantes. Or, ce collectif n'existait plus au moment où j'ai contacté Jeanne Studer, l'une de ses membres, et d'autres anciens membres. En revanche, j'ai rencontré des Montreuillois qui avaient mené une expérience relationnelle avec des Rroms en tentant de les aider à s'installer à Montreuil et à défendre leurs droits. Ils étaient dans une situation d'échec suite à leurs actions de soutien envers les Rroms roumains nouvellement arrivés à Montreuil. Une expulsion d'un squat dans lequel vivaient des familles rroms les avait tous beaucoup marqués, non seulement par la teneur violente de l'intervention des forces de l'ordre mais aussi par la perte de croyance en une possibilité d'accueil de nouveaux Rroms sur le territoire de la ville de Montreuil.

En parallèle à mes rencontres diverses à Montreuil, je me suis inscrite en auditrice libre au cours de langue et civilisation rromani à l'Institut national des langues et civilisations orientales de Paris, car c'était une façon pour moi de compléter mes connaissances sur l'histoire des Rroms et d'approcher la culture par la langue, par volonté d'instaurer une reconnaissance rigoureuse de la culture et une confiance avec les Rroms rencontrés.

Le professeur responsable de la chaire de rromani, Marcel Courthiade, ne m'était pas inconnu. Je l'avais découvert un peu moins d'un an auparavant à l'occasion du Forum social européen, dont une table ronde s'était déroulée à Saint Denis sur la question de l'accueil des Rroms sur le territoire français. J'avais alors été surprise par cette personne qui se présentait comme Rrom, comme professeur de langue et civilisation rromani et comme militant de la cause rrom. Depuis une dizaine d'années que j'approchais le monde culturel des Rroms, c'était la première fois que j'entendais quelqu'un se présenter de cette façon (Rrom, intellectuel et militant), faisant le constat qu'en France, peu d'intellectuels étaient connus pour être d'origine rrom.

5. Échange dans une approche constructiviste

Ce cours s'est avéré être un lieu de rencontre exceptionnel, et Marcel Courthiade fut très vite un allié pour le projet de film, c'est-à-dire un collaborateur constructiviste potentiel du projet. Trois mois après la rentrée universitaire, je prenais des rendez-vous individuels avec diverses personnes d'origine rrom rencontrées au sein du cours pour leur présenter mon projet de film. D'abord, Marcel Courthiade m'accueillit chez lui et fut enthousiaste de la démarche que je proposais, qui consistait à approcher la culture rrom par le thème de la rencontre culturelle, en particulier la rencontre entre des Occitans et des Rroms, peuples de France. Lui-même était correcteur au Baccalauréat option occitan, il portait la double culture. Je trouvais en lui, pourrait-on dire, une forme d'incarnation symbolique de l'hypothèse que j'avais formulée, d'une proximité culturelle entre les Rroms et les Occitans dans leur rapport à l'État français et à leur identité. Puis, je rencontrais Jeanne Gamonet, une étudiante du professeur Courthiade, à la retraite, ayant repris ses études dans l'objectif de faire une thèse sur le rromani. Elle est issue d'un couple mixte dont le père rrom avait transmis sa langue et sa culture à ses enfants, tout en affirmant une appartenance à la culture française. Elle a été pendant sept ans interprète à la mission « Tsiganes » de Médecins du monde, et elle est actuellement présidente de l'association *Centre AVER contre le racisme* (*aver* veut dire autre en rromani). Je rencontrais aussi Saimir Mile, un Rrom albanais, président de l'association *La voix des Rroms* et étudiant en droit.

Ces personnes présentes au cours de rromani, porteuses de culture rromani, étaient en effet déjà en lien, le cours jouant un rôle fédérateur pour eux. Ils s'ouvrirent à moi en m'intégrant très vite dans leur cercle associatif et amical. Ils me firent rencontrer d'autres personnes et associations, en vue de participer au projet que je proposais. J'ai ainsi constaté que j'avais trouvé là les Rroms avec lesquels je pouvais commencer à travailler, pour ensuite nous adresser ensemble aux Rroms en grande précarité et non organisés. Une méthode d'approche se dessinait que je pouvais enfin formuler : travailler avec des Rroms intellectuels en vue de préparer ensemble ce travail de rassemblement et de participation de Rroms en mal d'émancipation[3].

[3] Je rencontrais Lucia Presber, Rromni d'Angleterre, juriste et présidente de l'association *Femmes rroms sinté kalé*, Brahim Music, Rrom du Kosovo, président de l'association *Ternikano Berno* (cercle de la jeunesse, en rromani), Jean Sarguera, Rrom d'Espagne (Gitan), président de l'association *Centre Culturel Gitan* à Pavillon sous Bois, Catherine Kwik, Rromni de Montreuil d'une grande famille rrom, membre de l'association *Femmes rroms sinté kalé*, Esméralda Romanez, Rromni française (Manouche), présidente de l'association *Samudaripen* (nom du génocide des Rroms

Cette phase de rencontres, qui s'étendit sur près d'un an, mis en place des échanges dans le cadre d'un processus constructiviste, car je me présentais à eux avec une volonté de travailler avec eux : je leur proposais une action à mener ensemble en vue de développer des outils de combat contre l'exclusion et les discriminations que vivent la majorité des Rroms. Ainsi, leur proposais-je de contribuer à leurs luttes associatives. Nous étions dans une période de genèse de la relation, relation différente à chacun, faite de plus ou moins d'engagement.

Une première étape dans l'évolution des rapports fut franchie avec ma participation à la Journée mondiale des Rroms 2006 à Cergy, à l'Institut polytechnique Saint-Louis. Je contribuais à cet événement que certains d'entre eux organisaient et ainsi les termes de l'échange se modifiaient : ce n'était pas eux, dans un premier temps, qui participaient à un projet que je leur proposais, mais moi qui était invitée à participer à une de leurs initiatives. Suite à cette expérience commune, nous nous mîmes d'accord pour organiser la prochaine Journée mondiale des Rroms ensemble, celle de 2007, à Montreuil, événement devenant celui qui contribuerait à la constitution du collectif du film, comme je l'avais envisagé.

6. Étape de l'évolution des interactions dans le rapport social

Dans la fiction opératoire que j'avais écrite, je voulais en effet organiser un événement public dans la ville de Montreuil, comme première étape vers la constitution d'un collectif porteur du film. L'événement devait rassembler et apprendre aux participants à coopérer, il devait instaurer des transactions sociales.

Un document présentant les intentions du projet de film, avec l'organisation d'un événement public comme étape du processus de création du film, fut distribué à tous nos interlocuteurs comme un document contractuel sur la base duquel nous pouvions travailler ensemble. Vis-à-

pendant la Seconde Guerre mondiale), et d'autres, non constitués en association, comme Vincent Cusol, Rrom français (Sinto), militant de la Confédération Nationale du Travail (CNT) à la commission Gens du voyage, au sein de laquelle il a fondé un journal *Le niglo en colère* qui circule dans la communauté manouche, Jaśko Ramić, Rrom de Macédoine, musicologue et musicien, Jérome Vonin, Rrom français, cuisinier professionnel, Petre Petcut, Rrom de Roumanie, doctorant en histoire à l'EHESS, dont le travail porte sur l'esclavage des Rroms en Roumanie, Nédima, la femme de Brahim Music, Marcel Hognon, Rrom français (Manouche), poète, peintre, marionnettiste, Alexandre Romanes, Rrom français, écrivain, poète et directeur du Théâtre Romanes, Jeta, la femme de Marcel Courthiade, Sali Usein, Rrom de Macédoine, danseur et chorégraphe, etc.

vis de nos interlocuteurs, la seule condition de notre accord résidait dans le lieu de la tenue de l'événement, Montreuil, le film développant une représentation de ce territoire qui a une histoire importante avec les Rroms. L'événement devait donc avoir un ancrage territorial à Montreuil.

Mes contacts dans la ville de Montreuil, s'étaient poursuivis suite à la rencontre avec une anthropologue engagée dans une association de quartier, en parallèle à ce début de relation aux Rroms du cours de rromani. Nous avons rencontré notamment les membres de trois associations du quartier de La Boissière de Montreuil (quartier ciblé pour le tournage du film, au regard de l'histoire des Rroms à Montreuil et de notre histoire personnelle) qui œuvrent pour lutter contre les inégalités face à l'éducation, la culture et la participation politique[4].

D'autres associations du quartier nous ont été présentées par des travailleurs de l'antenne municipale du quartier auxquelles nous comptons proposer de participer au projet de film à l'avenir[5].

---

4 L'association *Rues et Cités* est un club de prévention qui a été créé après la Deuxième Guerre mondiale, dans les années 1950, et travaille avec des adolescents en souffrance notamment du quartier de La Boissière. Dès le début de son histoire, *Rues et Cités* s'adresse aux Rroms de Montreuil, ils ont même créé une mission spécifique en direction des jeunes rroms en difficulté (mission Tsigane). *Rues et Cités* est pionnière dans le travail en direction des Rroms à Montreuil. Ils poursuivent aujourd'hui leur action éducative avec de nombreuses activités en direction des jeunes du quartier telles que des chantiers d'insertion ou des ateliers de pratiques artistiques).
L'association *Ensemble notre quartier* est une association « fédérative » du quartier de La Boissière, elle a notamment lancé une initiative, il y a quelques années maintenant, rassemblant de nombreuses associations du quartier, qui consiste en l'organisation de la fête du quartier, devenue un rendez-vous annuel important dans le quartier. Le combat au sein de l'association, nous a expliqué son fondateur, est de « mettre les gens en lien [...] les gens cassés par la vie. Faire passer l'idée qu'ils peuvent dire des choses et sont capables de les dire. Après, la question est de savoir comment la puissance publique va être capable d'accueillir cette parole, qu'elle ne soit pas juste utilisée ». *Ensemble notre quartier* organise aussi des conférences-débats dans le quartier et, en 2003, ils avaient invité Béatrice Jaulin à présenter son ouvrage venant d'être publié, *Les Roms de Montreuil.* Cette soirée avait eu un grand succès, beaucoup de Rroms étaient venus assister à la conférence et s'y étaient exprimés. L'engagement de *Ensemble notre quartier* continue et nous souhaitons les associer à notre projet.
L'association *Solidarité Français Migrants* aussi est une association importante du quartier qui fait notamment de l'alphabétisation en direction des adultes, propose un centre de loisirs et du soutien scolaire pour les jeunes du quartier, et une halte garderie. Au sein de cette association, je rencontrais des Rromni et des personnes connaissant des Rroms.

5 Il y a l'association des *Femmes de La Boissière*, qui réunit des musulmanes qui font de l'alphabétisation et de la sensibilisation sur la sexualité, et la place des femmes à l'école, le *Lieu Écoute Accueil*, qui est animé par des femmes en majorité malienne,

Des rendez-vous ont aussi été pris avec six élus de la mairie communiste de l'époque[6] en vue de rechercher des soutiens institutionnels. Le résultat en a été l'expression d'un enthousiasme oral général et un engagement de la part de l'élue à la Culture et l'élue à la Jeunesse à défendre le dossier auprès du maire. Nous n'avons pas réussi à obtenir un rendez-vous avec le maire, mais nous pûmes lui parler du projet à l'occasion d'une initiative associative – le Festival de la rue Saint Antoine (rue majoritairement habitée par des familles rroms françaises) –, à laquelle il s'était rendu. Des structures culturelles ont également été contactées telles que la maison populaire de Montreuil, La parole errante, le cinéma municipal Georges Méliès, la maison des Femmes, le café municipal La Pêche, l'association Apologie, avec laquelle nous avions déjà travaillé, qui œuvrent à des projets solidaires interculturels et intercommunautaires.

Nous fîmes aussi d'autres rencontres, comme celle de Bielka Mijoin-Némirovsky, de l'association Coriandre de Montreuil, chanteuse d'influence yiddish, russe et rrom (« musique tsigane », comme elle est souvent appelée), qui venait de terminer un documentaire sur une famille de Rroms roumains errant dans la ville de Montreuil, de squat en squat, ou celle de Méritxella Pradier, sociologue en quête de ses origines rroms.

Dans cet ensemble de rencontres puis de relations à des partenaires potentiels au projet, j'ai souvent été confrontée à des postures de défiance qui m'obligeaient à développer tout un travail sur la relation et la communication, afin de créer un climat de confiance. Ce travail reposait d'abord sur une visibilité ou une forme de démonstration du sérieux de ma démarche (connaissance des Rroms, connaissance du contexte montreuillois, compétence pédagogique, expérience associative, cadre universitaire, etc.) et sur une attention et une disponibilité soutenue (un temps important consacré à l'écoute et l'échange permanent sous forme de conversations ou de courriers).

7. Le projet en tant qu'opérateur de reliance et de démocratie

Un groupe de travail se met donc en route pour préparer la première réunion d'organisation de la journée mondiale des Rroms du 8 avril 2007. Il est composé de Saimir Mile et Mirabela Margelu, de l'associa-

---

la *Maison Accueil Soleil*, qui aide les femmes se retrouvant sans logement suite à un conflit familial.

[6] L'élu à la Culture, à la Politique de la ville, à l'Intégration et à la Vie associative, à l'Immigration, à la Jeunesse et au quartier La Boissière, et l'adjoint au maire aux Relations internationales.

tion *La voix des Rroms*, de Méritxella Pradier et moi-même, de l'association *Didattica*. Nous étions le 7 juillet 2006, dix mois avant la date de l'événement, vingt et une personnes étaient présentes, douze excusées et neuf absentes, ce qui fait un total de quarante deux personnes susceptibles, à ce jour, de participer à l'organisation de la journée mondiale des Rroms à Montreuil. Les personnes ainsi réunies provenaient de différents univers, à l'image de toutes les rencontres faites jusqu'alors[7].

À partir de cette réunion de lancement, le processus démocratique en tant que processus d'agencement collectif débutait avec un appareillage organisationnel très précis. Chaque mois, une réunion générale avait lieu, organisée par le secrétariat général qui devint le secrétariat du collectif du 8 avril, composé de deux membres de l'association *Didattica* et deux membres de l'association *La voix des Rroms*. Des comptes rendus détaillés de ces réunions étaient très largement diffusées à une liste de diffusion qui atteint assez rapidement plus d'une centaine de personnes. Dès la deuxième réunion, huit équipes thématiques étaient constituées afin de partager les tâches et responsabilités des différentes composantes de l'événement (Lieu et scénographie, Banquet et stands cuisine, Tables rondes et débats, Revendications, Scène artistique, Jeux et ateliers pédagogiques, Relais de l'information, Film « Montreuil, ville des Rroms »). Chaque réunion générale, pourrait-on dire, constituait une étape de l'évolution des rapports sociaux au sein du collectif et aussi avec les partenaires extérieurs, et marquait des transformations des termes de l'échange entre les participants. Par exemple, des personnes engagées dès le début se désengageaient ou, au contraire, des personnes présentes dès le début mais de façon discrète prenaient des engagements plus importants et jouaient des rôles auxquels ils n'étaient pas *a priori* disposés au début ou encore de nouveaux participants changeaient les équilibres au sein du collectif constitué.

Le dispositif organisationnel à caractère collectif ainsi mis en place nécessitait, en parallèle, des échanges interpersonnels particuliers avec chaque participant afin de réaffirmer régulièrement la place et les compétences de chacun, la reconnaissance de son rôle et de sa différence. Ce travail important, sur la justesse (au sens de Boltanski, 1990) de la communication – que je menais en tant que coordinatrice – avec chaque

7 Il y avaient des Montreuillois se sentant concernés par la place des Rroms à Montreuil et, plus largement, en Europe (notamment des Rroms habitant Montreuil, un éducateur de *Rues et Cités*, responsable de la Mission Tsiganes, et d'anciens membres du Comité de soutien aux Rroms de Montreuil), des représentants d'associations rroms, des étudiants du cours de rromani à l'Institut national d'apprentissage des langues et civilisations orientales (INALCO), des chercheurs dans le domaine rrom, et de simples citoyens Rroms et non Rroms.

participant, nécessitait des qualités pédagogiques, et créait, en parallèle au maillage collectif, un tissu de relations, de paroles, essentiel à la participation des uns et des autres et à la formation de liens. C'était en quelque sorte un travail de médiation entre l'individuel et le collectif, des allers-retours permanents entre ces deux dimensions.

Le processus de création de l'événement, pourrions-nous dire, s'est révélé être un opérateur très efficace de rapports démocratiques dans le sens où, à la fois, était reconnue la singularité de chaque participant dans la construction d'une œuvre collective, était favorisée l'hétérogénéité des participants et était effectif le rassemblement, aussi bien rassemblement de collectifs agissants et sympathisants, constituant ce que nous pouvons appeler une *constellation relationnelle* du projet, que rassemblement au sens de rassemblement politique en référence à des manifestations politiques ou populaires, puisque près de deux mille personnes ont assisté à l'événement. Cette étape du projet a en effet permis de commencer à connaître et reconnaître la place de chacun dans le projet de film et a ainsi posé les bases de rapports démocratiques.

Ces rapports démocratiques ne s'établissent pas sans une dimension conflictuelle importante, qui implique une série de compromis provisoires, de perpétuelles renégociations (Fridman et Roy, 1996) et modifie ainsi les priorités du projet. Par exemple, l'organisation de l'événement a introduit, dans son processus, de nouvelles activités telles que l'animation d'ateliers pédagogiques de création artistique en milieu scolaire, en vue d'associer des enfants de Montreuil à cette initiative citoyenne. Ces ateliers ont pris une place centrale dans le projet en termes d'investissement des acteurs[8] et en termes de source de financement de l'ensemble de l'action[9]. Ces ateliers sont devenus une priorité par rapport à la mise en place de l'atelier de réalisation du film dans le quartier de La Boissière, qui était prévu dans le même temps et a été repoussé de plus d'un an. Ils ont généré des conflits, notamment du fait d'être la source principale de financement de l'événement tout en étant porté, pour moitié, par des stagiaires qui étaient ainsi valorisés. Un autre exemple : après l'événement organisé, une nouvelle priorité est apparue qui s'est mise en conflit avec la priorité visant à réaliser le film en atelier (déjà repoussé). C'est celle de la création d'un centre culturel rrom à

[8] Quatre ateliers de plus d'une dizaine de séances chacun de deux à trois heures, avec deux intervenants permanents et des intervenants ponctuels pour chaque atelier, ce qui fait un total de seize intervenants.

[9] Le financeur le plus important de la Journée mondiale des Rroms (15 000 euros), la Fondation Abbé Pierre, voulait particulièrement financer les ateliers. Les conflits se sont ainsi concentrés sur le pourcentage attribué au financement de l'événement et des ateliers.

Montreuil, revendiquée par plusieurs partenaires rroms. Le film, la fiction opératoire, à l'origine, pour nous, de l'ensemble des actions menées, reste toujours, après plus de deux ans d'existence, objet de négociation et de coopération conflictuelle.

8. Apprendre à coopérer avec une pédagogie du projet

Le rassemblement, la mise en lien de tous ces citoyens et acteurs institutionnels, s'est appuyé sur une méthode pédagogique, en référence notamment à la pédagogie institutionnelle[10]. Un projet pédagogique se dessinait en même temps que le projet de création. Dans ce cadre, l'un des enjeux principaux de la pédagogie que nous appellerons pédagogie du projet est l'apprentissage du travail coopératif. Le dispositif pédagogique ainsi mis en place reposait sur une méthode liée au travail coopératif :

– la répartition des tâches et des responsabilités avec la constitution d'équipes thématiques (dix équipes).

– l'hétérogénéité dans ces équipes pour favoriser la rencontre de l'autre : ces équipes rassemblaient des personnes diverses en termes de champ disciplinaire – architecture, musique, droit, linguistique, cinéma, théâtre, histoire, etc. –, de milieu culturel et social, ainsi que de nationalité – une dizaine étaient représentées parmi les organisateurs –, de sexe ou d'âge différents.

– la mise en commun et le débat permanent par la tenue de réunions régulières de coordination (réunions générales), rassemblant toutes les personnes impliquées dans les équipes, et des rencontres inter-équipes.

– la création d'un espace d'échange de savoirs, avec la mise en place d'un séminaire de réflexion ouvert à tous, « le séminaire du 8 », comme le ferait une université populaire, dans le but de donner accès à des connaissances scientifiques et culturelles, et d'en débattre.

Le pédagogue est considéré ici comme un maître qui, comme quiconque, a sa part d'ignorance face aux savoirs et savoir-faire. Il est donc avant tout un maître du collectif, car son rôle est de « rassembler, de recueillir, de mettre ensemble » (Oury, 1980), et, pourrait-on dire, il est un maître de la transaction sociale et de la reliance. Dans la méthode

[10] La pédagogie institutionnelle s'inscrit dans la continuité de la pédagogie « Freinet » car elle poursuit la recherche d'outils pédagogiques qui favorise l'autonomie dans l'apprentissage, la coopération, et valorise la créativité de l'enfant ou de l'adulte. Mais la pédagogie institutionnelle a introduit quelque chose de nouveau, qui est la prise en compte de la dimension psychothérapique de la pédagogie, c'est-à-dire la prise en compte du désir, du transfert, de l'identification dans le collectif-classe (Oury et Vasquez, 1966).

pédagogique qu'il met en œuvre, qui consiste à développer une certaine disponibilité et attention afin d'accueillir, de rassembler et d'articuler, et qui permet la création collective, nous avons repéré une fonction très importante, que nous pourrions appeler la *fonction scribe* (Oury, 2003-2004-2005).

Le secrétariat du collectif du 8 avril portait en grande partie cette fonction. Le scribe révèle l'importance de l'écoute et de l'attention, qui sont indispensables à l'accueil et au rassemblement des désirs. Écoute et attention du rassembleur-pédagogue mais aussi de l'ensemble du groupe, c'est-à-dire une écoute collective permanente. Le pédagogue doit en effet veiller à ce que non seulement chacun s'exprime mais que chacun soit écouté par les autres. Par ailleurs, le scribe inscrit, il fait trace et permet ainsi de maintenir et articuler la structure collective. L'inscription menée par la fonction scribe participe au fait de tracer un chemin qui mène vers une modification du réel. Elle aide à ce qu'il se passe quelque chose car, en particulier, elle participe à la reconnaissance en inscrivant, elle aide aussi à ce qu'il y ait des productions de sens et des transferts de sens indispensables à la modification du réel. Par exemple, le secrétariat du collectif du 8 avril accomplissait sa fonction scribe en animant les réunions générales et les réunions d'équipes de façon à créer une circulation de la parole et une écoute collective, en prenant note de tout ce qui se dit lors de ces réunions, en les traduisant et les retransmettant largement, et aussi en filmant. La coordination de cet ensemble complexe était ainsi une forme de pédagogie.

Bibliographie

Boltanski L., 1990, *L'amour et la justice comme compétences*, Paris, Métailié.

Boutinet J.-P., 1990, *Anthropologie du projet*, Paris, PUF.

Courthiade M., 1993, « La langue romani », *Ethnies*, 15, dossier « Terre d'asile, terre d'exil : l'Europe tsigane ».

–, 2004, « Les Rroms dans le contexte des peuples européens sans territoire compact », *Bulletin de l'association des anciens élèves de l'INALCO.*

Freynet M.-F., Blanc M., Pineau G. (dir.), 1998, *Les transactions aux frontières du social*, Lyon, Chronique sociale.

Fridman V., Roy A., 1996, *Transactions identitaires*, Association canadienne d'ethnologie et de folklore.

Lacan J., 1986, *L'éthique de la psychanalyse, Le séminaire, Livre VII*, Paris, Seuil.

Morin E., 1977, *La Méthode*, Paris, Seuil, t.1.

Oury J. 1980, *Onze heures du soir à La Borde. Essais sur la psychothérapie institutionnelle*, Paris, Galilée.

–, 2003-2004-2005, *Le politique*, Séminaire de Saint Anne.

Oury F., Vasquez A., 1966, *Vers une pédagogie institutionnelle*, Paris, Éditions Matrice, préface de Françoise Dolto.

William P., 1984, *Mariage tsigane, une cérémonie de fiançailles chez les Roms de Paris*, Paris, L'Harmattan.

Troisième partie

Transactions sociales et environnement

CHAPITRE 9

Les postures microsociales, enjeu et moteur actuels d'une bonne gouvernance ?

Conflits autour du loup et du sanglier dans les Alpes françaises

Coralie MOUNET

Docteure en géographie, post-doctorante au Cemagref, UR Développement des Territoires Montagnards, Grenoble, Chercheure associée UMR CNRS PACTE Territoires, Université de Grenoble 1

À partir de la question des animaux « à problème » et de leur gestion, il s'agit, pour reprendre les termes d'A. Micoud et de M. Peroni (2000), de s'interroger sur « ce qui nous relie » à l'heure actuelle. Les conflits et les controverses autour de la gestion du loup et de celle du sanglier sont particulièrement propices à l'étude des nouvelles formes d'associations d'acteurs (Latour, 2006). S'ils font l'objet d'une gestion conservatrice et bénéficient de conditions actuelles favorables à leur maintien et à leur développement, ces animaux sont considérés « à problème » par les nuisances qu'ils représentent pour certaines activités humaines, notamment agricoles. Les choix de gestion opposent ainsi des acteurs aux visions divergentes, les uns se prononçant en faveur d'une gestion conservatrice et les autres souhaitant une éradication ou une forte régulation des populations. Nous sommes donc ici potentiellement dans le champ des transactions sociales, où « entrent en conflit et en concurrence plusieurs principes pour la gestion d'un même objet » (Mormont, 1992, p. 121). Or, malgré le conflit qui les oppose, ces protagonistes doivent cohabiter et trouver des « compromis pratiques » (Blanc, 1992). Leur investissement simultané sur un même territoire les contraint en effet à inventer des formes de vivre ensemble au quotidien, en somme des « compromis de coexistence ».

La question est donc de savoir si ces animaux ont la capacité d'incarner des objets médiateurs, « inducteurs d'un champ de potentialités » pour des transactions sociales (Remy, 1998, p. 21). De quel ordre relèvent les transactions dont le loup et le sanglier peuvent faire l'objet et quel produit transactionnel original peut être identifié ? En outre, si les transactions sociales sont supposées créer des liens sociaux, à l'origine de reliance, il s'agit de déceler de telles innovations sociales à travers la formation de regroupements d'acteurs inédits.

L'hypothèse est que, non seulement ces animaux constituent des objets de transactions sociales, mais ils peuvent en plus être considérés comme de véritables actants non humains (au sens de M. Callon, 1986) ou des opérateurs socio-spatiaux (au sens de M. Lussault, 2007) suscitant des transactions sociales.

Pour mener à bien cette étude, il s'est révélé nécessaire d'adopter une démarche pluridisciplinaire, avec la mobilisation et la combinaison d'outils conceptuels relevant de la géographie mais aussi de la sociologie (de la traduction, des organisations et de l'environnement). Les conflits ont été étudiés à travers l'analyse qualitative de soixante-quatorze entretiens semi-directifs menés auprès des différentes parties prenantes des conflits autour du loup et du sanglier, dans des territoires des Alpes françaises. Dans un premier temps, nous présentons rapidement l'organisation de la gestion de ces animaux et les enjeux à l'origine des conflits.

1. Controverses et conflits autour de la gestion du loup et du sanglier

La gestion du loup et du sanglier

Alors que le cadrage juridique et organisationnel de la gestion du loup offre peu de marges de manœuvre au niveau local, celui de la gestion du sanglier est beaucoup moins restrictif, laissant une place plus importante à l'innovation locale. Par son statut d'espèce strictement protégée aux échelles nationale, européenne et internationale, le loup est en effet théoriquement protégé de tout tir mortel et sa gestion est censée se limiter à des suivis biologiques. De plus, les orientations de sa gestion, exécutée essentiellement par des agents de l'office national de la Chasse et de la Faune Sauvage, relèvent de l'État, principalement à l'échelon national. À l'inverse, c'est cynégétiquement que le sanglier, espèce gibier chassable, est géré, et ceci dans le but affiché d'atteindre un équilibre agro-sylvo-cynégétique. Si les décisions ressortent de l'échelon départemental, une certaine liberté est laissée dans la formulation des choix de gestion au niveau local : les comités locaux des unités de gestion[1], composés des différents acteurs concernés, sont un lieu de concertation et d'émergence de compromis. En outre, et contrairement au loup, cette gestion est exécutée par les chasseurs, eux-mêmes partie prenante du conflit. Non contrainte par des plans de chasse, la chasse au sanglier est enfin relativement libre en Isère, lieu d'étude de l'animal.

Mais si la gestion de ces animaux présente des différences organisationnelles et juridiques, sa composante sociale et économique montre une certaine analogie. Ainsi, les dégâts agricoles sont-ils indemnisés et prévenus par des mesures de protection : le financement relève de l'État pour le loup et des fédérations départementales des chasseurs pour le sanglier. De plus, l'élimination d'animaux au comportement trop gênant est parfois envisagée, avec un caractère exceptionnel. Mais, malgré une telle dimension politique, à travers la prise en compte des aspects économiques et sociaux, la gestion de ces animaux ne suffit pas à clore les conflits.

Les conflits

Or, de la comparaison de ces deux cas particuliers, transparaissent des processus similaires dans la structuration des conflits. Les acteurs s'opposant au sujet du loup ou du sanglier se scindent en deux camps, jugeant différemment la présence des deux animaux et adoptant une même rhétorique argumentative de leur posture. Dans le cas du loup, les lycophobes (Mauz, 2005) sont essentiellement représentés par des acteurs du monde agricole, rejoints par des chasseurs, alors que les lycophiles sont composés d'acteurs relevant généralement du monde de la protection de la nature. Dans celui du sanglier, les suscrophobes[2] sont constitués d'acteurs appartenant pour la plupart au monde agricole, ainsi que de certains chasseurs, non chasseurs de sangliers ; les suscrophiles, quant à eux, rassemblent essentiellement des chasseurs de sangliers. Si cette opposition se base sur des perceptions divergentes de l'animal, c'est également le devenir du territoire qui est en cause. Alors que les détracteurs des animaux adoptent une grille de lecture de la situation axée sur une logique productive, dans laquelle les valeurs du travail prédominent, c'est sur une vision gestionnaire ou environnementale que les partisans s'appuient, se référant à des idéaux, anthropocentrés ou non, d'équilibre naturel. L'étude des discours permet de dégager des

---

1 Les unités de gestion correspondent à un découpage infra-départemental et constituent la plus petite maille de gestion du sanglier.

2 En référence au nom latin du sanglier, *Sus Scrofa*, et, à l'instar des dénominations données par I. Mauz (2005) dans le conflit autour du loup, nous avons respectivement désigné les détracteurs et les partisans du sanglier sous le vocable de suscrophobes et de suscrophiles (Mounet, 2007).

arguments génériques sous-tendus par ces logiques divergentes et visant à légitimer la posture de chacun. Or, la particularité de ces arguments et donc des alliances d'acteurs pour ou contre l'animal « à problème » provient de leur omniprésence dans les contextes d'action, quel que soit leur caractère conflictuel ou apaisé. Ces regroupements d'acteurs, dont la caractéristique est leur transversalité aux groupes sociaux constitués, constituent bien des innovations sociales. Mais leur récurrence sur les différents territoires étudiés nous a amenée à les considérer comme des innovations stabilisées, représentant en quelque sorte une « pré-structuration » (Friedberg, 1993) des conflits : nous les avons désignées sous le terme de postures « macrosociales ». Celles-ci peuvent être envisagées comme des enjeux contradictoires et inconciliables situés en amont des transactions sociales.

2. Vivre ensemble, malgré les désaccords sur le loup et le sanglier : des logiques microsociales

Mais, au-delà de ces postures macrosociales, la nécessité de cohabiter appelle d'autres valeurs ou d'autres intérêts, à l'origine de compromis de coexistence. Or, ce n'est qu'en adoptant un niveau d'analyse plus « micro », par un regard microgéographique, que l'on accède à de telles logiques, spécifiques à chaque territoire étudié, et à leurs conséquences dans la structuration des conflits : des associations originales d'acteurs deviennent alors visibles, mettant parfois en évidence des scissions au sein même des camps. Fruit de transactions à la fois sociales et identitaires, ces postures spécifiques aux territoires ont été qualifiées de « microsociales ». Si leur spécificité est à l'origine de la contingence de chaque contexte d'action, des régularités dans l'organisation qu'elles induisent peuvent être mises en lumière, et de tels points de convergence nous semblent être la clef de compréhension et de résolution des conflits. Nous appuyant ici sur l'expérience de territoires au « vivre ensemble » apaisé ou présentant une coopération conflictuelle, nous montrerons deux des raisons identifiées dans l'issue conflictuelle ou apaisée des situations : d'une part, les opérateurs humains et non humains présents et activés dans le territoire et, d'autre part, la gamme de jeu des acteurs. Nous verrons dans un premier temps l'influence de quelques opérateurs humains et non humains sur la configuration des contextes d'action : ces opérateurs peuvent prendre la forme d'acteurs, d'institutions, mais également de valeurs ou de principes communs. Selon leur rôle spécifique dans le territoire, construit en partie par le jeu des acteurs, ils parviennent à impulser des « vivre ensemble » apaisés ou conflictuels et à peser en retour sur le jeu des acteurs. Mais nous verrons par la suite que la présence d'un tiers médiateur constitue un troisième point fondamental pour impulser une bonne gouvernance.

Un déplacement du conflit permis par un tiers

L'intervention d'un tiers (Remy, 1992) dans le face-à-face habituel permet d'obtenir des configurations différentes dans les postures des uns et des autres. Le tiers peut endosser le rôle de bouc émissaire et permettre une alliance d'acteurs aux postures macrosociales opposées. C'est, par exemple, le cas du Parc national des Écrins, dont les limites de protection recoupent le territoire de chasse des communes du Valbonnais. Les chasseurs ont accusé l'espace protégé de constituer une réserve anormale de sangliers et de rendre inefficace leur gestion cynégétique, en leur offrant un périmètre de protection. L'accusation a induit une alliance inédite entre chasseurs et agriculteurs pour demander une battue administrative visant à éliminer les sangliers se réfugiant dans le Parc. Or, cette coalition est le produit d'une double transaction sociale et identitaire : sociale, puisqu'elle constitue une innovation dans les postures des uns et des autres et donc dans les liens sociaux ; identitaire, car elle cache un regroupement au nom d'une identité locale, d'une appartenance à un territoire local, constitué en réaction à des intérêts nationaux, ceux de la protection de la nature.

De même, la présence du loup dans la Réserve naturelle des hauts plateaux du Vercors a induit des associations particulières. Les gestionnaires sont parvenus à instaurer un relatif apaisement autour du problème, entre eux et les différents acteurs du monde de l'élevage intervenant sur ce lieu de transhumance. Pourtant, une analyse fine des discours montre des scissions au sein-même des camps. Les hauts plateaux accueillent en effet des transhumants méridionaux et locaux, des grands troupeaux et des plus petits. Or, les éleveurs locaux tentent de se démarquer des transhumants du Sud, qu'ils considèrent comme trop conciliants avec les gestionnaires : à l'appartenance à un même territoire de travail et de transhumance, les hauts plateaux du Vercors, ils préfèrent leur identité locale et leur solidarité avec d'autres éleveurs locaux situés, eux, en périphérie de la Réserve, et porteurs de postures plus conflictuelles.

De telles transactions sociales et identitaires aboutissent à un déplacement du conflit : l'opposition des postures macrosociales fait alors place à des associations particulières, faites de coalition entre deux camps ou de scissions au sein de mêmes camps, autour de la présence d'un tiers. Mais le déplacement du conflit ne suffit pas pour autant à obtenir un bon « vivre ensemble » général, englobant l'ensemble des acteurs concernés par la gestion. D'autres opérateurs se montrent plus efficaces dans la voie de l'apaisement général des conflits.

Des principes communs, sources de logiques microsociales apaisées

Réel opérateur social et spatial, la présence d'un principe supérieur commun (Boltanski et Thévenot, 1991) peut asseoir des transactions sociales impulsant un apaisement des conflits. Les relations de quotidienneté et de proximité peuvent ainsi être à l'origine d'une entente implicite sur un principe commun de « bon voisinage ». Si les acteurs restent toujours en conflit à propos de la gestion du loup ou du sanglier et maintiennent leurs postures macrosociales, l'enjeu est différent au quotidien : il s'agit de vivre ensemble, ici et maintenant, malgré les désaccords.

Les transactions sociales se basant sur un tel principe sont rendues visibles par des systèmes de don et contre-don : ceux-ci recouvrent plusieurs formes, matérielles ou immatérielles, et sont plus ou moins formalisés. Par exemple, les dégâts de sanglier sont compensés par des morceaux de viande de sanglier offerts par les chasseurs aux agriculteurs. Ces offrandes peuvent être informelles et à l'origine d'initiatives individuelles, mais elles peuvent également faire l'objet d'une organisation formalisée oralement au sein de l'association de chasse : le président d'une association communale de chasse agréée (ACCA) a systématisé ces dons, en attribuant à chaque équipe de chasseurs le soin de fournir en viande de sanglier un agriculteur donné. Les dons des suscrophiles recouvrent aussi du temps passé auprès des acteurs du monde agricole, pour les aider à mettre en place des mesures de protection, les soutenir lors des dégâts ou tout simplement leur prêter main forte lors des grands travaux agricoles tels que la récolte du foin. Ces formes de dons se retrouvent également chez les lycophiles, dans les conflits autour du loup. Derrière ces attentions en direction du monde agricole, se dessine la reconnaissance de l'autre et notamment des difficultés qu'il subit. Cette demande implicite de reconnaissance est d'autant plus forte que les acteurs du monde agricole, dans ces deux conflits, ont le sentiment d'une perte de légitimité sociale et économique de leur profession. Ils expriment leur réprobation face à la domination croissante des activités de loisir ou de protection de l'environnement sur leurs activités de production.

En contrepartie de ces divers dons, les agriculteurs suscrophobes ou les éleveurs lycophobes tempèrent leurs récriminations face aux dégâts ou encore aident leurs protagonistes dans leur loisir ou leur travail : par exemple, par un jeu informel, des agriculteurs permettent aux chasseurs d'obtenir un plan de chasse du chevreuil plus conséquent ; des bergers de la Réserve naturelle des hauts plateaux du Vercors aident à repérer des infractions au règlement de l'espace protégé et en préviennent les gardes.

D'autres opérateurs que le principe de bon voisinage peuvent également influencer la teneur du « vivre ensemble ». Notamment, l'histoire du territoire et des relations entre individus participe autant de la conflictualité que de l'apaisement des situations. En particulier, des enjeux affectifs interviennent dans la régulation interne des conflits : des « rationalités affectives » dictent parfois la posture des acteurs. Ainsi, parce qu'ils possèdent une histoire commune, teintée de bonnes relations, des acteurs évitent-ils d'entrer dans la polémique autour du sanglier. Dans certains cas, mobiliser le cadre macro, c'est-à-dire l'échelle départementale, pour demander des tirs administratifs de sangliers est conçu comme un acte de trahison : la régulation interne est ainsi préférée et privilégiée dans les bons « vivre ensemble ».

Mais les loups ou les sangliers, en tant qu'individus, constituent également des opérateurs pouvant influencer par leur comportement l'issue du « vivre ensemble ». Par exemple, dans la Réserve naturelle des hauts plateaux du Vercors, les loups semblent se conformer aux règles du « contrat sauvage »[3] implicite et facilitent en cela l'apaisement du conflit.

Ce sont donc bien des transactions sociales et identitaires qui sont présentes dans l'ensemble de ces jeux d'acteurs : l'identité territoriale, liée à l'appartenance à un même territoire où se joue des relations interpersonnelles, prend le relais d'une identité macrosociale, celle du camp des détracteurs et des partisans. Outre des liens sociaux inédits, une identité locale commune se forge donc au fil de ces transactions. Cette identité est construite par la confrontation d'individus, par des relations interpersonnelles donnant lieu à un apprentissage commun du « vivre ensemble ». L'échelle du microsocial est donc celle de l'individualisation des protagonistes, où les images stéréotypées des adversaires s'effacent derrière des personnalités individuelles.

---

[3] À l'instar du « contrat domestique » implicitement passé entre animaux domestiques et éleveurs (Larrère et Larrère, 1997), un *contrat sauvage* implicite engage les loups et les sangliers à suivre un comportement admissible et à adopter des spatialités convenables, en respectant les frontières entre espace cultivé et espace sauvage. L'adoption d'un tel comportement est incitée par les mesures de protection matérialisant ces frontières, mais également par des effarouchements ou encore l'agrainage dans le cas du sanglier. Lorsque, malgré tous ces moyens, les animaux continuent à transgresser ce contrat, les individus « inciviques » sont alors tués.

Mais, pour que de telles postures microsociales puissent émerger, la présence physique des différents protagonistes du conflit sur le même territoire est indispensable. La coprésence qui se caractérise par « le rassemblement et l'agrégation en un même lieu de réalités sociales distinctes » (Lussault, 2003) crée en effet « un potentiel relationnel (humains-humains, humains-non humains) » (Lussault, 2007, p. 53). Cet aspect est un élément de compréhension de la différence de visibilité sur la scène publique des conflits autour du loup et du sanglier. Alors que, dans le cas du sanglier, partisans et détracteurs se confrontent sur le même espace et doivent vivre ensemble, les protagonistes du conflit autour du loup ne cohabitent généralement pas sur le même espace. Les postures stéréotypées sont donc d'autant plus faciles à tenir que les acteurs ne sont pas obligés de s'entendre – ici et maintenant – avec des acteurs au discours opposé.

Cependant, indépendamment de ces aspects positifs du microsocial et en contrepoint de ce qui vient d'être exposé, des effets pervers peuvent parfois être identifiés dans de telles relations interpersonnelles. Bien qu'elle soit un élément central, la coprésence ne suffit pas en effet à apaiser les conflits et peut parfois, bien au contraire, être un élément de blocage des territoires. C'est le cas de certains territoires confrontés au sanglier, où la liberté laissée aux acteurs au niveau local donne lieu à des logiques microsociales conflictuelles. Les relations interpersonnelles peuvent ainsi ouvrir la voie aux inimitiés entre individus, bloquant tout compromis au sein d'un territoire, ou encore s'exprimer par une régulation des conflits par la peur. Certains acteurs usent même parfois de leur pouvoir pour éviter tout débordement des conflits à l'échelle départementale : certains chasseurs peuvent ainsi intimider par des actes de violence les agriculteurs susceptibles de demander une intervention administrative. L'absence d'un cadrage macro fort et la liberté locale peuvent donc aboutir à du microsocial conflictuel.

La gouvernabilité des territoires

Au final, deux aspects permettent d'expliquer le degré de conflictualité d'un territoire : les opérateurs humains ou non humains (avec leur nature, leur activation et le rôle qu'ils prennent dans le contexte d'action) et le jeu des acteurs.

La combinaison des opérateurs spécifiques constitue la part de la « gouvernabilité » des territoires (Theys, 2003, p. 5) à prendre en compte dans la gouvernance environnementale. La gouvernabilité correspond au « caractère plus ou moins gérable des situations, ou [à] l'aptitude d'une communauté à être gouvernée » (Theys, 1997, p. 347). Ce concept met donc en lumière « la spécificité des situations et [...] la probabilité, face à ces situations spécifiques, plus ou moins complexes, de trouver des solutions à la fois efficaces et acceptables. Certaines situations sont intrinsèquement ou politiquement gérables ; d'autres ne le sont pas – ou ne peuvent l'être qu'au prix de difficultés et d'efforts considérables » (Theys, 2003, p. 5). Le degré de gouvernabilité d'un territoire, déterminé par l'activation d'opérateurs spécifiques, conditionne donc le jeu des acteurs dans la gestion et la résolution des conflits. Mais, si elle pèse sur le jeu des acteurs, il est évident que la réciproque est également vraie et que le jeu des acteurs influence la gouvernabilité. La gamme de jeu dont disposent les acteurs est large, puisqu'elle s'étend des logiques macrosociales aux logiques microsociales, conflictuelles ou apaisées. Or, il s'avère que les acteurs adoptent des logiques différentes en fonction de la scène dans laquelle ils interviennent et des protagonistes avec lesquels ils doivent jouer. De cette tension entre macrosocial et microsocial, découlent des situations plus ou moins conflictuelles. Plus les postures microsociales apaisées sont privilégiées et plus la coopération conflictuelle montre une dominante coopérative. Lorsque le principe commun du bon voisinage devient le principal moteur des postures des uns et des autres, le contexte d'action s'approche d'un réseau (au sens de M. Callon, 1986), c'est-à-dire d'une coopération. À l'inverse, plus les postures macrosociales ou microsociales conflictuelles sont mobilisées et plus la coopération conflictuelle arbore une dominante conflictuelle.

Le tiers médiateur, porteur de gouvernementalité

Mais la caractéristique essentielle de la gouvernabilité d'un territoire tient à sa variabilité : elle n'est pas définitive et varie, dans le temps, selon l'activation ou non de certains opérateurs socio-spatiaux et le jeu des acteurs.

Pour mener une bonne gouvernance territoriale, il semble donc important de stabiliser le jeu des acteurs dans du microsocial apaisé. Pour contrer l'aspect conflictuel des relations et stabiliser ce microsocial apaisé, la coprésence des acteurs doit être accompagnée de la présence d'un tiers médiateur (Remy, 1992, p. 93). Le médiateur permet de guider les acteurs vers un compromis : il assure en ce sens la gouvernementalité nécessaire à une bonne gouvernance. La gouvernementalité correspond à un art de gouverner dont « les objectifs et les valeurs assignées à l'action publique » sont fortement présents. Ce concept se réfère donc à une orientation, un guidage de la prise en charge des problèmes étudiés, permis par une finalité clairement définie. Le médiateur opère une traduction locale du problème pour que celui-ci soit intelligible et accepté de tous, c'est-à-dire qu'il transforme « un énoncé problématique particulier dans le langage d'un autre énoncé particulier » et lie ainsi « des énoncés et des enjeux *a priori* incommensurables et sans communes mesures » (Callon, 1974-1975, p. 19). Il enrôle donc les acteurs dans un collectif autour d'une même redéfinition du problème et propose une ligne de concertation.

À la lumière des territoires étudiés, le médiateur peut être aussi bien un gestionnaire d'espace protégé, ayant un pouvoir réglementaire, qu'une partie prenante montrant une faible capacité réglementaire. Plus que le statut du médiateur, certaines de ses caractéristiques semblent définir sa légitimité dans le contexte d'action. Tout d'abord, la confiance dans ce médiateur apparaît comme un élément fondamental. Cette valeur est évoquée par les acteurs rencontrés dans les territoires apaisés, mais elle est également pointée dans les conflits environnementaux par J.-E. Beuret (2006) ou encore M. Callon (1986). Ensuite, sa « pertinence » (Friedberg, 1993) dans le contexte d'action, c'est-à-dire sa capacité à résoudre les problèmes des acteurs, est également primordiale. Enfin, l'impartialité apparaît fondamentale aux yeux des acteurs se positionnant comme médiateur.

Ces caractéristiques donnent une légitimité à un médiateur potentiel. Mais, comme tout opérateur social et spatial, ce médiateur doit être activé dans le contexte d'action étudié. En effet, il peut s'avérer parfois que des médiateurs potentiels ne parviennent pas à endosser leur rôle. Une telle activation est éminemment variable et dépend de nombreux autres opérateurs humains et non humains en jeu à un moment donné. Par exemple, si le Parc naturel régional du Vercors et la Réserve naturelle des hauts plateaux du Vercors, située en son sein, se sont avérés d'efficaces médiateurs autour de la question du loup dans l'espace de la Réserve, ce rôle s'est quelque peu émoussé à la suite d'un changement du jeu des acteurs.

Enfin, outre son activation, l'objectif de compromis qu'il porte doit être relayé au quotidien auprès des acteurs locaux : la traduction « théorique » doit être complétée d'une traduction « pratique » (Mounet, 2007). L'absence de traduction pratique peut en effet rendre illisible la posture du médiateur. Par exemple, la traduction du Parc naturel régional du Vercors a été relayée et rendue efficace au sein de la Réserve naturelle par son équipe technique. En revanche, dans le reste de l'espace du Parc, cette traduction a été beaucoup moins efficace, par manque de relais local au quotidien. Enfin, une telle traduction pratique peut être mise en œuvre par des « acteurs passerelle ». Nous entendons par ce terme un acteur appartenant à plusieurs contextes d'action et ayant ainsi une position de médiateur pris au sens commun, c'est-à-dire pratiquant une médiation entre les acteurs des deux contextes d'action. Cette notion applique en quelque sorte aux contextes d'action le concept de « marginal sécant » (Crozier et Friedberg, 1977, s'inspirant d'Haroun Jamous) qui concerne seulement les acteurs appartenant à des organisations différentes.

Conclusion

Au final, l'issue conflictuelle ou apaisée d'un « vivre ensemble » dépend à la fois de la gouvernabilité, dessinée par la combinaison d'opérateurs humains et non-humains activés dans le territoire et par le jeu des acteurs, et de la gouvernementalité impulsée par le médiateur. Il semble bien que le microsocial apaisé soit à la fois un enjeu et un moteur d'une bonne gouvernance territoriale. Le rôle du médiateur doit donc être de savoir écouter et repérer des regroupements d'acteurs inédits, ne correspondant pas à la « société faite » (Latour, 2006), mais également de stabiliser ces postures microsociales. Bien encadrées, celles-ci nous semblent être les clefs d'une évolution progressive, bien que toujours contingente, des conflits autour du loup et du sanglier. L'enjeu est bien de favoriser ce processus « diffus » (Remy, 1992, p. 87), seul capable de résoudre les conflits localement et d'éviter une confrontation des postures radicales et inconciliables, symbolisées par des positions macrosociales. Nous rejoignons ici les propos de Liliane Voyé qui considère que les transactions sociales tirent « une efficacité bien plus grande et à plus long terme que ne peuvent souvent le faire des affirmations radicales, des échanges abrupts et des conflits durs » (Voyé, 1992, p. 196).

Bibliographie

Beuret J.-E., 2006, *La conduite de la concertation, pour la gestion de l'environnement et le partage des ressources*, Paris, L'Harmattan.

Blanc M., 1992, « Introduction générale », in Blanc M. (dir.), *Pour une sociologie de la transaction sociale*, Paris, L'Harmattan, p. 7-15.

Boltanski L., Thévenot L., 1991, *De la justification. Les économies de la grandeur*, Paris, Gallimard.

Callon M., 1974-1975, « L'opération de traduction comme relation symbolique », in *Incidence des rapports sociaux sur le développement scientifique et technique*, Paris, Maison des sciences de l'Homme.

–, 1986, « Éléments pour une sociologie de la traduction. La domestication des coquilles Saint-Jacques et des marins pêcheurs dans la baie de Saint-Brieuc », *L'Année sociologique*, 36, p. 169-208.

Crozier M., Friedberg E., 1977, *L'acteur et le système. Les contraintes de l'action collective*, Paris, Seuil.

Friedberg E., 1993, *Le Pouvoir et la Règle. Dynamiques de l'action organisée*, Paris, Seuil.

Larrère C., Larrère R., 1997, « Le contrat domestique », *Le courrier de l'environnement de l'INRA*, 30.

Latour B., 2006, *Changer de société. Refaire de la sociologie*, Paris, La Découverte.

Lussault M., 2003, « Coprésence », in Lévy J., Lussault M. (dir.), *Dictionnaire de la géographie et de l'espace des sociétés*, Paris, Belin, p. 211-213.

Lussault M., 2007, *L'homme spatial. La construction sociale de l'espace humain*, Paris, Seuil.

Mauz I., 2005, *Gens, cornes et crocs*, Paris, Cemagref-Cirad-Ifremer-Inra.

Micoud A., Peroni M. (dir.), 2000, *Ce qui nous relie*, La Tour d'Aigues, Éditions de l'Aube.

Mormont M., 1992, « Pour une typologie des transactions sociales », in Blanc M. (dir.), *Pour une sociologie de la transaction sociale*, Paris, L'Harmattan p. 112-135.

Mounet C., 2007, *Les territoires de l'imprévisible. Conflits, controverses et « vivre ensemble » autour de la gestion de la faune sauvage. Le cas du loup et du sanglier dans les Alpes françaises*, thèse de doctorat en géographie, Université Joseph Fourier, Grenoble I.

Remy J., 1992, « La vie quotidienne et les transactions sociales : perspectives micro ou macro-sociologiques », in Blanc M. (dir.), *Pour une sociologie de la transaction sociale*, Paris, L'Harmattan, p. 83-111.

–, 1998, « La transaction sociale. Forme de sociabilité et posture méthodologique », in Freynet M.-F., Blanc M., Pineau G. (dir.), *Les transactions aux frontières du social. Formation, travail social, développement local*, Lyon, Chronique sociale, p. 20-42.

Theys J., 1997, « Entre gouvernance et ingouvernabilité : quelle forme de gouvernement pour les changements globaux ? », in Theys J. (dir.), *L'environnement au XXIe siècle*, vol.1 : *Les enjeux*, Germes, p. 339-378.

–, 2003, « La gouvernance, entre innovation et impuissance », *Développement Durable et Territoires*, dossier 2 : Gouvernance locale et développement durable, en ligne :
http://developpementdurable.revues.org/document1523.html

Voyé L., 1992, « Transaction et consensus supposé », in Blanc M. (dir.), *Pour une sociologie de la transaction sociale*, Paris, L'Harmattan, p. 194-213.

CHAPITRE 10

Les transactions sociales dans le secteur des associations qui s'occupent d'environnement

Carole WALDVOGEL

Docteure en sociologie de l'environnement,
Chercheure associée au CRESS, EA 1334, Université de Strasbourg

Le qualificatif de « nébuleuse écologico-environnementale », communément attribué au secteur associatif du domaine de l'« environnement », est explicite dans la mise en évidence de sa complexité : il existe là une multitude de manières d'agir en faveur de l'« environnement », de la défense de la qualité de vie, du cadre de vie, à la conservation de la nature, sa gestion, en passant par la promotion de son étude scientifique. Ces structures, de tailles diverses, agissent dans des aires géographiques elles-aussi très variées. Si Pierre Lascoumes a éclairé les grandes composantes de cette « nébuleuse », grâce à sa typologie des intérêts défendus par les associations environnementales revendicatives (Lascoumes, 1994), on ne sait pas grand chose en revanche des relations qu'entretiennent entre elles les associations qui s'occupent d'environnement. Les seuls travaux sur la question sont des monographies relatives à un conflit environnemental impliquant plusieurs associations, mais qui tendent dès lors à focaliser le regard, soit sur la construction d'une solidarité inter-associative face à un problème ponctuel commun, soit sur celle d'une conflictualité dans un cadre particulier et donc restreint. Dès lors, la question reste posée : comment expliquer que les associations du secteur de l'environnement parfois « coexistent » simplement, parfois travaillent ensemble, ou au contraire s'affrontent et se querellent ? Peut-on constater une invariabilité dans le temps de ces rapports, ou ces relations évoluent-elles ? En fonction de quoi ? Ces questions, à la fois plus macrosociologiques et historiques, sont abordées ici à partir d'une enquête sur les associations qui s'occupent d'environnement menée dans le département du Bas-Rhin (Alsace), dans un premier temps par questionnaires pour l'année 1999, puis par entretiens auprès de vingt-cinq responsables associatifs bénévoles (Waldvogel, 2005). S'il existe de fortes oppositions inter-associatives sur la question de l'environnement, celles-ci n'empêchent pas, voire même favorisent, une fois identifiées et reconnues, la mise en œuvre de « compromis pratiques », de « coopérations conflictuelles » et, finalement, de « transactions sociales » (Blanc, 1992).

1. Quelques grandes oppositions entre associations qui s'occupent d'environnement

Notre enquête de terrain, dans le département du Bas-Rhin, a mis en évidence l'existence d'un champ des « associations qui s'occupent d'environnement » (AOE), progressivement construit au cours des années 1970 autour des premières fédérations nationales et régionales de protection de la nature en France, pour se stabiliser à partir du milieu des années 1980. Généralement créées dans les années 1960 par des naturalistes, scientifiques ou amateurs éclairés, souvent des notables, ces associations de protection de la nature ont été rejointes, au cours des années 1970, par des naturalistes au profil plus militant et politisé, provoquant ainsi de fortes tensions internes entre groupes aux registres d'action très différents. En 1976, en Alsace, l'AFRPN (Association fédérative régionale pour la protection de la nature), créée en 1965, vit ainsi le départ de ses fondateurs, qui fondèrent alors une nouvelle structure : le GÉCENAL (Groupement d'étude et de concertation sur l'environnement et la nature en Alsace). À l'inverse, alors que les années 1970 étaient marquées par la création d'un nombre croissant d'associations de défense de l'environnement (ADE) se mobilisant sur des questions de cadre et de qualité de vie, au début des années 1980, certaines d'entre elles investirent peu à peu les fédérations de protection de la nature comme l'AFRPN (aujourd'hui dénommée Alsace Nature), qui, de ce fait, sont progressivement devenues des fédérations « généralistes », c'est-à-dire aux revendications élargies, comme l'explique ici un de ses militants :

> Alsace Nature reste au fond une association historiquement naturaliste, qui s'intéresse à la nature. Mais il y a d'autres thématiques qui ont été intégrées [...] à partir des années 1980 essentiellement, qui sont les thématiques liées au transport, donc plus environnementales : du transport, des déchets, la qualité de l'air, la qualité de l'eau, etc., etc. Donc il y a eu un élargissement de l'éventail des dossiers traités par Alsace Nature au cours du temps. Ils sont liés aussi à l'arrivée de nouvelles personnes, la création de nouvelles associations, de nouveaux bénévoles qui sont plus centrés sur des considérations de type environnemental (Responsable d'Alsace Nature, profil naturaliste).

L'analyse statistique des questionnaires passés auprès d'un échantillon d'AOE du Bas-Rhin – associations définies comme celles qui ont l'environnement comme enjeu ou second enjeu principal d'activité[1], quel que soit le contenu donné à la notion d'environnement (nature, cadre ou qualité de vie, etc.) et le mode d'intervention choisi (conservation, gestion, défense, éducation, etc.) – fait apparaître cette évolution vers un champ associatif structuré, tout en mettant en évidence, de manière plus précise, l'existence actuelle d'« ensembles » associatifs, dont le principe de constitution réside dans des oppositions en matière de volume et d'espèce de capital acquis, mais aussi – surtout pour les plus grandes associations – des oppositions en termes de finalité et de pratiques.

Focaliser l'attention sur quelques ensembles, participant fortement à la structuration de ce champ, permet de rendre compte des grandes tendances associatives actuelles en termes de définition de l'environnement et de sa protection, ainsi que des ressources mobilisées pour la cause – le tout indiquant un certain nombre d'oppositions[2]. Évoquons d'abord les associations qui, quelle que soit leur finalité, sont à la fois les plus anciennes – souvent créées avant 1970 – et les plus dotées en capital global – à savoir, les associations à capital global fort. Celles-ci se caractérisent à la fois par un capital économique élevé et un capital social important, puisqu'il s'agit le plus souvent de fédérations fortement dotées en membres individuels et personnes morales, sur un secteur d'intervention couvrant généralement le département, voire la région. D'un point de vue institutionnel, ces associations sont en outre reconnues et instituées par les autorités publiques – c'est-à-dire agréées de protection de l'environnement et membres de commissions consultatives –, quand bien même elles organisent ou participent à des manifestations depuis leur création. Enfin, elles sont à l'origine de la publication d'ouvrages et de revues ainsi que d'une activité juridique qui, notamment, expliquent leur caractère professionnalisé. Mais cet ensemble associatif se spécifie encore selon l'objet poursuivi, entre associations militantes et associations gestionnaires de la nature en particulier.

---

1 L'environnement est quelquefois le « second objet principal d'activité », par exemple pour les fédérations de chasse et de pêche, aujourd'hui agréées de protection de l'environnement.

2 L'analyse statistique porte sur l'ensemble des membres du bureau des 63 AOE enquêtées : à savoir, sur 7 personnes pour 40 % des associations (conformément au minimum requis par le droit local) ; sur 8 à 12 personnes pour 41 % des cas ; et sur « 13 personnes et plus » pour les 19 % d'associations restantes. Pour le détail de la construction de cet espace et des résultats de l'analyse, voir Waldvogel, 2003, 2005.

Ainsi la principale caractéristique distinctive des associations militantes – c'est-à-dire de celles qui luttent pour la promotion d'une vision globale, quelle qu'elle soit, de prise en compte de l'environnement dans la société – se situe-t-elle dans le fait que certaines d'entre elles développent une conception d'éducation politique, avec une dépendance financière à l'égard du champ politique la plus importante des associations à capital global fort. Car, les associations militantes se différencient, en termes de reconnaissance, entre celles qui, centrées sur le militantisme, peuvent se rapprocher des associations de défense de l'environnement créées par des riverains lors de conflits avec des élus locaux, et celles qui, en privilégiant l'éducation et la sensibilisation du public à l'environnement, se rapprochent des structures d'éducation à l'environnement prestataires de service qui se sont développées à partir du milieu des années 1980, suite au succès de l'activité militante auprès du grand public. C'est dire que, pour les associations militantes, l'attribution de subventions est tributaire de leurs relations au champ politique. La situation des associations de « gestion de la nature », comme les fédérations départementales de chasse et de pêche, est très différente. Ces associations constituent en effet les structures les plus pourvues à la fois en capital économique, social et symbolique. Employant généralement le plus grand nombre de salariés parmi les associations du champ (« 4 à 14 »), caractérisées par un agrément départemental de protection de l'environnement, elles sont aussi souvent largement préexistantes à l'émergence de la problématique environnementale, expliquant ainsi leur volume élevé de capital de reconnaissance institutionnelle lié à l'ancienneté. Ces associations sont généralement entrées dans le champ des AOE à la fin des années 1970, à une époque où leur activité de prélèvement était fortement critiquée par les protecteurs-conservateurs de la nature. Face aux critiques, elles se sont alors positionnées en gestionnaires de l'espace rural et garantes des équilibres naturels par leur activité de régulation de la faune sauvage et les mesures de restauration du biotope de leurs membres (Fabiani, 1984).

La différence entre « travail sur les représentations » des associations militantes et « travail de terrain » des associations de gestion de la nature, en matière de protection de l'environnement, est corrélée avec une opposition dans leur recrutement social respectif. Comme l'observe François Héran (1988), dans la sélectivité du monde associatif, « à la sociabilité volontiers militante des intellectuels fait pendant la sociabilité plus fonctionnelle des autres catégories ». Dans notre enquête, les responsables des grandes associations de « gestion de la nature » correspondent à « moins de 30 % de cadres et professions intellectuelles supérieures », « 26 % et plus d'artisans, commerçants et chefs d'entreprises » et « moins de 25 % » de membres issus du secteur public, quand, dans le même temps, les associations qui ont pour objet le « militantisme » observent un recrutement social quasi-inverse, notamment caractérisé par une forte proportion de cadres et professions intellectuelles supérieures (proche de la modalité « 50 à moins de 80 % »), par « 15 à moins de 30 % » de professions intermédiaires, dont on sait qu'il s'agit de la petite bourgeoisie nouvelle qui « collabore d'enthousiasme à l'entreprise d'imposition des nouvelles normes éthiques (en matière de consommation particulièrement) et des besoins correspondants » (Bourdieu, 1979, p. 423), ainsi que par « 25 à 50 % » de responsables issus du secteur public.

Néanmoins, les associations qui connaissent le recrutement social le plus proche de celui que François Héran nomme « à sociabilité militante » sont les associations de défense de l'environnement (ADE), avec une forte représentation des cadres et professions intellectuelles supérieures (« 50 à 80 % »), une faible présence féminine (« 90 % et plus d'hommes ») et une mise à contribution plus affirmée de la retraite au profit de l'activité associative. Ces associations sont généralement créées suite à la menace que constitue un projet ou une pollution sur l'environnement immédiat de riverains et elles ont habituellement une durée de vie égale à la réussite ou non de l'imposition de leur point de vue auprès de décideurs politiques locaux. Elles correspondent ainsi étroitement à ce qu'on nomme communément le « syndrome NIMBY » (*not in my backyard* ou « pas de cela chez moi ») ou à des « associations de défense d'un intérêt local ponctuel » (Lascoumes, 1994). Dans la plupart des cas, les associations de défense de l'environnement se positionnent contre l'avis ou la décision de dirigeants politiques locaux. Mais, souffrant dès lors d'un manque de légitimité aux yeux de ces derniers, elles ne sont pas invitées dans le cadre de commissions consultatives. Aussi cherchent-elles à investir l'espace public dans le but de faire entendre leur voix, en organisant une manifestation « initiatrice » (Favre, 1990), convoquant leurs membres dans le « quartier ou la commune » qui caractérise leur secteur géographique d'activité. La prise de position subversive des ADE, davantage subie qu'acceptée par les autorités politiques concernées, explique ainsi le caractère « officieux » de leur capital spécifique[3]. Du point de vue financier enfin, ces associations possèdent un faible volume de capital économique qui, surtout, reste indépendant de toute subvention pouvant altérer leur autonomie

[3] Le capital *spécifique* appréhende la légitimité que se reconnaissent les associations à prendre officiellement position sur une question d'ordre environnemental (leur prise de position effective) au regard de la légitimité que leur prête l'extérieur du champ à le faire (par exemple, le champ politique). Il peut alors être défini comme un *indice du degré de reconnaissance du pouvoir symbolique exercé par une association.*

d'expression (leur activité revendicative et de mobilisation de l'opinion reposant avant tout, en effet, sur la force de leur capital social). Notons que les ADE trouvent leur prolongement parmi les associations à capital global fort, dans les structures associatives que l'on qualifiera de « grandes ADE ». Celles-ci constituent les rares cas d'ADE qui sont restées pérennes suite au règlement du dossier motivant leur création, grâce à une posture volontaire de vigilance active. Les grandes ADE gardent alors une homologie structurale avec les « simples » ADE : concentration de leur capital global sur leur capital social ; faiblesse de leur capital économique et de leur dépendance financière à l'égard du champ politique en comparaison des autres associations à capital global fort. Mais, de manière tout à fait paradoxale *a priori*, les grandes ADE sont instituées au sein de « 4 commissions consultatives et plus ». Tout se passe alors comme si ce décalage résultait de la nécessité émanant des instances politico-administratives de canaliser, par la reconnaissance, l'activité revendicative toujours potentielle de ces structures.

Ainsi existe-t-il des différences fortes entre associations qui ont « l'environnement » comme finalité affichée : tant en termes d'enjeu environnemental défendu que de ressources mobilisées et, corrélativement, de recrutement social des responsables associatifs. Or, ces différences s'accompagnent également d'oppositions en termes de représentations de « ce qu'est » l'environnement et la « bonne » manière de le défendre, qui n'excluent pas pour autant un certain nombre de collaborations inter-associatives.

2. Au-delà des différences, des compromis possibles

Eu égard aux différences précédemment évoquées entre ensembles associatifs, il semble *a priori* difficile d'imaginer qu'elles puissent être dépassées afin de laisser place à une action collaborative pour la défense d'un enjeu commun. Pourtant, cela arrive. Tout se passe alors comme si le champ des AOE constitué à partir du milieu des années 1980, en clarifiant les positions des associations les unes par rapport aux autres, jouait comme facteur favorable aux transactions sociales, dans la mesure où il permet une reconnaissance mutuelle, préalable nécessaire à toute négociation. Pour le démontrer, nous focaliserons l'attention sur les rapports qu'entretiennent les militants d'Alsace Nature, en tant qu'association généraliste centrale dans le champ régional des AOE et, ce faisant, à la croisée des revendications environnementales, avec les militants environnementalistes, naturalistes scientifiques et gestionnaires de la nature.

Une reconnaissance mutuelle externe entre Alsace Nature et les ADE

Entre militants d'ADE et militants d'Alsace Nature, les différences d'objectif en matière de défense de l'environnement sont très nettes : dans le premier cas, il s'agit d'objectifs ponctuels et à court terme n'impliquant pas un investissement personnel durable, et, de l'autre, d'un objectif global, qui correspond à un idéal à atteindre par un investissement personnel à long terme. Mais, malgré ces différences considérables d'appréciation de l'engagement environnemental, il arrive qu'une collaboration entre les deux postures soit possible. Celle-ci prend alors des allures de compromis pratiques « gagnant-gagnant », comme l'explique bien ce militant d'Alsace Nature :

> – On a presque tous les jours des coups de fil de type NIMBYiste. Et nous, ce qu'on essaie de faire, c'est de transformer cette réaction un peu égoïste au départ, en vision plus générale quand on l'estime défendable. Bon, je vous donne un exemple : dans le massif vosgien, depuis que le tunnel de Sainte-Marie-aux-Mines est fermé pour les camions, il y a des camions qui, malgré les interdictions, passent les cols. Et donc les riverains réagissent et ont tendance premièrement à dire : « Ils n'ont qu'à passer dans la vallée à côté ». Et donc là, souvent ils nous contactent parce qu'ils ont entendu dire qu'on a une certaine efficacité du point de vue juridique, etc. Alors là, en gros, on pose des conditions : « On est prêt à vous aider, mais il est hors de question pour nous de renvoyer la balle d'un col à l'autre. C'est une position globale ». [...] C'est le « marché » entre guillemets. On leur dit ça : « On est prêt à vous aider, mais vous nous aidez aussi. Nous, on a des positions qui sont des positions d'intérêt général, des positions de visions globales à long terme. Vous nous aidez à pousser ces visions-là, et on vous aidera, parce qu'en l'occurrence, on est d'accord que les camions ne passent pas là ! [...]
> – Mais concrètement, ça donne quoi ?
> – Ça donne une coordination du massif vosgien sur toute la problématique « transport », et un travail en réseau qui est vraiment très important : la semaine prochaine, des manifs sur les cols, que chacun fait dans sa vallée en même temps, avec les mêmes discours et des pressions sur les décideurs. Eux ils font pression sur leurs décideurs locaux, nous on fait pression sur les décideurs du niveau régional ou national. Et bon, on essaie d'avoir le même discours. [...] Un discours d'intérêt général [...], de long terme, c'est-à-dire, là en l'occurrence, il faut faire du ferro-routage. [...]
> – Donc les associations « NIMBYistes » qui se mobilisent, elles se mobilisent autour de cette revendication ?
> – Voilà, parce qu'on arrive à les convaincre que c'est de toute façon la seule manière d'éviter qu'il y ait des camions chez eux (Responsable d'Alsace Nature).

L'action des ADE pour la défense de « leur » environnement résulte ainsi souvent au départ d'une réaction quasi-épidermique face au « mépris » – terme qui revient souvent chez ces militants – ressenti à l'égard de la population locale à l'occasion d'une nuisance ou d'un projet. C'est que, comme l'explique Christian de Montlibert (1997, p. 93) au sujet des mobilisations : « Dans les parties de l'espace social où le capital culturel compte beaucoup, les injures au capital symbolique seront déterminantes ». Dès lors, l'absence fréquente chez les militants d'ADE d'intériorisation d'un « sens » de l'investissement politique (engagement associatif ou syndical antérieur), associée à leur manque d'intérêt personnel ou de temps pour l'implication dans une démarche participative qui, dans la plupart des cas, ne les conduit pas à prolonger leur investissement au-delà du problème posé, semble compensée, dans leurs relations avec Alsace Nature, par une proximité sociale facilitant le dialogue, la compréhension mutuelle et, au final, la transaction sociale – comme l'indique la reconnaissance par Alsace Nature de la légitimité des revendications des « NIMBYistes » en même temps que la reconnaissance par ces derniers du poids régional et national et de la stratégie d'Alsace Nature.

Une reconnaissance intégrative des militants naturalistes d'Alsace Nature envers de nouveaux militants environnementalistes

Avec la multiplication des ADE et donc l'arrivée, depuis les années 1980, de nouveaux militants au profil environnementaliste au sein de l'AFRPN – initialement association fédérative de « protection de la nature » – se côtoient au sein d'une même structure associative des agents sociaux aux prises de position très différentes sur « ce qu'il y a à défendre » en termes d'environnement, comme l'explique ce militant naturaliste :

> On se bat beaucoup contre les porcheries industrielles, pour des raisons qui ne sont pas liées [...] uniquement aux odeurs et aux désagréments du voisinage, mais en tant que pollution et bien-être animal. [...] Mais on a des associations de NIMBYistes qui se mobilisent contre des projets d'agriculteurs qui font du porc sur paille et qui sont des modèles tout à fait intéressants, des grosses avancées en termes de prise en compte et de la pollution et du bien-être animal. Et, malgré tout, ces agriculteurs rencontrent des NIMBYistes, parce qu'effectivement, c'est sûr qu'une ferme ça sent toujours un peu mauvais, enfin ça sent la campagne quoi. Bon, là, c'est clair qu'on prend position pour l'agriculteur (Responsable d'Alsace Nature, militant naturaliste).

Ainsi, les environnementalistes mettent-ils l'accent sur les questions de qualité de vie et de cadre de vie, tandis que les naturalistes s'inquiètent davantage de la dégradation de la nature d'un point de vue à la fois écosystémique (pollutions) et éthique (bien-être animal). Comment de telles divergences de fond au sein d'une même association n'ont-elles pas dès lors menées, comme entre naturalistes scientifiques et politisés dans l'AFRPN des années 1970, à une scission entre les deux tendances ? C'est que, dans les années 1980, l'intégration des environnementalistes à l'AFRPN s'est faite à la faveur de la position nouvellement occupée par la fédération dans le champ des AOE : position que les militants naturalistes de l'AFRPN savaient à la fois dominante et fragile, du fait de l'augmentation de la concurrence associative dans le secteur de l'environnement. D'une certaine manière alors, ils savaient n'avoir d'autre choix, pour rester l'association de référence en Alsace en matière d'environnement, que d'intégrer ces nouveaux arrivants. Mais ceci n'est pas allé de soi. La forme du discours des naturalistes militants de l'AFRPN est assez révélatrice à cet égard, puisque fortement empreinte de notions d'apprentissage, d'adaptabilité et d'une attention toute particulière portée à l'égard des événements internes et externes à l'association, que révèle l'utilisation récurrente de termes comme « le constat qu'on a fait », « ce qu'on a compris », « ça nous aide à prendre en compte d'autres demandes », etc. Ce phénomène de montée en généralité des préoccupations des naturalistes se voit ainsi dans leur réappropriation de thématiques environnementalistes :

> On n'a pas remplacé le premier amour, si je puis dire, l'objectif statutaire d'Alsace Nature : on a simplement rajouté des bribes d'autres choses, parce qu'on s'est aussi rendu compte que si on veut sauvegarder un peu de verdure il fallait lutter contre les pollutions, les déchets, ça voulait dire s'attaquer aux transports, aux routes, militer pour le tram et les transports en commun, etc., etc. (Responsable d'Alsace Nature, profil naturaliste).

La réactivité des naturalistes politisés de l'AFRPN a donc grandement facilité la « réappropriation » interne de thématiques environnementalistes au sein de cette association. Mais cette prise en compte sur le mode de la « suite logique des choses », comme le suggère l'extrait d'entretien précédent, n'a été possible que grâce au socle *militant politisé* (volonté de participer à l'élaboration de l'intérêt général) et *social* (cadres supérieurs et plus largement fractions cultivées de l'espace social) commun aux naturalistes et aux environnementalistes se rencontrant au sein de l'association, comme le suggère cet enquêté évoquant un ancien responsable d'ADE, ingénieur et délégué syndical depuis plusieurs années, aujourd'hui militant au sein d'Alsace Nature :

> Le NIMBYisme, c'est des gens qui découvrent la problématique, parce que ça vient devant chez eux. Mais, quand c'est des gens intelligents et pas obtus, ils se rendent compte assez rapidement que c'est bien d'avoir une vision globale. Parce que ce sont aussi des idéalistes. Il y a des militants qui se révèlent comme ça (Responsable d'Alsace Nature, profil militant naturaliste).

Cette base sociale commune, à l'origine d'une reconnaissance au-delà des différences idéologiques, a donc permis la mise en œuvre d'un processus « d'acculturation réciproque » entre naturalistes et environnementalistes, en même temps que l'évolution de l'AFRPN d'une structure luttant pour la protection de la nature à une structure plus généraliste, agissant sur tous les aspects de l'environnement, tant il est vrai que « l'identité commune [...] n'est jamais une donnée immédiate. Elle est, elle-même, l'objet d'un intense travail de concurrence entre des agents politiquement actifs cherchant à imposer aux autres leur point de vue » (De Montlibert, 1997, p. 50).

Reconnaissance externe entre associations de naturalistes scientifiques et associations de naturalistes militants

En 1976, l'engagement au sein d'une même association de protection de la nature, l'AFRPN, de naturalistes scientifiques et de naturalistes au registre d'action plus politisé, mena à une scission interne entre les deux partis, liée à un conflit sur les moyens d'action à mettre en œuvre : pour une même cause défendue, les premiers privilégiant la pédagogie, et les seconds, des modes d'action plus revendicatifs et contestataires.

Il faut dire que les naturalistes scientifiques ont un profil qui se caractérise par la *forte* prédominance d'un *capital militant d'espèce savante au détriment d'une espèce revendicative*, quand les naturalistes politisés ont accumulé beaucoup plus de cette dernière espèce de capital militant. Divergents dans le rapport à la politique qu'ils ont intériorisé, ces deux groupes placent également des intérêts sociaux différents dans leur engagement en faveur de la protection de la nature : pour les naturalistes scientifiques, celui-ci s'apparente à la *recherche d'une forme de reconnaissance sociale* qui leur fait défaut dans le champ scientifique. Désireux de *respectabilité et d'autorité basée sur le savoir et la compétence scientifique*, ils craignent dès lors la politisation de l'enjeu naturel, par laquelle leur effort « court le risque en permanence d'être ruiné par des formes d'activisme social en contradiction avec la figure impassible de l'expert » (Fabiani, 1985, p. 92). À l'inverse, les naturalistes politisés, ou disposés à le devenir, opèrent, dans leur investissement militant, une « stratégie de rétablissement symbolique » de leur situation face à un sentiment d'insatisfaction lié au décalage entre leurs aspirations professionnelles et la position qu'ils occupent réellement ou celle qui leur est offerte par la conjoncture socio-économique du moment (Bourdieu, 1978). Si ce constat est vrai dans les années 1970, il l'est toujours aujourd'hui, même avec un recrutement social des naturalistes scientifiques globalement moins élevé que les notables des années 1970 et un registre d'action des militants naturalistes toujours revendicatif mais moins contestataire et plus institutionnalisé suite à, précisément, l'institutionnalisation de l'environnement en France. Mais, maintenant que les positions des uns et des autres sont clairement identifiées, *via* leur inscription dans des associations bien distinctes dans le champ des AOE, la différence entre naturalistes politisés et scientifiques non politisés se transforme en complémentarité utilisée de manière stratégique dans un même but commun :

> Si on prend une association proche d'Alsace Nature, qui est la Ligue pour la Protection des Oiseaux [LPO], qui étudie donc les oiseaux, les personnes qui passent leurs week-ends à observer les oiseaux sont aussi des militants. [...] On ne peut pas concevoir un militantisme actif comme Alsace Nature – porter des dossiers de protection de la nature à des niveaux administratifs ou politiques – si on n'a pas une série de gens, qui ne sont pas forcément des militants, qui aiment tout ce qui est administratif ou réunion. On a besoin de connaissances, et cette connaissance est apportée par des gens qui passent leurs week-ends dehors à observer. Parce que, quand on observe les oiseaux, on voit aussi la dégradation des milieux, donc on a aussi des renseignements par rapport à cela. Il est évident que les gens qui ont des responsabilités au sein du conseil d'administration ou du bureau d'une association ne peuvent pas à la fois porter politiquement ou techniquement ou administrativement certains dossiers et à la fois aller sur le terrain. Il faut voir comment la nature évolue, donc on a une complémentarité. On a besoin de tout le monde (Un responsable d'Alsace Nature).

Désormais, naturalistes scientifiques et naturalistes militants, qui partagent une vision identique de protection de la nature sous forme de conservation, c'est-à-dire d'une nature à l'abri de l'intervention humaine, se rejoignent parfois même pour constituer une coalition contre une vision de la protection de la nature à laquelle ils s'opposent. C'est ce que montre bien le débat autour du cormoran – espèce d'oiseau protégée depuis 1979 et consommatrice de poissons – évoqué de la manière suivante dans un article repris dans le bulletin d'information de la Fédération départementale de pêche et de protection du milieu aquatique (FDPPMA) du Bas-Rhin, au sujet d'une réunion de la commission départementale de suivi du cormoran :

> En résumé, le point de la situation à l'adresse des pouvoirs publics a été réalisé ; il fait part à M. le Préfet de nos inquiétudes pour l'avenir du cheptel piscicole, sur l'évolution exponentielle envahissante du grand cormoran et de ses conséquences sur les structures sociales et économiques. À notre pro-

position de trouver une position commune qui tendrait à faire le constat de la situation et de proposer une *régulation* de cet oiseau prédateur, dont le mode serait à définir, la position des représentants d'Alsace Nature et de la LPO a été contre nature : « S'il y a des cormorans, c'est qu'il y a du poisson » (Marcel Carabin, « Le fléau "Cormoran" », in *Infos-Pêche 67*, n°4, mai 1996, p. 3).

Cet extrait montre donc qu'une structure militante, Alsace Nature, et une structure à vocation naturaliste scientifique, la LPO, se sont associées pour défendre un point de vue non interventionniste, par le biais d'une fin de non recevoir adressée aux arguments interventionnistes des « gestionnaires », vis-à-vis desquels elles sont toutes deux en désaccord et, par ailleurs, également très éloignées socialement.

La collaboration symbolique entre Alsace Nature et les fédérations de chasse et de pêche du Bas-Rhin : un exemple de transaction sociale stratégique par excellence

Autant que leurs caractéristiques sociales, leur vision de la nature et de la bonne manière de la protéger distingue les militants naturalistes des gestionnaires, comme l'indique cet extrait d'entretien : « Alsace Nature est un "machin" de sommet. [...] C'est pas en faisant des conférences de presse, une ou deux par an qu'on règle le problème » (Responsable du Comité technique de gestion piscicole Bruche-Mossig). La même personne explique que la nature se défend sur le terrain, alors qu'actuellement Alsace Nature « c'est fumant ». En outre, pour lui, protéger la nature signifie qu'il faut la gérer et non pas ne toucher à rien, vision que partage cet autre gestionnaire :

> Nous, on a une gestion du milieu mais avec un prélèvement. Mais toujours en faisant attention à ce qu'on ne casse pas la dynamique du développement de la population sauvage. Alsace Nature, c'est plutôt un protectionnisme total. Et c'est là que nos opinions diffèrent (Président de la Fédération départementale pour la pêche et la protection du milieu aquatique (FDPPMA) du Bas-Rhin, profil gestionnaire).

Du côté des militants naturalistes d'Alsace Nature, le point de vue est très différent :

> Une association qui revendique la protection de la nature et la sauvegarde des milieux avec laquelle on n'est pas – en tout cas pas tout à fait – en accord, c'est les chasseurs. [...] Avec les chasseurs, on a des relations de temps en temps houleuses, puisque les chasseurs étaient quasiment depuis les origines membres d'Alsace Nature. [...] On avait eu des querelles au niveau de la commission « nature et faune sauvage », qui est une commission préfectorale où nous avions défendu des espèces que les chasseurs ne veulent pas voir. [...] Et là, on est en rupture avec les pêcheurs à cause des cormorans et

des choses comme ça. Mais toujours quand on a affaire à des visions différentes, des visions utilitaristes de la nature : quand on commence à vouloir défendre les espèces simplement parce qu'elles sont là, et qu'elles ont le droit de vivre parce qu'elles sont là, et non pas parce que des gens comme les chasseurs ou des hommes tout court décident que ça c'est bien, ça ça nous sert, ça c'est pas bien, parce que ça nous sert pas (Membre d'Alsace Nature, profil naturaliste).

Pourtant, dans les années 1970, lorsque l'environnement n'était pas encore institutionnalisé, naturalistes et gestionnaires, de même qu'environnementalistes, au-delà des différences de point de vue, défilaient côte à côte dans un même front uni, afin de poser l'environnement comme problème social et politique à traiter. Mais aujourd'hui que l'environnement est institutionnalisé, les divergences d'intérêts, tant en termes de protection de la nature que d'intérêt social – les naturalistes étant globalement à la recherche d'une reconnaissance sociale de ce qu'ils *sont*, quand les gestionnaires aspirent à une reconnaissance sociale de ce qu'ils *font* – émergent inexorablement entre ces deux groupes à la fois opposés idéologiquement et socialement. Dès lors, la reconnaissance de la posture de l'autre comme légitime paraît plus compliquée, réduisant ainsi les possibilités de transactions sociales. Lorsqu'elles existent, elles semblent s'opérer uniquement à un niveau symbolique. Ainsi, paradoxalement, les fédérations de chasse et de pêche du Bas-Rhin adhèrent-elles à Alsace Nature. Mais, étant donné leurs divergences à tous les points de vue avec la fédération régionale, on peut dire qu'*il n'est pas aujourd'hui d'alliance plus stratégique que celle-ci*. Malgré les profonds désaccords, chacun y trouve en effet son compte : l'adhésion des gestionnaires à Alsace Nature leur permet de se positionner en tant que protecteurs de la nature, surtout aux yeux des militants d'Alsace Nature eux-mêmes qui, en acceptant cette adhésion, ne peuvent leur refuser officiellement le statut de protecteurs de la nature sans discréditer leur propre fédération ; tandis que les militants d'Alsace Nature y perçoivent une occasion supplémentaire de valoriser leur rôle fédérateur et représentatif d'un mouvement social global, et donc leur positionnement central dans le champ associatif régional :

Si les dirigeants ont accepté de payer leur cotisation et de faire le geste d'adhérer à la fédération, c'est qu'ils partagent – au moins partiellement – des soucis pour l'environnement qui sont les mêmes que les nôtres. Et pour les pêcheurs, les chasseurs, on le voit de plus en plus, en tout cas au niveau du Bas-Rhin, on a une forte réticence du monde de la chasse par rapport à l'agriculture et à la montée du maïs. Il y a de la part des pêcheurs, là aussi, de forts points communs en ce qui concerne la qualité de l'eau, la gestion des rivières contre les champs de maïs qui s'implantent quasiment jusqu'au milieu de la rivière. Donc on a des points de synergie très importants entre ces différents groupes, mais on a des différences aussi. [...] Mais, si on veut faire avancer l'idée de protection de la nature, ce n'est pas sur les différences qu'il faut s'arrêter, c'est sur les points communs : c'est l'union qui fait la force. Donc, c'est le regroupement et le rassemblement de toutes ces structures associatives qui peut permettre de faire avancer les choses (Responsable naturaliste d'Alsace Nature).

C'est dire que l'intérêt social à s'unir entre naturalistes et gestionnaires paraît si difficile à trouver qu'il ne se fait que symboliquement, dans la mesure où les deux partis y ont un intérêt propre.

Conclusion

Depuis le début des années 1970, dans la dynamique associative autour de la question de l'environnement, il est saisissant de voir à quel point c'est au moment où un système de positions commence à se structurer que des transactions sociales entre groupes aux représentations divergentes de « ce qu'est » l'environnement et la « bonne » façon de le défendre sont rendues possibles et apparaissent. Tout se passe en effet comme si, autour d'une thématique, celle de l'« environnement », la clarification des positions et des prises de positions respectives *via* l'inscription dans une association bien identifiée facilitait la reconnaissance de l'autre dans sa différence et ses points communs – cette reconnaissance permettant dès lors la négociation et l'échange autour de moyens d'action, d'objectifs et des valeurs portées. Ainsi, la transaction sociale repose-t-elle soit sur des bases affinitaires de reconnaissance sociale – conduisant parfois même à l'élaboration de nouvelles valeurs –, allant dans le sens d'un intérêt commun bien compris, soit sur des bases plus strictement stratégiques, lorsque la distance sociale et idéologique est trop grande. Néanmoins, ces transactions semblent ne porter que sur des aspects qui ne remettent pas en question l'identité fondamentale de chaque groupe, voire même qui la soutiennent. Dès lors, conflits et compromis ne sont-ils pas, de fait, amenés à coexister au sein de l'espace des AOE tel qu'il est aujourd'hui structuré ?

Bibliographie

Blanc M. (dir.), 1992, *Pour une sociologie de la transaction sociale*, Paris, L'Harmattan.

Bourdieu P., 1978, « Classement, déclassement, reclassement », *Actes de la recherche en sciences sociales*, 24, p. 2-22.

–, 1979, *La distinction, critique sociale du jugement*, Paris, Minuit.

De Montlibert Chr., 1997, *La domination politique*, Strasbourg, Presses universitaires de Strasbourg.

Fabiani J.-L., 1984, « L'opposition à la chasse et l'affrontement des représentations de la nature », *Actes de la recherche en sciences sociales*, 54, p. 81-84.

–, 1985, « Sciences des écosystèmes et protection de la nature », in Cadoret A. (dir.), *Protection de la nature, histoire et idéologie. De la nature à l'environnement*, Paris, L'Harmattan, p. 75-83.

Favre P., 1990, « Introduction. Manifester en France aujourd'hui », in Favre P. (dir.), *La manifestation*, Paris, Presses de Sciences Po.

Héran Fr., 1988, « Un monde sélectif : les associations », *Économie et statistique*, 208, p. 17-31.

Lascoumes P., 1994, *L'éco-pouvoir, environnements et politiques*, Paris, La Découverte.

Waldvogel C., 2003, « L'environnement et les associations : les luttes pour la structuration de l'espace », *Regards sociologiques*, 25-26.

–, 2005, *Enjeux et stratégies autour de l'environnement dans le champ associatif*, thèse de doctorat en sociologie, Université de Strasbourg.

CHAPITRE 11

Reconnaissance, reliance et transactions

Les mots pour le dire et l'échange de biens dans les sociétés traditionnelles amérindiennes

Éric NAVET

Professeur d'ethnologie, directeur du département d'Ethnologie, Université de Strasbourg, CRESS, EA 1334

Très modeste hommage à Claude Lévi-Strauss et Robert Jaulin

1. Pertinence ethnologique de la problématique sociologique

Notre analyse part d'un constat : toute situation socialement structurée n'en reste pas moins ouverte au changement. Une telle proposition ne peut être contestée tant elle paraît de l'ordre de l'évidence, quelles que soient les sociétés auxquelles elle puisse se rapporter. En même temps, on peut prôner un renouvellement des grilles d'analyse. Est-ce à dire que les anciennes grilles étaient erronées, qu'on pouvait imaginer des « situations structurées » visant à l'immuabilité ? Peut-être pense-t-on à certaines conceptions, dont les ethnologues ont mesuré l'obsolescence, qui avaient cours à propos des « sociétés primitives ». L'ouvrage dans lequel cette contribution s'inscrit souligne que le concept de transaction sociale participe de cet effort de renouvellement en réactualisant la réflexion autour des notions d'échange, de négociation et de conflit.

Ce sont précisément les questions d'échange et de négociation, mais aussi, incidemment, du règlement des conflits dans les sociétés traditionnelles qui ont conduit Marcel Mauss à mettre en évidence l'importance du don dans les sociétés traditionnelles, en ce qu'il implique une relation d'échange sous la forme d'un contre-don, ou une transaction ; ensuite, à énoncer le principe que tout fait de culture est un fait social total (Mauss, 1925).

Pour l'ethnologue et les cultures auxquelles il s'intéresse, la transaction n'est jamais seulement sociale ou économique, même si elle inclut ces champs. Les questions d'échange, de négociation et de conflit impliquent nécessairement tous les niveaux dans lesquels se déploie chaque culture particulière : social, écologique, spirituel, etc. J'ai déjà proposé, pour cette raison, de substituer l'idée de « fait culturel total » à celle de « fait social total », partant du principe que le « culturel » ne vient pas s'opposer à un « naturel » supposé extérieur aux êtres humains, qu'il correspond simplement au point de vue humain d'où part le regard. Mais n'anticipons pas.

Les trois termes de reconnaissance, reliance et transaction ont en commun d'impliquer, de diverses façons, une relation : la reconnaissance est connaissance par rapport à autre chose, ou à un autre état de la même chose, de déjà connu de façon consciente (identifiée) ou inconsciente (confuse) ou, si l'on veut, l'intégration dans le champ cognitif en général, ou social en particulier, d'un élément jusque-là ignoré ou rejeté. Le lien avec la notion de reliance apparaît dans la définition qu'en propose le sociologue Marcel Bolle De Bal (2003) : « La "reliance" suppose l'existence préalable d'une "déliance" et celle d'un état de "préliance" que nous définirons alors comme le phénomène de "liance" ». La transaction serait alors la relation qui s'établit entre deux termes identifiés ou identifiables, dans quelque champ culturel qu'elle opère.

Ces concepts développés par la sociologie sont opérationnels en ethnologie, pourvu qu'on les repositionne dans le champ spécifique de cette discipline. Cette nécessité n'apparaît qu'à la condition de considérer que l'ethnologie évolue dans un champ spécifique, ce qui a toujours, par principe, été mis en question. L'idée dominante, très liée à l'évolutionnisme social du XIXe siècle, reste que toutes les sociétés tendent vers un modèle unique (au mieux considère-t-on que c'est une fatalité, si ce n'est pas inévitable par principe) : celui de la société industrielle. L'idée même d'être et de rester « chasseurs pêcheurs collecteurs », même en y ajoutant, éventuellement, l'agriculture et l'élevage, apparaît comme rien moins qu'une « ab-surdité ».

Le concept de transaction emprunte à l'économie (la transaction est un échange négocié) et au droit (la transaction est une technique de prévention et/ou de résolution non judiciaire des conflits). La transaction sociale comprendrait alors à la fois de l'échange, de la négociation et de l'imposition (ou rapport de force). Selon Georg Simmel, en effet, la vie sociale serait structurée par des couples de tensions opposées. De quels genres de « tensions » s'agit-il ? Le terrain « ethnologique » amène à mettre en question la pertinence des problématiques sociologiques.

2. Le mode d'être, de penser et d'agir des sociétés traditionnelles : unités, différenciations, divorces et réconciliations (liances, déliances et reliances)

Les traditions amérindiennes nous parlent bien aussi de « tensions », de « liances » et de « reliances », dans des termes qui leur sont propres, notamment dans leurs mythes. L'idée générale de ces traditions est qu'une puissance créatrice – Dieu et ses *analogon* – rêva, ou reçut une vision, d'un monde sans conflit, d'une « Terre sans mal » pour parler comme les *Tupi-Guarani* (Clastres H., 1975). L'idéal du Créateur (qui peut être tout aussi bien une Créatrice) est de créer un univers à l'image du rêve universel d'une « terre sans mal » : un monde d'harmonie et de solidarité, où toutes les créatures vivraient en bonne entente, où il ne serait pas besoin de travailler et où il n'y aurait ni maladie ni mort, où la fête et le jeu seraient permanents, un monde où l'on se sentirait « bien dans sa peau » d'être vivant.

Mais ce projet s'avère rapidement impossible car, dès que l'on sort de l'unité du rêve pour le représenter simplement, et davantage encore lorsqu'on prétend lui donner forme, on inscrit les choses dans un espace et dans un temps, on entre dans la dualité : la création du monde est conçue comme un long processus de différenciation, de déliance si l'on veut, et d'apparition de couples de qualités sensibles, de sentiments, de caractères biologiques, de « natures » qui s'opposent ou se complètent : s'il y a des hommes, il y a des femmes ; s'il y a des herbivores (l'agneau, la gazelle, etc.), il y a nécessairement des carnivores (le loup, le lion, etc.) ; s'il y a du chaud, il y a du froid ; s'il y a du sucré, il y a du salé (et de l'amer, il est vrai) ; s'il y a de la bienveillance, il y a de la malveillance ; s'il y a du plaisir, il y a du déplaisir ; s'il y a de la joie, il y a de la peine ; s'il y a du bien, il y a du mal, etc.

Dans la tradition des Indiens *Teko* de Guyane (Navet, 1995), une ethnie *tupi-guaranide* de 450 personnes, *Wilakala* – nom donné par ce peuple au « pouvoir de créer » –, échoua à fabriquer le monde parfait dont il rêvait et, après plusieurs échecs qui tournent à la catastrophe – la dernière étant un déluge –, il abandonna la table de jeu largement perdant. Peu rancunier, lorsqu'il décida de retourner chez lui et de laisser la terre au mal, il invita les humains à le suivre. Seul l'un d'entre eux eut le courage du pari, un pari que Pascal a pressenti mais seulement pressenti : celui d'échapper au concret (les Hindouistes parlent du « cycle des réincarnations »). Ce héros, après un périple digne des aventuriers de l'Arche perdue, atteint un monde onirique, au-delà de l'espace et du temps, où tous ses désirs sont réalisés. Mais le désir disparaît quand il est exaucé ; qu'est-ce qu'un monde sans désir ? Un monde terne, sans relief, sans risque, sans émotion donc. Un *no man's land*... Un monde qui nous maintient, « irrémé-diablement », dans l'angoisse. Et l'on sait à quoi mène l'angoisse dans les villes de grande solitude : violence, contre soi (suicide), contre les autres (crime), viol sans amour : l'errance de Caïn avec peu de mots.

Il n'est pas clair si cet homme aventureux choisit ou est contraint par la puissance créatrice à retourner sur une terre livrée au diable mais, avant qu'il retombe, « Dieu » lui fait don de la *malaka*, le hochet rituel, l'intronisant ainsi premier chaman.

Les Indiens *Ojibwé*, une ethnie algonquin du Canada et des États-Unis (Navet, 2007), l'une des plus nombreuses d'Amérique du Nord, racontent, dans des termes comparables, les échecs successifs de *Kitche Manitu* qui, lui aussi, grâce au rêve dont il conservait le secret, réintégra le monde onirique dont il venait.

La même tradition raconte qu'un personnage nommé *Nanabush*, sorte de demi-dieu à la mode *Ojibwé*, et fils de la lune *Nokomis* (la « grand-mère »), eut à combattre son père le vent d'ouest, *Epingishmook*, une autre figure de l'entre-deux mondes. Ce combat se solda par un match nul – une situation d'équilibre si l'on veut – qui se conclut par le don du père au fils de la Pipe sacrée, symbole omniprésent de la spiritualité amérindienne du Nord, dont la composition est un microcosme et dont la fumée est la voie royale vers l'au-delà.

Nanabush, figure archétypale du démiurge, acquit ainsi d'un au-delà qui inspire ses actions les pouvoirs de rendre le monde aussi « beau, ordonné et harmonieux » que possible. Les animaux, les créatures vivantes non humaines respectent spontanément les lois qui gouvernent la Création, mais il reste les êtres humains, plutôt démunis, auxquels le Créateur a heureusement fait don du rêve.

3. Une philosophie en action

Pourquoi la morale des peuples traditionnels nous incite-t-elle à nous réconcilier avec ce dont nous nous sommes séparés, avec ceux avec lesquels nous nous sommes fâchés ? Pourquoi avons-nous besoin de garder le contact avec la « vision primordiale » ?[1]

Si je puis me permettre de parler à leur place, les peuples traditionnels pensent que ce monde ne nous donne pas de sens et nous laisse sur

[1] J'écris « nous » car, dans l'esprit de ceux qui la conçoivent et la défendent, il s'agit d'une morale universelle, mais non impérialiste (Jaulin, 1995).

notre faim (notre fin ?), nous laisse à notre angoisse (constitutive de la nature humaine, selon le psychanalyste Paul Diel[2]). Il y a bien « tension », mais entre deux séries de tendances : les unes qui nous portent vers l'au-delà, le non-conflictuel, le sens ; les autres qui nous attachent à ce monde imparfait. La morale *ojibwé* comme la morale *teko* nous incitent non pas à « dominer » (comme dans les traditions biblique et musulmane par exemple), mais à imiter l'animal. Elle est, essentiellement, une éthique de la réconciliation : réconciliation, ou reliance si l'on préfère, avec tout ce dont nous avons été séparés ; non pour dominer, s'opposer ou entrer en conflit mais, au contraire, pour pouvoir communiquer avec nos semblables, les animaux et toutes les autres créatures vivantes.

Ce mode d'être, de penser et d'agir repose sur une appréhension holistique du monde, l'idée que le monde vivant – et il existe diverses conceptions du « vivant » – est le fruit, jamais totalement mûr, d'un processus de création développé dans des mythes ; c'est un ensemble dont les parties sont reliées et interdépendantes. L'idée générale, développée par les biologistes, que le monde fonctionne sur des dyades entre lesquelles opèrent des échanges d'énergie, inclut ici le monde humain. Les peuples traditionnels assument pleinement cette réalité ; la théorie que Claude Lévi-Strauss appelle « indigène » n'est pas contredite, à ce niveau, par la pensée scientifique. Toutefois, les paires de qualités sensibles et affectives qui caractérisent le monde créé s'opposent moins qu'elles ne se complètent ; les antagonismes, les conflits, le désordre – dont la tradition mythique souligne le caractère inévitable –, ne sont pas le moteur de la vie sociale (perspective qui contredit, entre autres, le marxisme). C'est une sorte de « mal nécessaire », auquel on ne cesse de vouloir remédier. Cette idée est partagée par de nombreux philosophes occidentaux : Rousseau[3], l'abbé Raynal ou Diderot[4].

---

2 « Considérée dans la perspective de l'évolution, la vie n'a d'autre sens que celui de surmonter l'inquiétude fondamentale, germe d'angoisse. L'inquiétude est le trait caractéristique commun à tous les êtres vivants car elle est causée par leur dépendance à l'égard d'un monde ambiant susceptible de faire obstacle à la satisfaction des besoins vitaux. L'intermédiaire entre l'inquiétude immédiatement vécue et le monde méditativement perçu est le corps » (Diel, 1968, p. 12).

3 « Quoiqu'il en soit, de ces origines, on voit du moins, au peu de soin qu'a pris la nature de rapprocher les hommes par des besoins mutuels et de leur faciliter l'usage de la parole, combien elle a peu préparé leur sociabilité, et combien elle a peu mis du sien dans tout ce qu'ils ont fait pour en établir les liens » (Rousseau, 1755).

4 Diderot a rédigé une partie de l'œuvre maîtresse de l'abbé Raynal : *Histoire philosophique et politique des Deux Indes* (1772).

C'est donc l'idéal, éminemment éthique, d'une relation non conflictuelle qui domine la philosophie des peuples dont nous parlons[5] et les transactions de toutes natures – qui sont bien, elles, le moteur de la vie et pas uniquement de la vie sociale – visent à assurer et à pérenniser l'équilibre des relations qu'entretiennent les êtres humains, individuellement et collectivement, avec le reste du monde visible (niveau écologique) et invisible (niveau spirituel), mais aussi entre eux, à l'intérieur de chaque groupe local et entre les groupes locaux (niveau social). Cet idéal, car il ne peut s'agir que d'un idéal (dont la réalisation serait une unité, une fusion/confusion équivalente à une négation du processus vital, ou du processus de création), se traduit au quotidien par toutes sortes de transactions qui, évidemment, ne sont pas seulement d'ordre économique, mais touchent aussi à l'échange d'idées et même de personnes (règles d'alliance et de mariage par exemple). L'être humain, par l'éducation qu'il reçoit – largement inspirée par les mythes précisément –, doit se faire une place « reconnue », s'inscrire dans ce monde vivant défini par un temps et un espace. Les Amérindiens ne positionnent pas l'être humain comme nécessairement dominant ; la règle est la mesure, et la pondération est requise dans les actes et dans l'expression des sentiments.

4. Question d'éducation

Pour le psychologue Fitzhugh Dodson (1970), « tout se joue avant six ans ». Pour l'enfant, il s'agit, selon la formulation freudienne, de passer du « principe de plaisir » au « principe de réalité ». Le plaisir est d'abord celui d'un corps sexué, rêvant et désirant ; la réalité est un corps social, mais aussi un environnement visible et invisible, avec lesquels il faut traiter. En effet, la transition ne peut se faire que par rapport à un au-delà du social, un au-delà du vivant, un processus qui n'est pas, évidemment, « instinct de mort » (cette fois, je m'éloigne du rationalisme freudien) mais quelque chose de l'ordre de ce que Jung appelait « pulsion de Nirvâna », une « Terre sans mal », dans la version *tupi-guarani*, dont l'antichambre est le corps de la mère. Les espaces rituels et festifs sont, de façon souvent explicite, des *analogon* du giron maternel.

L'attribution de noms, au moment où l'enfant cesse progressivement de s'identifier à sa mère (première dé-liance), est déjà une façon d'insérer l'enfant dans ces espaces et ces temps. Une première reconnaissance. Et comme les peuples traditionnels, ainsi qu'a voulu le

---

5 300 à 400 millions de personnes, selon l'association *Survival International,* correspondraient à ce « modèle ».

montrer Philippe Descola (2005), n'instituent pas une rupture – qui, de toutes façons, n'existe pas « naturellement » – entre une « nature » jugée et supposée extérieure à l'humain et une culture qui serait l'apanage de celui-ci, le nom met en relation l'enfant avec le monde : avec le monde non humain, par l'appartenance totémique, par l'apparentement avec l'animal (Hehaka Sapa, 1953) ; avec le monde humain, par le statut, éventuellement l'affiliation clanique et les règles d'exclusion ou d'inclusion prédéterminées par cette nomination. Parler, par exemple, d'organisation clanique-totémique revient à reconnaître la congruence de toutes les « liances ».

Il est d'autres occasions de renouer avec le monde et avec nous-mêmes sur lesquelles je ne m'étendrai pas ici : le rêve qui fait de nous, chaque nuit, des chamans, la « quête de la vision » de l'adolescent chez de nombreuses sociétés nord-amérindiennes, les fameux « rites d'initiation », etc. Mais les « déliances », le processus de socialisation du corps, la création – par l'éducation – d'états différenciés, de mondes distincts ne sont là que pour assurer des liens, pour échapper à la confusion et permettre la fusion, l'effusion et la diffusion, la vie en général et la vie sociale en particulier :

> Quelle est la fonction de cette multiplicité d'instruments corporels dans le concert de la vie, hors celle, évidente, de prendre acte de quelques différences irréductibles entre les humains, les animaux et les plantes ? Elle est de permettre à des intériorités analogues d'échapper à un excès de continu en introduisant les écarts indispensables entre des termes pour qu'ils puissent entrer en relation (Descola, 2005, p. 193).

Le corps et ses affects sont outils de médiation, et cette vie est conçue et vécue par les peuples traditionnels comme caractérisée par des « transactions » de toute nature entre les êtres humains et leurs environnements visibles et invisibles, entre les êtres humains eux-mêmes, et entre les parts consciente et inconsciente de l'individu :

> En Sibérie comme en Amérique, bien des peuples paraissent rebelles à l'idée d'une séparation tranchée entre leur environnement physique et leur environnement social, ces deux domaines que nous distinguons d'ordinaire n'étant pour eux que des facettes à peine contrastées d'un continuum d'interactions entre personnes, humaines et non humaines (Descola, 2005, p. 41).

Un principe d'équilibre et d'harmonisation régit ces relations, sachant bien que l'équilibre abouti est l'absence à ce monde, une fusion-confusion qui peut et doit l'être uniquement de façon épisodique et dans des cadres spatio-temporels définis par chaque culture (rites, quête de la vision, voyage onirique et chamanique, etc.). Les sociétés traditionnelles, dans ce cadre, apparaissent comme éminemment religieuses, dans le sens étymologique : de *relegere*, « recueillir, rassembler », ou de *religare*, « relier ». Ainsi, pas plus que n'existe une dyade « nature/ culture », aucune conceptualisation ne distingue, chez les peuples traditionnels, un monde « profane » et un monde « spirituel ». Le grand leader sioux *Sitting Bull*[6] traduisait ceci en affirmant : « La nature toute entière est mon église ».

Dans un monde où tout est sacré, où les discontinuités ne sont là que pour assurer de la relation, de la transaction si l'on veut, il n'existe pas non plus de solution de continuité, d'abîme infranchissable, entre un « au-delà » référence, lieu d'absolu (chaos, confusion) mais aussi du sens[7], d'une part, et le monde différencié, diversifié mais cohérent du concret – du « créé », pourrait-on dire –, d'autre part. Donc, il n'existe pas non plus d'écart de nature entre un « réel » et un « imaginaire ».

La nécessité d'« agents de liaison » existe au niveau sociologique mais aussi aux niveaux écologique, spirituel et/ou psychologique. Les traditions amérindiennes l'ont bien compris en concluant leurs mythes de création par l'intronisation des premiers « pontifes » (de *pontifex*, « faiseur de ponts ») : les chamans, véritables « transe-acteurs ». Passeurs de rêves et passeurs de cultures, les chamans permettent un ressourcement vers les matrices : corps maternel, « Terre-mère », etc.

Ainsi, les sociétés traditionnelles apparaissent-elles éminemment comme des sociétés de la transaction où la prévention des conflits est privilégiée par rapport à leur résolution. L'excès des sentiments, qu'il se traduise par la colère (nécessairement tournée contre quelque chose ou quelqu'un), la jalousie, le rejet ou l'exclusion, est prohibé par la morale.

De nombreuses institutions, de nombreux faits culturels témoignent du souci d'éviter les conflits. L'animal a une âme et une organisation sociale comparables à celles des humains ; il est capable de penser et de tirer vengeance ; si le chasseur ne respecte pas celui qu'il a abattu et qui s'est, en quelque sorte, « offert » à l'arme qui l'a tué, il risque fort de revenir bredouille lors de sa prochaine sortie de chasse. Jean Malaurie raconte que la baleine tuée par les *Inuit* du détroit de Berhing est « l'invitée du village » ; les *Ojibwé* de la région des Grands Lacs ne jettent pas les os de l'ours qu'ils ont tué, ils accrochent son crâne dans un arbre à l'abri des chiens et des prédateurs, etc.

Avec les sociétés traditionnelles, nous sommes dans un monde où les formes sont labiles et les métamorphoses possibles : le chasseur *wayãpi* de Guyane ignore si la rainette de Goeldi (*Phrynohias resinifitrix*) qu'il

---

[6] Ce nom ne devrait pas faire sourire davantage que l'évocation d'autres leaders politiques historiques : Vercingétorix, Gengis Khan, Napoléon, De Gaulle, Lénine...

[7] « Sens » a un double sens : direction et signification.

croise sur son chemin n'est pas un jaguar qui a pris temporairement cette apparence. Il faut aussi, en Guyane, composer avec les « maîtres des animaux » et ne pas entrer en conflit avec les « esprits », etc.

Au plan humain, la règle est la modération dans les actes et dans les propos, elle répond au principe général d'harmonisation des relations et repose sur une profonde connaissance de la nature humaine dans toutes ses composantes : physiques, imaginantes (imaginaires ?), sexuelles, etc. Loin de pratiquer le communisme sexuel, comme le pensaient les théoriciens de l'évolutionnisme social (qui en rêvaient), les sociétés traditionnelles réprouvent hautement les écarts de conduite ; une éthique très précise préside aux relations entre personnes, en particulier, mais pas seulement, aux relations sexuelles.

Sur un autre plan, Jean Malaurie (1999) emploie le concept de « péréquation des biens » pour parler de la répartition équitable des biens de toutes natures dans les sociétés *inuit.* Et nous pouvons dire la même chose pour les Amérindiens qui constituent eux aussi, en principe du moins, des sociétés égalitaires.

Le jeu, hautement prisé chez les Amérindiens, a également une fonction relationnelle équilibrante, il est une façon de détourner les conflits. On peut aussi parler de la fête, à propos de sociétés amérindiennes. Si l'exercice physique est permanent dès l'enfance, le travail, c'est-à-dire l'effort contraint, ne constitue pas une valeur en soi ; il est une fâcheuse nécessité qu'on aimerait abolir. Pierre Clastres (1974) a pu écrire que, dans des sociétés non-productivistes, peu d'heures de travail suffisaient à faire vivre les familles et les communautés. Il a aussi montré comment ces sociétés refusaient l'État organe, non comme organisation du monde, mais comme facteur de domination et source de conflits ; notre expérience confirme ces points.

5. Des sociétés traditionnelles ?

Afin d'éviter tout malentendu – et d'affaiblir le préjugé courant –, j'ai proposé une définition des « sociétés traditionnelles » (Navet, 2006), donc de ce que l'on peut entendre par « tradition », qui met l'accent sur un principe, vérifiable à tous les niveaux, de « relation », donc aussi de « transaction ». Il existe en effet, au-delà des adaptations dont il vient d'être question, un noyau dur de « valeurs » écologiques, humaines et spirituelles structurant un mode d'être, de penser et d'agir auxquelles ces sociétés restent fermement attachées et qui sont aujourd'hui l'objet, aux niveaux locaux, nationaux et internationaux, de projets culturels mais aussi de luttes politiques et juridiques destinées à en assurer la survie. Cette survie est pour eux synonyme d'une survie bien plus large incluant l'ensemble de la biosphère.

Depuis quelques décennies, la notion de « sociétés traditionnelles » s'est heureusement substituée à celle de « sociétés primitives », mais dans la pensée commune (formatée par l'idéologie dominante au travers des médias et des institutions de transmission des valeurs, comme l'école et l'Université) et même, on doit le regretter, dans une partie des sciences sociales, l'idée de « tradition » est associée sans réflexion à celles d'autarcie, de stagnation, d'immobilisme. On imagine volontiers ces sociétés – toujours perçues, par principe mais contre l'évidence, comme « en voie de disparition » – pliant sous le carcan de « traditions » – ou de règles du vivre ensemble, pourrait-on aussi dire – immuables, sans souplesse, incapables d'adaptation aux conditions fluctuantes des milieux naturels et humains. Les ethnologues ont pourtant fait largement la preuve de la capacité de ces sociétés à modifier leurs structures, à adopter de nouvelles technologies, à changer tout simplement en fonction de circonstances choisies ou imposées. Leur simple survie témoigne de cette aptitude, malgré les politiques d'assimilation (ethnocide) dont elles sont constamment l'objet.

Si elles ne sont pas immuables – ce qui les condamnerait –, les sociétés traditionnelles, tant qu'elles obéissent à leur propre dynamique (avant l'irruption du modèle dominant sous les formes de la colonisation et d'une colonisation planétaire qui s'appelle aujourd'hui mondialisation) visent à la stabilité ; elles ont effectivement, comme l'affirme Lévi-Strauss (1973), une histoire moins « chaude » que les sociétés industrielles. Les sociétés traditionnelles changent, certes, elles modifient leurs réseaux d'alliance et d'échange, mais (sauf sous la contrainte) pas n'importe quoi, ni n'importe comment. L'idée que le changement, avec une certaine inscription dans un temps linéaire, soit, par principe, une amélioration forme la base consciente ou inconsciente de la civilisation dite « moderne » ou même « post-moderne » (qui reste foncièrement évolutionniste dans l'esprit comme dans les actes). Cette idée reste étrangère au modèle traditionnel. Ces sociétés, loin de représenter des « stades dépassés » d'une supposée évolution mécanique (dans laquelle les êtres humains seraient de simples marionnettes), présentent une réelle alternative aux problèmes écologiques, humains et spirituels auxquels sont aujourd'hui confrontés l'humanité et le monde vivant en général, face aux illusoires ambitions de « maîtrise » et de « conquête du monde » des sociétés industrielles.

6. Les sociétés de la transaction et les sociétés de la rupture

Après la perte du « paradis », s'opère une grande bifurcation, selon la façon dont les êtres humains se positionnent dans ce monde. La tradition commune (aux chrétiens, « animistes », etc.) est que la vie est nécessairement conflit : conflits d'intérêts entre prédateurs et victimes, conflits entre les désirs des uns et ceux des autres, etc. Mais, au lieu de concilier ce qui est différent, par la transaction, au lieu d'un principe d'alliance (obéissance aux « lois naturelles » selon les *Ojibwé*), dans certaines sociétés, en particulier les sociétés industrielles, les hommes s'opposent non seulement avec le reste du monde mais aussi entre eux. L'idée de domination de la nature et des autres ne peut générer d'harmonie, mais seulement du conflit. Certes, nul n'y échappe, c'est dans la nature des choses, mais plutôt que d'en faire un principe (mission évangélique, « interdit » biblique, ou *herem*, etc.), on peut, au contraire, s'efforcer à tous les niveaux d'atténuer les antagonismes. Les tensions produisent chez Simmel des « oppositions », mais elles n'excluent pas des complémentarités. Les peuples traditionnels mettent davantage l'accent sur la complémentarité que sur l'opposition.

De même, la liberté et l'égalité ne sont pas antinomiques (Simmel, Tocqueville) car il n'existe pas de liberté en soi. La liberté absolue n'est pas impossible, elle n'a tout simplement aucun sens. Les Amérindiens, et les autres peuples traditionnels peuvent nous aider à comprendre cela. Après tout, il se trouve encore des sociétés qui pensent que la vie n'est pas « un long chemin de croix », que le travail n'est pas une valeur en soi, que gagner de l'argent n'est pas gagner de la vie, que vivre longtemps de façon morne et fade, avec des idéaux qui vous laissent nécessairement sur votre faim n'est pas préférable à vivre peu d'années mais intensément. Le « présent » est quelque chose que l'on offre et qui instantanéise la relation.

Si le paradis n'est pas sur terre, à tout le moins peut-on, et doit-on (instance morale) selon l'idéal *ojibwé*, créer un monde « beau, ordonné et harmonique ». Créer un monde de conciliation et de réconciliation, de liances et de liesses plutôt que de luxe et de liasses !

7. La résistance aux dominations

Si l'on imagine sans problème que les luttes sociales et politiques (impliquant des majorités non silencieuses) puissent contribuer à un changement d'état du monde, on n'admet pas sans réticence que le combat des minorités autochtones soit facteur de progrès pour l'humanité et la vie en général. Pourtant, ce qu'elles proposent répond aux manques, aux frustrations d'un système – d'une civilisation – de plus en plus remis en question. Il s'agit, précisément, de renouer des liens sociaux, et ceci ne va pas sans le renouveau d'une spiritualité éminemment écologique. L'abondante littérature orale et écrite des peuples dont nous parlons en témoigne. Alors, qu'en conclure, sinon, que leur combat est le nôtre, qu'il n'est pas voué à l'échec par principe, ainsi qu'il est courant de le penser.

L'affirmation identitaire des Peuples autochtones vise d'abord à leur reconnaissance comme acteurs de l'histoire et non comme victimes malheureuses de cette histoire. Elle vise aussi, c'est clair, à modifier radicalement la nature des « transactions » de l'ordre colonial (dépossession plutôt qu'échange) qui les confrontent au monde moderne. Il s'agit de réintroduire, de façon équitable, des valeurs humaines et naturelles – correspondant à de « vrais » besoins – dans le sacro-saint « développement » qui ne se conçoit guère qu'en termes économiques et technologiques, conformément à un vieil idéal religieux qui fait de toute transaction avec la nature et les « peuples naturels » un marché de dupes. En cela, c'est la notion même de « développement » qui est mise en question par la lutte des peuples autochtones heureusement rejoints par quelques penseurs occidentaux « contestataires » comme Serge Latouche et Edgar Morin et, d'une façon implicite peut-être, par Philippe Descola. Il est temps, sans doute, de s'interroger sur ce que les sociétés « développées » ont réellement développé, de redevenir hors des écrans de cinéma des « aventuriers de l'arche perdue », et de passer de l'affrontement à la communication, de passer de la déliance à l'alliance.

Bibliographie

Bolle De Bal M., 2003, « Reliance, déliance, liance : émergence de trois notions sociologiques », *Sociétés*, 80, p. 99-131.

Clastres H., 1975, *La terre sans mal. Le prophétisme Tupi-Gurani*, Paris, Seuil.

Clastres P., 1974, *La Société contre l'État. Recherches d'anthropologie politique*, Paris, Minuit.

Descola Ph., 2005, *Par delà nature et culture*, Paris, Gallimard.

Diel P., 1968, *La peur et l'angoisse, phénomène central de la vie et de son évolution*, Paris, Payot.

Dodson F., 1970, *Tout se joue avant six ans*, Paris, Payot.

Hehaka Sapa (Black Elk), 1953, *Les rites secrets des Indiens Sioux*, Paris, Payot.

Jaulin R., 1995, *L'Univers des totalitarismes. Essai d'ethnologie du « non-être »*, Paris, Loris Talmart.

Lévi-Strauss C., 1973, *Anthropologie structurale*, Paris, Plon, vol. 2.

Mauss M., 1925, « Essai sur le don. Forme et raison de l'échange dans les sociétés archaïques », *L'Année sociologique* [réédité : *Essai sur le don*, Paris, PUF, Quadrige, 2007].

Navet É., 1995, « Qu'est-ce qui fait bouger le mythe ? Création et recréation du mythe chez les Emerillon (Guyane française) », in Grenand F., Randa V.

(dir.), *Transitions plurielles. Exemples dans quelques sociétés des Amériques*, Paris, Peeters, SELAF 349, p. 91-113.

–, 2007, *L'Occident barbare et la philosophie sauvage. Essai sur le mode d'être et de penser des Indiens Ojibwe*, Paris, Homnisphères.

Raynal G. Th., 1772, *Histoire philosophique et politique du commerce et des établissements des Européens dans les deux Indes*, Paris, Pellet.

Rousseau J.-J., 1755, *Discours sur l'origine et les fondements de l'inégalité parmi les hommes* [réédité : Paris, Flammarion-GF, 2008].

CHAPITRE 12

Les espaces intermédiaires du développement durable urbain

« Ville durable » et transactions sociales

Philippe HAMMAN

Professeur de sociologie, Université de Strasbourg
Directeur-adjoint du CRESS, EA 1334

Ce texte propose une analyse de la place du développement durable (DD) dans les projets et les stratégies urbaines françaises, en mobilisant le concept de transaction sociale. La notion de DD s'est construite sur la scène internationale, à partir d'institutions telles que les Nations unies (Zaccaï, 2002). De là s'est diffusée la définition désormais classique, tirée du rapport dit « Brundtland » de 1987[1], qui énonce que le DD consiste à « s'efforcer de répondre aux besoins du présent sans compromettre la capacité de satisfaire ceux des générations futures ». Cette problématique ne saurait pourtant être uniquement identifiée à un « grand objet » de niveau mondial. Le cadre « local » doit être pris pleinement en compte, parce qu'il constitue un espace premier des enjeux concrets du DD, à commencer par les aires urbaines.

Dans ce contexte, c'est la territorialisation du DD dans les espaces urbains qui nous retient, peu examinée à ce jour[2]. Nous nous situons dans le prolongement d'une recherche menée de 2006 à 2009 au sein du CRESS, pour le Plan Urbanisme Construction Architecture (ministère de l'Énergie, de l'Écologie, du Développement durable et de l'Aménagement du territoire), au sein de la Plate-forme d'observation des projets et des stratégies urbaines (POPSU). Elle a consisté en une

[1] Gro Harlem Brundtland, Premier ministre de la Norvège, a présidé de 1983 à 1986 la Commission de l'ONU sur l'environnement et le développement.

[2] À l'exception de Da Cunha, Knoepfel, Leresche et Nahrath, 2005.

comparaison portant sur six grandes villes et aires métropolitaines françaises : Bordeaux, Lille, Lyon, Nantes, Montpellier et Toulouse (Hamman, 2008 ; Hamman et Blanc, 2009).

Cette entrée par les échelles inscrit l'analyse en cohérence avec une réflexion épistémologique. La question de la focale n'est aucunement neutre : il n'y a pas uniquement un changement de niveau mais aussi de regard des acteurs lorsque l'échelle change, quant à ce qui est visible ou non (Desjeux, 2004 ; Grossetti, 2006). L'enjeu tient à la combinaison des différents plans sur lesquels se situent les évolutions de l'action publique territoriale. Pour ce faire, plutôt que la lecture d'un monde social rigide, nous avançons celle d'un intermonde caractérisé par la malléabilité et l'élasticité. Ce cadre rend raison d'une ouverture au contradictoire, selon laquelle les acteurs parviennent à interagir même sur la base d'interprétations différentes, notamment des principes du DD. En même temps, l'intermonde renvoie aussi à des limites à intégrer, y compris du fait de la consistance de ce qui y est socialement produit. On se situe ainsi dans un rapport permanent entre « textures » et « coercitions » (Martuccelli, 2005), où les premières marquent un « supplément irrépressible de significations », que l'on ne peut épuiser si l'on écarte ce qui se joue en propre dans les intersections instauratrices de liens, et les deuxièmes « pas tant à une structure matérielle objective et univoque fonctionnant durablement et régulièrement, mais plus simplement à des raideurs contre lesquelles bute l'action, imposant en quelque sorte des limites qui doivent être conçues comme mouvantes, intermittentes, médiates » (Soulet, 2008, p. 224). La question fréquemment laissée pendante dans la littérature est celle de la saisie concrète de l'intermonde, pour laquelle on avance ici quelques pistes (plus largement, Hamman, 2009, 3e partie).

À partir de couples d'opposition structurants, les dynamiques et les cheminements repérés participent de la fabrique de la ville à partir d'espaces intermédiaires de mises en relations, qui permettent de relire un objet souvent vu comme clivé autour d'un rapport dual local/global. On décentre ainsi le regard en direction d'espaces-frontières, à la fois transactionnels et transitionnels, posant, à partir de temporalités diverses qui ne coïncident pas naturellement, l'enjeu de consistance du DD dans les interstices de l'action publique entre institutions et entre acteurs en tensions. Sur ce plan, si l'on admet que « la localisation spatiale permet et contraint la co-présence » (selon les mots de Sewell, 2001, p. 57), particulièrement mise en avant dans le cas du DD urbain, il s'agit de saisir les logiques sociales et spatiales qui participent de la production de ces mécanismes.

1. Analyser le DD urbain par les transactions sociales

Du travail documentaire et de terrain dans les agglomérations considérées, se dégage nettement l'idée de passages : le DD urbain est lu comme un levier de transformation des politiques locales, à travers un effort de cohérence entre différents services, niveaux d'action et compétences territoriales. Sa concrétisation se joue alors dans la capacité à être intégré au niveau des intersections, c'est-à-dire dans des espaces-frontières, mobilisant des dynamiques transactionnelles.

Plusieurs entrées sont en effet possibles. Tout d'abord, on pense aux trois déclinaisons économique, sociale et environnementale, où le DD est défini à la rencontre du « viable », du « vivable » et de l'« équitable »[3]. On peut ajouter la montée en puissance d'un référentiel « culturel » parmi les acteurs locaux, qui est même présenté comme un « quatrième pilier » à part entière du DD[4], à la fois au sens de l'offre culturelle et de l'accès à des équipements, de l'interculturalité comme partage d'espaces urbains et d'une acculturation aux enjeux de la ville durable. Dès lors, le DD urbain apparaît relever fondamentalement d'une problématique de mise en rapport d'impératifs non spontanément convergents. Ce liant passerait par un appel à un exercice renforcé et élargi de la démocratie locale et des dispositifs de participation. Cela est d'autant plus vrai, à un deuxième niveau, que le DD est souvent vu comme clivé entre la définition de principes généreux et généraux et leur applicabilité pratique.

À ces différents titres, le DD urbain apparaît inscrit dans un ensemble (localement fluctuant) de chaînages, qui le situent résolument dans des espaces d'interrelations, dont une analyse par les transactions sociales permet d'approcher les rapports complexes entre discours et réalités, *via* des cheminements de concrétisation. On le sait, cette approche a été pensée pour analyser la « (re)création permanente du lien social » dans les situations où conflits et coopérations coexistent (Blanc, 1992). Or, idéalement, le meilleur DD est celui dont on ne parlerait pas parce qu'il irait de soi : si le répertoire du DD urbain est mobilisé, c'est bien en réponse à une situation problématique.

---

3 « Viable », à l'intersection de l'économique et de l'écologique, « vivable », à l'intersection de l'écologique et du social, « équitable », à l'intersection du social et de l'économique.

4 Un fonctionnaire municipal nantais déclare : « Tout le monde connaissait les trois points principaux du DD. Nous, on en a mis un quatrième, le culturel, qui a été repris aujourd'hui par beaucoup de collectivités. [...] Parce qu'il y avait un patrimoine, il y avait la culture locale » (entretien, Nantes, 19/06/07).

En même temps et réciproquement, les enjeux du DD urbain permettent de renouveler l'approche des transactions sociales qui, dès l'origine, se sont intéressées à la ville. On peut en particulier distinguer entre transactions de croissance et de continuité, d'une part, par exemple pour réduire les gênes ou impacts de la circulation automobile urbaine sans remettre en question le principe (l'aménagement d'un boulevard périphérique, d'une « zone 30 » limitant la vitesse en centre-ville, etc.), et transactions de rupture, de l'autre, visant à proposer un changement de modèle (par exemple, développer les modes de déplacements alternatifs à la voiture, comme les transports en commun en site propre, l'usage du vélo, etc.).

2. Des couples d'opposition structurants

Un certain nombre de dualismes divergents, au sens de la sociologie de Georg Simmel (1981) – qui analyse le monde social comme parcouru de couples de tensions à la fois opposés et complémentaires –, sont liés à des effets de contexte qui peuvent être rapportés historiquement aux transformations de la ville et des activités économiques. Le réaménagement en DD urbain des sites des anciens chantiers navals de Nantes fournit une illustration. On note d'abord une participation citoyenne organisée par la commune à travers les conseils consultatifs de quartier, qui regroupent, spécifiquement pour des projets correspondant au périmètre en question, des associations ou des personnes impliquées, à l'instar de celles qui ont travaillé aux constructions navales dans le cas de l'Île de Nantes. Cette attention à la mémoire vivante des lieux s'accompagne en même temps d'initiatives visant à animer par une programmation culturelle et un ensemble de salles de musiques actuelles certains espaces identifiés comme de futurs éco-quartiers. Le développement local passe ici par une dynamique (inter)culturelle correspondant à une transaction destinée à redéfinir l'équation tradition/modernité.

D'autres couples concernent des valeurs en opposition : pour Simmel, c'est ce qui maintient la société en mouvement suivant une combinaison qui ne saurait être prévisible. Dans l'exemple précédent, l'objet de la transaction repose aussi sur la dialectique entre la mémoire collective (et ses porteurs les plus légitimes, les « anciens » des lieux) et la recherche de nouvelles solidarités, de liens sociaux reconfigurés (les initiatives d'équipements et manifestations culturels), qui ne peuvent être atteints que s'il y a entente sur une hiérarchie renouvelée de valeurs pouvant exercer une fonction d'intégration dans un quartier en mutation. Comme le suggère Michel Marié, on peut distinguer en pareil cas la logique d'aménagement de celle du ménagement[5], où se pose l'enjeu de leur articulation. La lecture de ces projets donne à voir en même temps des préalables centrés sur une certaine valorisation du patrimoine maritime local et de ses hommes, et des réorientations en vue de promouvoir dans cet espace en transition un futur harmonieux à travers des recompositions fonctionnelles notamment. D'où un autre type de tension, entre un idéal visé et des conditions de mise en œuvre contraintes. Les transactions sociales permettent d'analyser comment les acteurs parviennent à sortir de ces dilemmes.

Transactions sur les intérêts et sur les valeurs

Les tensions repérables autour des politiques urbaines en DD se situent en même temps sur le plan des intérêts et des valeurs. De conflits d'intérêt, il est question par exemple à propos de l'implantation de la deuxième ligne de tramway à Montpellier, ouverte au public en janvier 2007. Cet équipement a suscité l'ire d'un regroupement local, le collectif Tramway, où le principe écologique n'apparaît pas premier, mais plutôt l'opposition au tracé retenu parce qu'il rallonge le parcours, coûte de l'argent supplémentaire aux contribuables, du temps aux usagers et ne facilite pas l'accès à un certain nombre de commerces. Aux dires de plusieurs interviewés, ce serait l'illustration du fameux effet NIMBY (*not in my back yard*). Le discours du représentant du collectif Tramway de Montpellier permet de le saisir :

> Ici, à Montpellier, le tram, avec tous les travaux annexes, on doit être autour des 22-23 millions d'euros du km, ça coûte très cher ! Ma femme me dit toujours : « Ça se passe ailleurs pareil ! ». Moi je m'en fous, ailleurs j'y suis pas, je m'en occupe pas ! On bataille dans l'endroit où on vit ! (entretien, Montpellier, 03/03/07).

Cette première dimension ne saurait être séparée de conflits de valeurs, où entrent en jeu des modes d'intériorisation du DD, divers en fonction des acteurs, et souvent durcis : développement/préservation, local/global, ville/nature, urbain/rural, etc. La tension entre coûts de réalisation de logements sociaux, destinés à être accessibles, et respect de normes de haute qualité environnementale (HQE) le fait comprendre. C'est là un problème d'importance pour un urbanisme durable. En normes HQE, les coûts à la construction sont supérieurs, et même s'ils

[5] « L'idée de ménagement s'est d'abord construite au contact des aménageurs, en réaction au caractère souvent autocratique et peu démocratique de leurs méthodes. [...] Tendu vers l'action, souvent en position d'urgence, l'aménageur a tendance à agir par procuration, à se substituer aux groupes sociaux pour lesquels il travaille. Ménager au contraire est faire le plus grand cas du sujet-objet, de celui pour lequel on aménage » : Marié, 1989, p. 199.

sont moindres par la suite, encore faut-il que les entreprises et les bailleurs intègrent des amortissements de long terme. Se mêlent ainsi des enjeux de calculs budgétaires et de valeurs d'action entre des objectifs économiques, sociaux et environnementaux à concilier.

Il y a donc une complexité supplémentaire lorsque les conflits d'usage qui portent sur des « objets » (des équipements, etc.) se doublent de conflits de devoirs quant aux valeurs sous-jacentes. Le rapport entre « qualité » et « quantité » dans les aménagements urbains végétalisés constitue une telle scène d'interactions, en l'espèce un espace-frontière mouvant entre les objectifs visant à proposer des sites « de premier ordre » (développer de « grands poumons verts », etc.) et des espaces verts de proximité, dit de « respiration » dans la ville. Les « espaces verts » ont en effet de nombreux usages (dont certains sont immatériels, tenant non à leur fréquentation, mais au sentiment de vivre dans une ville qui en dispose, qui s'intègre à la nature environnante, etc.), et il n'est pas toujours simple d'arbitrer, car la « proximité » n'est pas définie de façon objective mais dépend du ressenti et de la capacité de mobilité des uns et des autres. Ceci suppose des compromis, jusqu'à construire des normes locales – la « règle des 500 mètres » est revenue à plusieurs reprises dans les agglomérations étudiées : un espace vert à 500 mètres maximum de chaque habitation.

La notion d'expérimentation se comprend en ce sens, et renvoie à la fois au droit à l'erreur, au développement de projets temporaires et à la mise en œuvre sur des échelles réduites. Elle est au centre d'un grand nombre d'actions en DD urbain : ce serait là un mode pertinent d'application de projets, quand bien même on peut y voir une bifurcation par rapport à une politique de plus grande ampleur, dans un rapport global/local. Ce mode de fonctionnement par essais sur des espaces limités, permettrait une mise en place effective du DD, au-delà des grands principes :

> Je dis souvent que je suis citoyenne du monde, et Lille est une ville citoyenne du monde. Mais, à un moment donné, un territoire est important comme support, pour démontrer, pour faire. [...] Depuis 2000, la mise en œuvre de notre Agenda 21, on est sur 180 projets à peu près, 500 actions, on est dans le faire (adjointe au DD de la ville de Lille, 06/06/07).

Transactions sur les principes légitimes et sur les règles

Les transactions en jeu autour du DD urbain dépassent donc la seule approche par les intérêts, convergents ou contradictoires. Elles posent de façon centrale la question du lien social et des principes permettant de le fonder. Or, nous voyons entrer en concurrence plusieurs principes (par exemple, le principe économique face au droit au logement décent et, en

DD, à la qualité environnementale du bâti) pour la gestion d'un même enjeu, celui de la ville durable et partagée. À ce titre, l'enjeu des rapports compétitifs est double : à la fois la reconnaissance des principes constitués comme légitimes et le résultat provisoire de la transaction.

La tarification de l'eau permet de le montrer. On voit que les principes d'action ne coïncident pas *ex ante* entre les acteurs en présence, ni sur les scènes d'opérations, ni dans les arènes professionnelles relatives au DD urbain : se joue l'émergence de nouvelles références dont la légitimité est à asseoir. Lorsque l'adjointe au DD de la ville de Lille, issue du monde associatif environnemental, expose sa vision de la facturation de l'eau à ses propres services techniques, on peut parler d'une tentative de mise en accord, dans un espace intermédiaire, d'univers qui jusque-là ne se rencontraient guère dans leurs principes structurants :

> La tarification progressive, c'est tellement anti-culturel aujourd'hui que le service me disait : « Dégressif, non ? ». C'est ça la logique du développement non durable, deux achetés, le troisième gratuit ! Or, au contraire, la tarification progressive, c'est assurer les droits fondamentaux. Et si on gaspille, on paie plus cher. Un, c'est une logique de solidarité. Deux, c'est parce qu'il y a une surconsommation qu'on est obligé d'aller chercher de l'eau très loin, ça demande des investissements très importants. Trois, ça demande de l'assainissement qui coûte de plus en plus cher. Vous voyez, une autre logique » (Lille, 06/06/07).

Dès lors, la gestion des problématiques de DD urbain renvoie à des transactions articulant des principes et des règles. Si l'on admet que, lorsque des positions divergentes s'expriment relativement à une opération d'aménagement, il s'agit de les concilier au mieux pour que le projet puisse se concrétiser, on peut estimer que ces processus se situent dans le « non-droit », au sens de Jean Carbonnier (1969), mais pas hors droit. Car « les concessions acceptées dans l'espace non juridique sont le résultat de sous-transactions qui s'inspirent de la règle pour, dans un premier temps, fournir une solution » (Monique Coornaert, in Blanc, 1992, p. 146). En cela, les règles existantes donnent un certain nombre de limites des actions possibles, notamment en termes de compétences des différentes collectivités territoriales à agir en DD urbain, mais en même temps, comme elles n'en tracent précisément que des limites, elles laissent une marge sensible d'action. On parlera de *transactions secondes*, dans la mesure où elles s'inscrivent dans un cadre institutionnel qui fournit une première définition des rapports entre acteurs (permettant d'établir des transactions de premier rang). Ceci constitue le principe légitime d'action, mais n'empêche pas que s'établisse un accord sur d'autres principes, localisés et territorialisés, entre partenaires. La transaction seconde ouvre un jeu avec l'ordre institué qui permet de raisonner en termes d'enjeux de codification et de normalisation, rendant raison des processus engagés et de leurs espaces-frontières d'inscription[6].

L'aspect de labellisation autour des initiatives de DD urbain est frappant ; il suffit de penser à la particule « éco » aujourd'hui accolée à de nombreuses désignations de l'action publique : éco-quartier, éco-citoyenneté, éco-mobilité, consommateur éco-responsable, etc. Or, par exemple, si le terme éco-quartier s'est diffusé au sein des agglomérations françaises soucieuses de faire montre de DD urbain, les réalités sont très variables : on n'est pas en présence d'un label unitaire, mais d'affichages de projets construits localement en fonction de contenus fluctuants. On repère ainsi, dans l'agglomération nantaise, un apprentissage collectif passant par des modes de transactions secondes, c'est-à-dire centrées sur certaines composantes des représentations et des positions des acteurs impliqués, mais se référant toujours à un cadre premier, élargi et national (le principe du quartier durable dans la ville), pour mieux se l'approprier tout en l'adaptant, c'est-à-dire produire un « éco-quartier à la nantaise ». En cela, il ne s'agit pas simplement d'un effet de filtre, mais bien de l'élaboration d'une règle de deuxième ordre, susceptible d'une diffusion locale comme référence à suivre au sein des communes de la Communauté urbaine de Nantes en particulier. Le responsable du Renouvellement urbain à Nantes Métropole le traduit :

> On a commencé des opérations pilotes en matière d'habitat avec des villes qui étaient d'accord pour développer des formes urbaines, des densités qui soient le plus efficace possible, donc éco-quartier. [...] On est allé voir [...] sur des grilles de lecture, mais non pas comme une norme, c'est-à-dire en disant « quand on a tant de densité, c'est très bien », mais plutôt comme des repères, plutôt l'image du tableau de bord. On a identifié une dizaine de critères qui nous semblent correspondre à des valeurs du DD, la capacité de produire de l'habitat notamment. Et ensuite on a défini une trame (Nantes, 20/06/07).

3. Des processus transactionnels

Les transactions sociales en DD s'apparentent ainsi à des séquences temporelles d'ajustements successifs : toute une chronologie ordonne des épisodes, des conflictualités et des modes de compromis. La logique institutionnelle compose avec la logique de projet, où apparaissent des dynamiques d'apprentissage et de mises à l'épreuve en des formats limités, correspondant aux espaces-frontières.

---

[6] Ce double rapport à la règle permet de distinguer des transactions de premier et de deuxième rang.

Logiques de projet et enjeux de temporalités

Du point de vue de son caractère opérationnel, la mise en œuvre du DD urbain correspond à un passage d'une logique de l'institution à une logique de projet, en termes de transversalité. Dans ce cadre, le projet urbain devient lui-même un instrument de coordination, de mobilisation et de mise en cohérence (Bacqué *et al.*, 2007).

Les enjeux d'affichage des projets urbains en DD le font comprendre, autour des adaptations des énoncés produits par les collectivités. La portée de l'affichage du DD ressort d'autant plus que, souvent, elle précède l'action : on communique d'abord, avec une dimension d'énoncé performatif. Ainsi, à Bordeaux, si la part des espaces verts peut sembler en retrait, on repère, comme à titre compensatoire, la mise en place d'une communication locale axée sur les arbres, avec pour slogan : « Un arbre, un banc », qui veut indiquer que la municipalité agit, mais ceci prend place sur le temps long. Le chargé de mission DD de la ville l'explique :

> Peut-être qu'on est trop minéral sur beaucoup d'espaces publics, ce qui pose quand même des problèmes. Un arbre ce n'est pas un grand arbre du jour au lendemain, ça s'anticipe. On est en train de faire une charte de l'Arbre, de mettre des garde-fous pour l'avenir, mais avant qu'on ait « un arbre, un banc » – puisque c'est ça le slogan –, avant d'avoir des arbres qui ont un rôle clé dans le rafraîchissement d'été, il va s'écouler quelques années (Bordeaux, 06/03/07).

En même temps, cette diversité des cadres temporels de l'application du DD urbain ne coïncide guère avec les périodes rapprochées qui gouvernent le temps politique – la durée d'un mandat, etc. – mais aussi la gestion privée, suivant un principe d'amortissement des investissements. Ces références classiques constituent une contrainte difficile à dépasser, comme le pointe la présidente d'une association environnementale lilloise :

> Quand on discute avec les élus, il peut y avoir le souci « c'est mon mandat et après je ne sais pas trop ce qui va se passer ». Et, surtout, l'échelle de temps des décideurs économiques, c'est le court terme. Je prends un exemple concret : installer des chaufferies bois collectives. C'est un investissement lourd. [...] Comment vous faites des projets sur le long terme avec des gens qui veulent n'investir que sur cinq ans ? (Lille, 05/06/07).

De plus, la durée de réalisation d'aménagements urbains lourds, notamment en matière d'infrastructures de transports, peut heurter la perception des riverains gênés par des travaux, etc., d'où un rapport au temps social dans certains choix opérés. La promotion récente du Busway à Nantes, qui revient schématiquement à appliquer le « modèle » des lignes et services de tram à un matériel de type bus, plutôt que le tram lui-même, longtemps privilégié localement pourtant, peut s'analyser comme une transaction sur fond de représentations du temps :

> On n'a pas d'opposition des habitants au DD. [...] En revanche, il y a des dispositions qui peuvent présenter une gêne. Quand on met en place une ligne de transports en commun rapide, il faut bien gérer la gêne pendant le stade des travaux. [...] Le Busway, c'est au moins six mois pour chaque tronçon. Mais c'est moins de temps que pour le tram ! Un tramway, ça peut durer jusqu'à deux ans (chargé de mission à Nantes Métropole, 21/06/07).

Des processus d'apprentissage ou la double transaction

Compte tenu de la dimension processuelle de la mise en œuvre des interventions en DD urbain, une première échelle d'action concrète correspond bien souvent à la collectivité territoriale elle-même. On peut mentionner la démarche assumée par la municipalité de Bordeaux de se situer à titre « pilote » sur des projets concernant les services de la ville d'abord, afin d'y conduire des initiatives moins faciles à appliquer à l'échelle du quartier ou de la commune, notamment par rapport aux perceptions des habitants. Ainsi, pour passer à l'action, sans attendre par exemple le résultat de procédures de concertation, se limite-t-on aux services municipaux pour produire un « modèle » susceptible d'être avancé ensuite dans une logique de légitimation par la « preuve » de la faisabilité avérée.

On touche ici à des aspects très concrets. Le cas des jardiniers de la ville de Nantes le fait saisir, à travers ce qui peut changer pour eux en termes de « culture » professionnelle et s'agissant du matériel utilisé :

> On travaille avec du personnel, des sensibilités différentes, des personnes qui vont mettre plus ou moins de temps à s'adapter aux nouvelles pratiques et à raisonner différemment [...]. Et il y a l'aspect outil de travail. Pour nous, il n'était pas question de dire du jour au lendemain « tout le matériel avec lequel vous avez travaillé pendant les dix, quinze, vingt ans avant, vous allez le laisser dans le coin du garage ». Ça vient petit à petit (fonctionnaire municipal, Nantes, 19/06/07).

Les changements de pratiques ne vont donc pas de soi ; la question de la formation des agents des collectivités est également posée. L'exemple nantais du « zéro phytosanitaire » (ni pesticides ni désherbants) pour l'entretien des espaces publics municipaux permet de le comprendre : il s'agit de nettoyer avec un produit « bio » qui décape peut-être moins bien, ou ne plus utiliser de produits phytosanitaires pour les serres municipales, ce qui peut compliquer le travail quotidien, etc. D'où un nécessaire dispositif d'apprentissage et de formation pour accompagner de telles initiatives, afin de désamorcer de possibles réticences.

Ressortent ainsi des processus incrémentaux, où les changements de position ou de statut des acteurs au sein des appareils locaux, liés à la mise en œuvre de politiques transversales et intégrées de DD, passent à la fois par certaines remises en question de soi, en même temps que par des modes de reconnaissance de la part des autres. Tous ces regards se modifient, en termes d'univers professionnels et de dynamiques identitaires. C'est bien d'une double transaction, au sens de Claude Dubar (1994a, 2001), qu'il est question. On sait en effet, avec les travaux d'Erving Goffman, que les identités « réelles » – celles que revendiquent les individus – ne se superposent pas naturellement aux identités « virtuelles » – celles qui sont affectées à l'individu par les autres (Goffman, 1975). Pour les personnels des villes et des agglomérations, les problématiques du DD urbain – davantage de transversalité des compétences et des actions entre institutions locales, et une attention de chacun à se constituer en pointe en la matière, ce qui fonde un espace de concrétisation – relient des identifications par et pour autrui et des identifications par et pour soi. C'est dire que les transactions sont à la fois, pour reprendre les termes de C. Dubar, « externes » et « internes » : elles mettent en œuvre « à la fois des négociations, compromis et conflits entre les acteurs mais aussi des délibérations, doutes et contradictions à l'intérieur des acteurs » (Dubar, 1994b, p. 114).

Expérimentations et mises à l'épreuve

Corrélativement, les projets de DD urbain s'inscrivent d'abord dans des pratiques expérimentales. Plusieurs types d'opérations peuvent être évoqués, tel le tri sélectif par bacs séparés : il est initialement mis en place à petite échelle, afin de procéder à une évaluation, puis de l'étendre ou, si besoin, le modifier. Cette démarche implique d'élaborer, au fil des questions qui se posent, des solutions techniques, à l'exemple de camions bennes compartimentés. Mais ces innovations ont elles-mêmes d'autres incidences ; ainsi de la circulation de ces véhicules dans des rues étroites. Passant par des espaces-frontières, entre l'innovation, le pratiqué et le praticable, les interventions en DD caractérisent un modèle de la « pipette », c'est-à-dire des actions sur des points limités induisant des changements graduels.

On voit ainsi comment des espaces de discussion s'établissent entre des acteurs aux positions différentes, sortant d'une simple logique d'opposition. Les perspectives se croisent d'autant plus aisément qu'est acceptée l'idée d'une valeur expérimentale pour chacun, dans le cadre de l'espace exploratoire du projet de DD, en marge de rapports de forces classiques. À Montpellier, la piétonisation de l'hyper-centre représente un exemple caractéristique. Un élu vert décrit comment le projet s'est concrétisé peu à peu et les accommodements auxquels il a donné lieu :

> La piétonisation, c'était l'aboutissement d'une évolution, parce que la place de la voiture avait déjà été réduite, et puis la circulation est devenue de plus en plus difficile. La solution qui a été trouvée, c'est la carte d'accès pour les résidents. L'autre problème, c'est qu'il y avait les commerces, les livraisons, tout ça. Donc la solution, c'est d'ouvrir l'espace piéton le matin jusqu'à 9 h. Les livreurs se sont adaptés, il s'est créé des sociétés de transports écologiques, qui livrent avec des petits véhicules ou des scooters électriques (Montpellier, 01/03/07).

Un espace des possibles s'est ouvert par des compromis dont chaque groupe – résidents, commerçants, livreurs, clients, etc. – peut ressentir des aspects favorables (et parfois originaux, à l'instar du recours à des véhicules électriques), sans remettre en cause le principe général en termes de DD qu'est la réduction des emprises des voies de circulations automobiles.

4. Le DD urbain, espace de « consensus supposé » ?

Des questions transversales comme celles du DD urbain s'inscrivent singulièrement dans une co-production de la décision où interviennent de nombreux acteurs, notamment techniques. Pour autant, cette transaction ne vaut qu'en restant « informelle et tacite » (Blanc, 2006, p. 29), l'élu se présentant comme le garant de l'intérêt général. C'est cette ligne qu'est censé incarner le portage des projets urbains en DD par les édiles communaux et intercommunaux, associant les habitants *via* le lien représentatif. Ce schéma se complexifie toutefois à partir du moment où l'on ne peut pas dégager un unique principe d'action légitime.

Des « attentes d'attentes » sans principe hiérarchique unique

Si la démocratie locale et la participation se veulent synonymes de registres de gouverne en transparence, l'ambiguïté est parfois requise pour que s'établissent des compromis de coexistence. Dans les projets de DD urbain, le consensus recherché peut avoir un statut complexe, c'est-à-dire ne pas être forcément « réel » mais « supposé », si l'on se réfère aux thèses de Niklas Luhmann (1985). Pour ce dernier, la vie sociale est une structure complexe d'attentes, où il en va à la fois des attentes de chacun vis-à-vis des autres, mais aussi de la capacité à deviner les attentes de l'autre, ce qui peut être désigné comme des « attentes d'attentes », c'est-à-dire l'idée de répondre à ce qui serait une attente latente. Or, le répertoire du DD a aujourd'hui des capacités de mobilisation avérées et, à ce titre, attractives pour les élus. Cet urbaniste le souligne dans le cas de la Communauté urbaine de Bordeaux : « [Les élus,] ils ont des conseils de DD locaux, communaux, ils inondent leurs canards locaux. Le DD, ils adorent tous ça ! Ils mettent des tartines de vert, la moindre plantation d'arbre est inaugurée, le petit bout de piste cyclable. C'est un thème hyper communicant ! » (Bordeaux, 06/03/07). En même temps, cet investissement peut aussi être lu dans l'objectif de favoriser l'acceptation technique et sociale du DD, c'est-à-dire un enjeu de communication locale pour « faire passer le message ». Le processus de légitimation de l'action publique se voulant « durable » s'établit en effet dans un rapport dialectique qui permet la construction-même du problème et non simplement sa justification *a posteriori*[7].

Considérer que le consensus est supposé, et donc que le dissensus est toujours latent, permet de saisir que les transactions sociales en DD urbain ne peuvent s'abstraire des processus de prises de conscience qui amènent à définir des espaces d'accord et des lieux d'identification. Les politiques de DD urbain sont limitées par le niveau d'adhésion des habitants, qui ne saisissent pas nécessairement les motifs de certaines opérations, soit pour s'impliquer eux-mêmes, soit par rapport à l'image qu'ils ont de l'action municipale. Le cas des tontes de pelouse est caractéristique : la perception du « bon » entretien des espaces publics ne va pas forcément de pair avec la vision « durable », et il en est de même des espaces de biodiversité que d'aucuns verront comme des friches urbaines. On comprend ainsi qu'à Nantes la municipalité recourt à une association d'environnement pour communiquer sur les interventions « zéro phyto », qui laissent en place de l'herbe jusque-là éliminée avec des produits chimiques :

> Les plans de désherbage, concrètement, ça veut dire qu'on ne désherbe plus. Donc le citoyen, quand il se promène, il ne comprend pas. Il va avoir tendance à mettre en cause la gestion municipale : « cette ville est mal gérée, le bas des immeubles n'est plus désherbé, il y a un souci ». Alors que si on lui explique que l'herbe, c'est de l'environnement, il va comprendre et il va l'approuver. Donc on essaie d'avoir des actions un peu innovantes sur ces sujets-là, de faire de la communication (associatif, Nantes, 19/06/07).

En d'autres termes, là où on pourrait d'abord penser que les transactions qui rejoignent des logiques de consensus supposé favorisent surtout un *statu quo*, il peut en être différemment, à mesure que se dissout la référence à un principe de légitimation unique. Si, dans l'exemple précédent, on met en balance l'entretien des espaces publics au sens de la propreté (référentiel « classique »), de la biodiversité et

---

[7] En cela, ce rapport dialectique s'apparente au concept de justification développé par Boltanski et Thévenot, 1991.

même de la santé, en réduisant l'emploi de désherbants (référentiels « novateurs »), c'est que « les systèmes de référence – et donc les attentes et les attentes d'attentes – se diversifient tout en étant de plus en plus amenés à se confronter » (Liliane Voyé, in Blanc, 1992, p. 213).

L'exemple du projet « zéro phyto » dans l'entretien des cimetières à Nantes est révélateur d'une telle logique expérimentale, à « corriger » au besoin. Car les perceptions d'attentes peuvent entrer en contradiction entre plusieurs modes de références : le culte ou, plus simplement, le principe du respect dû aux défunts ne s'accommodent pas facilement des « herbes folles », fussent-elles « écologiquement correctes ». Peut-être l'adresse « citoyenne » apparaît-elle décalée, dans les contours de l'espace intermédiaire dont il s'agit, par rapport aux motifs intimes et familiaux pour lesquels les habitants se rendent dans les cimetières, faisant que le principe de légitimation invoqué n'est pas opérant. Dès lors, les transactions entre la version qualifiée par les services municipaux de « gestion différenciée » des espaces verts et celle de « gestion optimisée » correspondent en fait à un retour en arrière dans le cas précis des cimetières, s'agissant de réutiliser, aussi finement que possible, des produits phytosanitaires. Ceci témoigne de la question de la reconnaissance sociale du DD et pas seulement des possibilités techniques, entre ce qu'on peut faire, comment on le fait et comment cela est perçu localement par les habitants, les usagers, etc.

Deux conclusions s'ensuivent. D'abord, les problématiques du DD urbain, prises dans la vie sociale, correspondent à une structure complexe d'attentes, excluant toute détermination radicale externe des acteurs. On peut ainsi voir dans la capacité d'anticipation des attentes un élément à la fois de sécurité et d'adaptabilité, sans nécessairement devoir passer par de la communication verbale explicite, c'est-à-dire en convenant au « tact social » dont parle Luhmann (1985, p. 26-27). Le cas des cimetières nantais en offre une illustration (manquée). Un deuxième facteur de compréhension tient à la portée de la règle, compte tenu de l'éclatement des principes de légitimité. La règle désigne alors la « tierce partie » qui définit l'espace de validité et la légitimité sociale des attentes et des attentes d'attentes. On peut penser à la hauteur du bâti réglementée dans un quartier historique, aux normes thermiques édictées pour labelliser l'isolation d'une construction, à une pollution pouvant être mesurée et imputée, etc. Toutes relatives que puissent être ces règles, elles interviennent comme un argument ou une contrainte pour les parties en présence. Cette connexion s'opère sans qu'il y soit fait explicitement référence, souvent comme une évidence partagée (un quartier historique se protège, l'isolation revendiquée suppose des performances accrues, la pollution est nuisible à l'environnement et à la santé et ne se produit pas spontanément, etc.).

La question devient alors : pour qui y a-t-il évidence, ou non, ou dans quelle mesure ? En effet, sans principe social de hiérarchisation unique, point de règle non plus qui s'imposerait par elle-même à tous et à chacun. Parmi d'autres, l'exemple des supports de publicité « gratuite » permet de le comprendre. Leur diffusion induit des déchets tout à fait conséquents, qu'il faut traiter et, au mieux, recycler, et ceci a un coût, bien réel, écologique pour l'environnement et financier pour la collectivité. Pour autant, certains se sont émus dans les villes enquêtées que les collectivités s'engagent à réduire ces publicités (mise à disposition d'autocollants « Stop pub ! », etc.), soulignant que ceci allait à l'encontre d'une prise en compte de la dimension sociale du DD : les personnes, généralement sans revenu ou avec des ressources très faibles, qui distribuent ces prospectus dans les boîtes aux lettres pourraient se retrouver sans emploi. Ce qui a fait reculer un certain nombre d'élus et embarrasse le milieu associatif environnementaliste.

On rejoint ainsi la question des priorités d'action dans cette constellation protéiforme que désigne le DD urbain. En effet, derrière un discours de la ville durable souvent globalisant, s'opèrent localement des arbitrages. Parmi d'autres, l'observation du terrain nantais permet d'éclairer cette nécessaire priorisation d'actions, où, suivant les décideurs, il est d'abord question de coûts à assumer. Le maire d'une petite commune de la Communauté urbaine de Nantes pose l'enjeu : « Si je dis aux habitants : “Écoutez, tel projet, du fait qu'on adopte un certain nombre de normes environnementales, va coûter plus cher, donc le renouvellement des locaux pour la petite enfance se fera plus tard”, c'est pas sûr que je gagne des voix aux prochaines élections ! » (Nantes, 19/06/07).

Mais la question n'est pas que financière. L'action publique en DD urbain suppose de fabriquer une définition socialement partageable des problématiques à traiter. Les incidences croisées entre la pollution de l'air et l'objectif « zéro phyto » dans l'entretien des espaces verts nantais montrent comment s'organise en pratique la hiérarchisation des enjeux de DD : donner la priorité au non-emploi de produits phytosanitaires veut dire accentuer le traitement mécanique, donc utiliser du carburant et grever le bilan carbone. Un choix est fait, et le DD version « espaces verts » peut être contraire au DD côté « pollution de l'air ». Dans cette transaction, apparaissent un instant disjoints des motifs d'action que masque couramment la superposition des significations du DD.

Le rabattage des bus sur les lignes de tram au sein de l'agglomération de Montpellier fournit une autre illustration de choix opérés, avec en arrière-plan le répertoire de l'intermodalité. Le maillage des transports en commun (TC) n'est pas forcément un jeu à somme nulle lorsqu'on opère des modifications du schéma de déplacements ; il peut y avoir des « gagnants » et des « perdants » parmi les usagers. Car, si le tram est régulier en cadence, le temps de trajet peut se raccourcir ou s'allonger par rapport aux anciennes liaisons de bus, en fonction des correspondances qui peuvent être nécessaires pour gagner le centre-ville. Le bus se retrouverait victime d'une politique affichée d'abord comme destinée à contenir les flux automobiles, mais où il est du coup moins aisé de transiger techniquement.

Sous la contrainte du « consensus supposé », les élus ne vont finalement pas rechercher ce qui peut faire polémique ou nourrir l'incompréhension. C'est là un autre trait des affichages en DD urbain qu'expliquent les dynamiques transactionnelles. Ce qui est avancé correspond à l'image que les décideurs se font de la perception sociale des enjeux, et pas seulement à ce qui serait le plus innovant : « L'aspect le plus sympathique, c'est le respect de la biodiversité sur la Loire ! Je pense que ça c'est la plus belle image. Après, le plus efficace, c'est l'action sur l'énergie, c'est peut-être ça aussi qui serait à afficher », relève par exemple un fonctionnaire de la Communauté urbaine de Nantes (21/06/07).

Se dégagent un certain nombre de chaînages significatifs de modes de traduction élargis d'aspects sectoriels du DD et des transactions territoriales dans lesquelles s'insère la construction pédagogique des énoncés, qui est aussi celle des attentes présumées. Dans le cas du Grand Lyon, le DD s'incarne plus particulièrement à travers une mise en relation air-mobilité-santé, où figurent à la fois des énonciations en termes de qualité (de l'air, etc.) et d'intermodalité en rapport aux transports urbains – on connaît le système de location *Vélo'V*. Renvoyant à la fois à des enjeux environnementaux et sociaux dans des filiations d'acteurs allongées qui rappellent celles dégagées par la sociologie de la traduction (derrière l'affirmation que « la pollution tue », etc.), la production de ce chaînage permet de construire un problème, d'identifier des causes et des victimes, donc de légitimer des actions publiques, et de rechercher à cet effet de nouveaux alliés (tout un chacun est concerné par sa santé). Le trinôme air-mobilité-santé forme un espace intermédiaire qui rapporte la question circonscrite à une solution à mettre en œuvre, en fournissant « des raisons communicables et partageables » (au sens de Boudon, 1995), car on sait que de la capacité à accroître le nombre de lieux où des acteurs reprennent cet énoncé dépend en partie son succès en termes d'effectivité.

Portage des projets urbains durables et transactions tacites

La question du portage politique des projets de DD urbain renvoie à l'analyse de processus décisionnels, où il convient de ne pas tomber dans le piège de l'acteur tout puissant (Sfez, 1984). C'est l'occasion de repérer comment s'hybrident des pratiques autour de modes de co-production entre scène technique et scène politique, dans des espaces-frontières, suivant des logiques de transaction implicite : on décèle une régulation conjointe de l'action publique locale, qui doit rester cachée pour être efficiente, alors même que l'avis des techniciens emporte une dimension proprement politique.

On ne s'étonnera donc pas que les affichages du DD sont couramment imputés aux positions prises par les élus. Mais là n'est pas tout. À partir des entretiens réalisés, on peut souligner l'importance d'un portage politique au plus haut niveau des exécutifs locaux pour impulser des opérations en DD, y compris au sein de l'institution et de ses services, en particulier afin que les personnels dédiés ne se sentent pas isolés. Une urbaniste lilloise déclare ainsi : « Je me souviens, j'avais réalisé le projet de Lille centre en 1994-1996, c'était dans le cadre d'une concertation, je m'étais fait interpeller par une dame : "Madame, vous présentez de beaux projets qui ne se réaliseront jamais !". Et puis il y a eu un changement de municipalité, avec Martine Aubry, et les Verts ont été très présents, et ce projet s'est réalisé » (Lille, 08/06/07). Ceci explique aussi le fait que les chargés de mission DD parlent beaucoup du rôle des élus, qui vaut légitimité de leur posture tant à l'interne que vis-à-vis de l'extérieur. Ce fonctionnaire récemment recruté à la ville de Bordeaux trouve dans l'intensité du positionnement de la municipalité une marque de sa propre légitimité, la justification de son poste d'expert en DD et des perspectives de carrière : « Grâce au portage politique fait par Alain Juppé qui, quand même, s'est fait entendre sur le plan national et international sur ces questions, vous comprenez que le portage politique est assuré, c'est à peu près évident que ça va déboucher sur la création d'une direction » (Bordeaux, 06/03/07).

5. La participation en DD urbain : des espaces de transactions tripolaires

Concomitamment, des regroupements transversaux d'acteurs se font et se défont. En effet, on observe un passage de la dyade (élus-techniciens) à la triade, par l'appel au citoyen actif, individuellement et de façon organisée (notamment dans des associations locales). Il n'y a pas deux groupes bien nets en opposition, mais des fractions pouvant conclure des alliances, qui demeurent toujours réversibles.

Nous sommes aujourd'hui en présence de toute une rhétorique de la démocratie participative (*Sciences de la société*, 2006), qui se comprend notamment face aux craintes de dérives technocratiques dans des domaines où la part des enjeux techniques est importante, ce qui est de plus en plus souvent le cas dans l'action publique, et lorsqu'il en va de thématiques environnementales et de DD. Mais ceci élude les questions sensibles de la qualité des acteurs associés (qui participe concrètement ? des experts et des associatifs « reconnus » ? une minorité qui se mobilise pour participer « activement » ?), de leurs positions relatives (une égalité de façade ?) et de l'articulation des scènes de participation par rapport aux espaces de décision issus du principe électif.

Un critère pratique récurrent de l'association (ou non) des habitants à des décisions d'urbanisme se voulant durable tient à l'échelle des projets à laquelle on se situe, qualifiant l'étendue d'un espace intermédiaire. Ceci se traduit le plus souvent par une participation citoyenne organisée par la collectivité, qui met en place des conseils à l'échelle des quartiers. Ainsi n'est-ce guère pour des opérations au niveau d'une agglomération, mais lorsqu'il en va d'« aménagements localisés » que les habitants sont sollicités comme interlocuteurs. « On incite à faire des végétalisations de pieds d'arbres, on essaie d'associer les riverains », explique un responsable des Espaces verts à Nantes (19/06/07).

Un autre constat s'impose : on a généralement affaire à des modes de participation citoyenne médiée (et non directe) par le canal de différentes instances *ad hoc*, qui sont autant d'espaces d'encadrement des énoncés. Le format de la « réunion publique » est en soi un premier cadre. Il suffit de penser au choix de la salle dans laquelle va se dérouler l'échange : il peut être question de restreindre ainsi l'espace symbolique de l'expression politique en contrôlant l'espace physique dans lequel elle est susceptible de prendre place. Mais c'est surtout un processus d'institutionnalisation des formes de participation citoyenne par le truchement de scènes intermédiaires qui ressort.

S'inscrivant dans la montée en puissance du « débat public » en France (Revel, 2007), le cas des « ateliers de co-production » de l'Agenda 21 de Nantes Métropole fait comprendre le fonctionnement d'un dispositif participatif, en quoi il est cadré par la collectivité et comment interviennent les acteurs de la « société civile », sur plusieurs plans. Il n'y a pas que le citoyen *lambda* invité à s'exprimer, mais aussi une structure d'expertise, certes associative, mais sollicitée et rémunérée par la municipalité ; cette dernière externalise de la sorte le pôle technique, plus fréquemment situé au sein de ses services. L'association d'environnement endosse un rôle d'intermédiaire entre les acteurs présents, avec une fonction d'animation et de communication, sur le modèle de la « conférence de citoyens ». Dans ces transactions tripolaires, le pôle expert est repositionné, de l'appareil municipal vers un prestataire.

Ces réunions peuvent s'interpréter comme un espace intermédiaire : chacune est conçue selon un double objectif, poursuivi de séance en séance, qui consiste à la fois à mobiliser les habitants et à produire une reconnaissance des décideurs. Un échange s'opère, articulé autour de deux énoncés : d'un côté, les citoyens et habitants peuvent apporter quelque chose à la décision publique locale ; de l'autre, collectivement, la présence du public à la réunion permet d'invoquer un succès du dispositif participatif par la mobilisation, mise en relation à un soutien aux opérations envisagées.

Dès lors, si entrer dans l'action publique peut se faire en la contestant, même des associatifs critiques développent des compétences techniques en DD, afin d'exprimer un avis ou une contre-expertise qui puisse apparaître valablement fondés. La nécessaire production d'alliés dans les réseaux techniques peut être comprise en ce sens ; par exemple, à Montpellier, si le président du collectif Tramway, qui interpelle régulièrement la municipalité, n'a pas de rapports avec les élus, il prend soin d'entretenir des relations avec les « hommes du terrain » : « J'ai de bons contacts avec certains responsables techniques de l'agglo. Je connais beaucoup de conducteurs [de tram] qui me donnent des renseignements, je connais quelques responsables du matériel avec qui je discute. Et, officieusement, ils ont pas mal de critiques ! » (Montpellier, 03/03/07). Ressort bien une transaction tripolaire : par rapport aux deux légitimités politique et technique, celle de la mobilisation citoyenne ouvre l'espace des alliances possibles, ici entre un groupement associatif militant et certains personnels techniques de l'agglomération.

Conclusion

Les espaces intermédiaires peuvent alors devenir le cadre où se jouent des modes de « transgression spatiale » particuliers. La pensée en DD urbain le suggère, pour que s'opèrent un certain nombre d'évolutions dans les pratiques courantes, par exemple en termes de déplacements urbains (la question du rabattage des lignes de bus sur les lignes de tram, par exemple) ou de végétalisation (le non-traitement des pieds d'arbre, etc.). Or, ces questions sont perturbatrices de « la nature donnée comme allant de soi de la vie quotidienne, telle qu'elle est inscrite et reproduite par l'organisation sociale de l'espace » (Wilton et Cranford, p. 377 et p. 389). Les espaces-frontières traduisent ainsi en quoi l'espace constitue une dimension structurante, en même temps que profondément duale, sachant que, comme l'a exprimé Anthony Giddens,

« les propriétés structurelles des systèmes sociaux sont à la fois le médium et le résultat des pratiques qu'elles organisent de façon récursive » (1987, p. 75). L'analyse met en lumière la double dynamique contraignante et habilitante de l'agencement spatial des rapports sociaux, en relation avec les usages qui en sont faits par les acteurs. Les espaces urbains dans lesquels vit, habite, se déplace la population rapprochent et-ou éloignent les uns des autres, suivant des dialectiques proximité/distance non-linéaires. L'espace apparaît alors à la fois d'ordre structurant quant à la nature et la forme de contacts sociaux qui s'établissent ou non, mais aussi comme une ressource possible pour l'action : elle est même indispensable pour agir en DD au-delà des seuls discours globaux. Dans les espaces intermédiaires se joue une redéfinition du sens des usages et de la valeur de l'espace social et des territoires pour promouvoir la « ville durable ».

Parmi d'autres, trois leçons d'importance peuvent être tirées. D'abord, on ne doit pas se contenter de la simple critique du DD comme « mot-valise » : dans chaque agglomération, les acteurs opèrent des choix à la fois en fonction des contraintes qui s'imposent et des objectifs qui sont priorisés localement. Corrélativement, on dépasse les discours du « cela-va-de-soi » dans la mise en œuvre du DD urbain : les expérimentations relevées dans des espaces d'intermédiations révèlent un véritable travail *en train de se faire* de renouvellement et d'invention des énoncés et des actions pour l'ensemble des acteurs en présence. Enfin, suivre les circuits de concrétisation des projets « durables » donne à comprendre toutes les limites de codifications qui seraient pensées à un niveau national ou international, à la faveur de transactions territoriales pluri-échelles.

Bibliographie

Bacqué M.-H. *et al.*, 2007, « Projets urbains en quartiers anciens », in Tsiomis Y. (dir.), *Échelles et temporalités des projets urbains*, Paris, PUCA/Jean-Michel Place, p. 95-110.

Blanc M., 2006, « Conflits et transactions sociales : la démocratie participative n'est pas un long fleuve tranquille », *Sciences de la société*, 69, p. 25-37.

Blanc M. (dir.), 1992, *Pour une sociologie de la transaction sociale*, Paris, L'Harmattan.

Boltanski L., Thévenot L., 1991, *De la justification*, Paris, Gallimard.

Boudon R., 1995, *Le juste et le vrai*, Paris, Fayard.

Carbonnier J., 1969, *Flexible Droit*, Paris, LGDJ.

Da Cunha A., Knoepfel P., Leresche J.-Ph., Nahrath S., 2005, *Enjeux du développement urbain durable. Transformations urbaines, gestion des ressources et gouvernance*, Lausanne, Presses polytechniques et universitaires romandes.

Desjeux D., 2004, *Les sciences sociales*, Paris, PUF.

Dubar C., 1994a, « Une sociologie (empirique) de l'identité est-elle possible ? », in Guth S. (dir.), *Une sociologie des identités est-elle possible ?*, Paris, L'Harmattan, p. 25-31.

–, 1994b, « Double transaction et différenciation sexuelle : l'interprétation de deux biographies professionnelles », in Blanc M. *et al.*, *Vie quotidienne et démocratie. Pour une sociologie de la transaction sociale (suite)*, Paris, L'Harmattan, p. 113-128.

–, 2001, *La crise des identités. L'interprétation d'une mutation*, Paris, PUF.

Giddens A., 1987, *La constitution de la société. Éléments de la théorie de la structuration*, Paris, PUF (1re éd., 1984).

Goffman E., 1975, *Stigmate. Les usages sociaux des handicaps*, Paris, Minuit (1re éd., 1963).

Grossetti M., 2006, « Trois échelles d'action et d'analyse. L'abstraction comme opérateur d'échelle », *L'Année sociologique*, 56(2), p. 285-307.

Hamman Ph., 2009, *Éléments pour une sociologie des espaces-frontières*, mémoire d'Habilitation à diriger des recherches en sociologie, Université de Metz.

Hamman Ph., Blanc Chr., 2009, *Sociologie du développement durable urbain. Projets et stratégies métropolitaines françaises*, Bruxelles, PIE Peter Lang.

Hamman Ph. (dir.), 2008, *Penser le développement durable urbain : regards croisés*, Paris, L'Harmattan.

Luhmann N., 1985, *A Sociological Theory of Law*, London, Routledge & Kegan Paul.

Marié M., 1989, *Les Terres et les Mots*, Paris, Klincksieck.

Martuccelli D., 2005, *La Consistance du social. Une sociologie pour la modernité*, Rennes, Presses universitaires de Rennes.

Sciences de la société, 2006, 69, dossier « Démocratie participative en Europe ».

Revel M. *et al.* (dir.), 2007, *Le débat public : une expérience française de démocratie participative*, Paris, La Découverte.

Sewell W. H., 2001, « Space in Contentious Politics », in Aminzade R., Gladstone J. A., McAdam D. *et al.*, *Silence and Voice in the Study of Contentious Politics*, Cambridge, Cambridge University Press.

Sfez L., 1984, *La décision*, Paris, PUF.

Simmel G., 1981, *Sociologie et épistémologie*, Paris, PUF (1re éd., 1917).

Soulet M.-H., 2008, « Identités transverses. L'ici et l'ailleurs dans les relations sociales », in Vrancken D., Dubois Chr., Schoenaers F. (dir.), *Penser la négociation*, Bruxelles, De Boeck, p. 217-225.

Wilton R., Cranford C., 2002, « Toward an Understanding of the Spatiality of Social Movements », *Social Problems*, 49(3), p. 374-394.

Zaccaï E., 2002, *Le développement durable : dynamique et constitution d'un projet*, Bruxelles, PIE Peter Lang.

CHAPITRE 13

Sociologie des transactions sociales et sociologie de la traduction

Des approches complémentaires ou en compétition ?

Florence RUDOLF

Sociologue, Professeure d'urbanisme à l'Institut national des Sciences appliquées (INSA) de Strasbourg, directrice d'AMUP (Architecture, morphogenèse urbaine et projet), JE 2471

La tenue d'un colloque en hommage à la carrière de Maurice Blanc, professeur émérite de sociologie à l'Université de Strasbourg, est l'occasion de revenir sur le concept de transaction sociale et d'entreprendre, voire de débuter, un rapprochement entre deux projets de connaissance sociologique : la sociologie des transactions sociales et la sociologie pragmatique[1], selon deux de ses principaux volets : la traduction et la justification. Ce rapprochement s'organisera autour d'un retour sur ces deux projets, afin de préciser l'intérêt d'une telle comparaison. Il discutera le potentiel heuristique respectif des deux projets et questionnera la relation ambivalente qui les lie pour s'interroger, en conclusion, sur la notion d'« école » en sciences sociales.

Les projets sociologiques auxquels nous avons choisi de nous intéresser s'organisent réciproquement autour de deux concepts qui leur confèrent une lisibilité dans l'espace des théories sociologiques. Ils se manifestent, se concrétisent, s'identifient autour des concepts de transaction sociale et de traduction. Ces concepts sont des repères ou des étiquettes qui facilitent les formes de typification réciproques d'après lesquelles les acteurs s'orientent dans le cours de leur vie profession-

[1] La sociologie pragmatique définit un style : elle englobe un certain nombre de programmes de recherche, dont la sociologie de la traduction et la sociologie de la justification. Par la suite, je fais plus souvent référence à ces programmes qu'à la sociologie pragmatique dans son ensemble.

nelle ou autre. Recourir au terme de transaction sociale ou de traduction, dans une prise de parole ou dans un écrit, n'est pas anodin pour un chercheur de sciences sociales et de sociologie : c'est faire acte de la reconnaissance d'un domaine de la sociologie – investi par des chercheurs, des terrains, des travaux, des textes et des programmes singuliers –, voire d'une affiliation à ce dernier. Bien qu'il ne soit pas question d'entrer dans le menu de ce genre de processus de structuration ici, les domaines auxquels nous nous intéressons se rapportent à des univers épistémologiques spécifiques. L'identification de ces arrière-plans participe du travail de comparaison.

Ce propos introductif étant fait, j'en viens au contexte de cette entreprise de comparaison entre la sociologie des transactions sociales et la sociologie de la traduction. Il convient de préciser, en effet, les motivations qui la sous-tendent. L'hommage à Maurice Blanc, auquel j'ai participé au titre de collègue et de membre de l'Institut d'urbanisme et d'aménagement régional de l'UFR Sciences sociales, pratiques sociales et développement jusque récemment, justifie incontestablement ce retour. L'événement m'a permis de réfléchir au concept de transactions sociales et à sa diffusion, en procédant par un détour par la sociologie pragmatique, dont je suis plus familière. Sans doute convient-il d'ajouter qu'en plus de cette occasion, la comparaison est facilitée par mes thèmes de recherche. La percée de l'écologie politique, l'écologie urbaine et la ville durable, d'une part, ainsi que la généralisation des risques de développement et l'adoption du développement durable comme guide pour le XXIe siècle, d'autre part, appellent à de nouvelles formes d'établissements entre humains et non-humains. Les transformations structurelles, attribuées à la modernité qualifiée d'avancée ou de fluide (Bauman, 2006 ; Beck, 2001 ; Giddens, 1994), sollicitent de nouvelles interprétations pour des recompositions sociales. Cette situation ne peut que profiter des travaux consacrés au concept de transaction sociale et aux pratiques de traduction et de justification sociales dans le cadre de la sociologie pragmatique. Outre que ces théories présentent des potentiels heuristiques incontestables pour des terrains qui rendent compte de situations d'équilibre instable, de restructuration et de recherche collective, leur rapprochement est également justifié en raison d'un certain nombre de caractéristiques qu'elles partagent. Ces dernières ont en effet en commun leur ancrage dans la langue française, leur rapport à la sociologie française, et en particulier au paradigme de la reproduction, aux situations qui retiennent leur attention et à leur noyau dur, enfin. En dépit de ces similitudes, les deux approches se distinguent par leur position dans le champ de la sociologie française, par la réception qu'elles connaissent dans l'hexagone ainsi que par le style qu'elles développent. Si la sociologie des transactions sociales n'a pas fait

« école », la sociologie de la traduction et de la justification s'impose comme la nouvelle « école » française de sociologie.

1. Une proximité ambivalente...

Bien que décalées d'une décennie environ[2], quant à leur contexte d'émergence, ces deux « écoles » montrent des points de convergence indéniables, à commencer par leur inscription dans le XXe siècle finissant, leur immersion dans la langue française et le rapport contrasté qu'elles entretiennent avec la sociologie de la reproduction. Cet affichage à l'égard de la tendance « canal historique » de la discipline, pour reprendre l'expression espiègle d'André Micoud, ne se traduit pas, pour autant, par une complicité particulière entre les deux courants. On relève, à ce titre, que ni les fondateurs de la sociologie pragmatique ni ceux de la sociologie des transactions sociales n'ont jugé utile, par le passé, de se citer. Et ce n'est que récemment qu'on assiste à un début de reconnaissance réciproque. Maurice Blanc, qui ne disait mot des travaux de Boltanski et de Thévenot dans son introduction générale au livre de 1992 (Blanc, 1992), y fait une allusion à l'occasion d'une conférence prononcée en 2003 : la sociologie de la justification, nous dit-il, « étudie les raisons qui poussent l'action des acteurs, qu'il est important, avec la transaction sociale, de prendre en considération. Enfin, tout comme la sociologie de la traduction, la transaction sociale souligne l'importance des médiations. Cependant, les rapprochements à faire ne se limitent qu'au domaine humain (Latour et Callon se penchent également sur l'importance de la médiation chez les non-humains) » (Blanc, 2003, p. 3). Quant à Mohamed Nachi (2006), dont le livre d'introduction à la sociologie pragmatique est préfacé par Luc Boltanski, il vient d'entreprendre de faire dialoguer la sociologie pragmatique et la sociologie des transactions sociales.

La relative indifférence des deux approches à l'égard l'une de l'autre pose question. Elle interpelle dans la mesure où leurs préoccupations convergent. N'ayant pas entrepris d'enquête à ce propos, je ne peux m'en tenir qu'à des hypothèses. La première a trait à leurs positions respectives dans l'hexagone et dans les réseaux internationaux. Avant de prendre leur distance à l'égard de la sociologie de la reproduction, les protagonistes de la sociologie de la justification ont été des compagnons de route de Pierre Bourdieu : ils occupaient des positions de pouvoir dans le champ de la sociologie française, dont ils bénéficient encore aujourd'hui. On ne peut pas en dire autant des protagonistes de la socio-

[2] La sociologie des transactions est classiquement datée de 1978, au moment de la sortie de l'ouvrage de Remy et Voyé, *Produire ou reproduire ?*

logie des transactions sociales qui échappent, en partie, aux effets de structuration de la sociologie hexagonale. La sociologie des transactions sociales est une sociologie francophone sans être pour autant une sociologie française. Née en Belgique, elle prend son essor dans le cadre de l'AISLF (Association internationale des sociologues de langue française) et s'avère d'emblée plus internationale que la sociologie de la justification. Jean Remy, son fondateur, témoigne à ce propos dans la revue *Négociations* :

> En Belgique, à Louvain, nous avions des échos du débat français, mais nous étions tout aussi ouverts à la sociologie anglo-saxonne et américaine plus spécifiquement. [...] Nous avions donc toute la latitude pour nous réapproprier le débat français avec beaucoup plus de souplesse. [...] Nous étions dans les conditions d'un métissage entre la sociologie américaine et la sociologie française (Remy, 2005, p. 86-87).

Pour ce que nous pouvons en juger, la sociologie des transactions sociales se caractérise, pour résumer, par son profil atypique du point de vue des canons scientifiques de la sociologie française. Cette singularité est attestée par son goût pour la complexité : de l'aveu de J. Remy, le concept de transaction sociale est un outil qui permet « de démêler la complexité sociale sans trop la réduire » (Remy, 2005, p. 94). Selon cette proposition, le concept de transaction sociale résiste à un excès de formalisation : il définit un point de vue sur le monde qui le rapproche de la notion de paradigme. À ce titre, la sociologie des transactions sociales fédère des auteurs et des travaux qui souhaitent rendre compte d'une condition sociale croissante qui a trait à l'affirmation de situations d'entre-deux, sans déroger à l'esprit qui les caractérise. Cette intention équivaut à s'interroger sur les manières de rendre compte et raison de situations atypiques sans les réduire à des types, sans les déposséder, en d'autres termes, de leur caractère ambivalent et fuyant. Autrement dit, la sociologie des transactions sociales prend clairement position pour une lecture du monde social qui réhabilite les clairs-obscurs. Elle participe, à ce titre, à une réhabilitation de la figure du tiers[3] et des traditions sociologiques en conséquence, dont la sociologie de Georg Simmel (1992, 1999) et de Niklas Luhmann (1992), en Allemagne, et de Michel Marié (1993), en France. Elle contribue, enfin, au développement d'une sociologie des médiations. L'intérêt pour les médiations apporte, soit dit en passant, un argument supplémentaire pour une comparaison entre la sociologie des transactions sociales et la sociologie des traductions.

[3] « Parce que les figures du tiers sont multiples dans la transaction sociale, il faut appréhender la vie sociale selon une logique ternaire et non selon la logique binaire qui prédomine habituellement » (Blanc, 1992, p. 12).

C'est un concept autour duquel les protagonistes de ces deux courants pourraient éventuellement se rencontrer et échanger.

Si la sociologie des transactions sociales œuvre à la reconnaissance d'interactions inclassables, à l'interface de plusieurs imaginaires[4], qui n'ont pas fait l'objet de typifications estampillées, et qui doivent le rester, la sociologie des traductions n'adopte pas cette posture. Son rapport à la réalité demeure un rapport d'objectivation et ce d'autant plus qu'elle a rompu avec la sociologie du dévoilement et la sociologie critique et qu'elle entend décrire le monde social non pas tel qu'il est, mais tel qu'il s'agence perpétuellement. Cette différence de posture épistémologique, qui équivaut à l'affirmation d'un point de vue politique et éthique, questionne le lecteur et invite à la réflexion. Quels sont, en effet, les forces et les faiblesses respectives des deux approches ? La première, qu'on qualifiera de respectueuse des situations qu'elle étudie, voire d'analogique, se refuse à opérer un type de traduction – l'objectivation –, qui ne lui semble pas conforme aux « objets » qu'elle étudie. L'inscription d'une situation d'entre-deux dans un type univoque bafoue, en effet, l'esprit et la forme de la réalité qu'elle rencontre et dont elle souhaite rendre compte. Cette précaution interpelle les sciences occidentales : elle les enjoint d'expérimenter et de cultiver différentes manières d'observer les situations et d'en rendre compte. La qualité de cette approche étant soulignée, il convient de s'interroger sur les limites heuristiques de cette posture. Si le respect d'une certaine forme et esthétique est éthiquement louable, ne risque-t-il pas d'enfermer la démarche et les discours qu'elle produit dans des approximations, voire des propositions ambivalentes et paradoxales ? « La transaction est une façon de regarder la réalité que l'on désire analyser et aide à se positionner sur certaines questions. Parce qu'elle est une approche, la transaction n'a pas de méthodologie particulière. Les conditions dans lesquelles s'enclenche la transaction sociale sont pour le moment non établies, car cela exigerait d'avoir franchi une étape supplémentaire dans la compréhension de cette approche » (Blanc, 2003, p. 4). Il s'ensuit que la sociologie des transactions sociales rassemble des réflexions adossées à des terrains d'observation d'une grande diversité, sans parvenir à procéder à des systématisations. Elle se compose de contributions qui s'appuient sur l'expression de transaction sociale et illustrent, à leur manière, le type de montées en généralité auquel un travail de formalisation pourrait contribuer, mais sans que cette entreprise n'ait eu lieu. En suivant ce constat, on peut se demander dans quelle mesure une sociologie de

---

4 Selon B. Fusulier, la transaction sociale « cherche à amalgamer les caractéristiques du marché économique, de l'échange social et de la négociation en vue de mieux appréhender les réalités humaines » (Fusulier, 2005).

l'entre-deux ne s'expose-t-elle pas aux deux écueils-limites suivants : la réduction des situations d'entre-deux par excès de formalisme et le déficit de précision par excès de précaution et de respect à l'encontre des processus étudiés. Tout bien considéré, cette question met l'accent sur un problème récurrent de la connaissance qui n'affecte pas exclusivement une sociologie de l'entre-deux. Le problème que se posent les protagonistes de la sociologie des transactions sociales dépasse le cadre d'un cas singulier : il concerne l'ensemble des entreprises qui se donnent comme mission la connaissance de situations hybrides et dynamiques, voire fuyantes. Comment connaître une forme qui semble résister à la stabilité et en rendre compte sans la figer dans des catégories délimitées précisément ? Comment faire l'éloge d'une forme qui résiste à l'objectivation en recourant au langage par excellence des sciences modernes ? Le recours aux méthodes et aux outils hérités de cette tradition n'est-il pas l'expression d'une faute de goût, voire d'une erreur de raisonnement ? Inversement, on peut se demander si l'adoption d'un paradigme de l'entre-deux dans le cadre d'une activité scientifique n'est pas vaine *in fine* ? La poursuite d'une entreprise scientifique de type moderne, n'est-elle pas contrainte, en d'autres mots, à des exigences qui conditionnent le choix des situations et « objets » d'étude ? Sans prolonger plus que nécessaire cette discussion, on notera que la sociologie de la traduction apporte des réponses aux questions soulevées par la sociologie des transactions sociales. Pour le dire autrement, les deux approches se distinguent par leur rapport au monde et à la connaissance : alors que la sociologie des transactions sociales identifie des situations, voire une tendance propre à l'air du temps, la sociologie de la traduction se saisit du propos. Elle le modélise, le traduit, en d'autres mots, au risque de le dénaturer, mais participe de la sorte à l'entreprise scientifique. En érigeant le concept de traduction en paradigme, elle confirme et conforte l'intuition de la sociologie des transactions sociales et de ses prédécesseurs, à savoir que les situations hybrides forment la règle plutôt que l'exception. Et elle entreprend à partir de cette reconnaissance l'élaboration d'une grammaire susceptible de démêler des situations composites.

Résumons-nous : la sociologie des transactions sociales rechigne à entreprendre un type de réductionnisme qui irait à l'encontre de la reconnaissance de son objet. Il s'ensuit que la sociologie des transactions sociales rassemble des réflexions adossées à des terrains d'observations d'une grande diversité sans parvenir à procéder à des systématisations. La sociologie de la traduction, à l'inverse, ne semble pas traversée par ce type de considérations : elle s'empare du constat et se met au travail de la formalisation, au risque de la dénaturation et de la trahison. Se faisant, elle illustre par la pratique le concept de traduction, dont la science a constitué le premier terrain d'investigation. Il n'est pas étonnant, par conséquent, que la sociologie des transactions sociales ne soit pas parvenue à faire « école », ainsi qu'en témoigne sa carrière discrète. En l'état, la sociologie des transactions sociales demeure un peu éparse et peu lisible. À l'inverse, la sociologie de la traduction semble profiter du travail d'objectivation effréné entrepris en quelques années. La comparaison des deux projets permet de mesurer d'autant mieux les effets de connaissance et de reconnaissance, voire de stratégie, de l'adoption de postures épistémologiques différentes.

2. Une complémentarité à double tranchant...

Avec un peu d'audace, on dira que la sociologie des transactions sociales et la sociologie de la justification sont complémentaires l'une de l'autre. Sociologies de l'action, et plus précisément des transactions, tendues vers la résolution de différends, voire de conflits, elles participent d'un type de sociologie attentif aux médiations dans une société pluraliste. Alors que les protagonistes de la transaction sociale s'intéressent aux situations d'entre-deux, les protagonistes de la sociologie de la traduction demeurent inspirés par un projet de sciences cumulatives, ainsi qu'en témoigne leur application à doter la science d'une grammaire et d'outils tangibles. Tout se passe comme si la sociologie des transactions sociales avait contribué, auprès d'autres, à ouvrir la voie à l'exploration d'une grammaire des conflits et des différends dans une société pluraliste, mais sans parvenir à investir cette brèche dans la sociologie française. Que ce soit par respect pour une épistémologie et une esthétique des situations inclassables, qui n'ont pas fait l'objet de typifications estampillées, ou par inaptitude à la traduction, il demeure qu'elle est restée comme sur le seuil d'un programme de connaissance proprement dit. La remarque peut sembler sévère, mais je pense qu'elle s'impose. Pour préciser ma pensée, je dirai qu'en se refusant au formalisme, la sociologie des transactions sociales s'inscrit dans une démarche de sensibilisation, voire d'alerte. Rétrospectivement, la contribution majeure de la sociologie des transactions sociales réside dans la production, illustrée par des exemples, d'une représentation de la société selon laquelle les transactions sociales forment un soubassement, généralement non problématique, de la vie sociale. Son principal effet de connaissance relève de la formulation d'un paradigme, sa principale faiblesse étant de ne pas être parvenu à l'incarner. Selon cette perspective, on peut dire, à l'inverse, que le principal apport de la sociologie de la traduction est d'avoir investi les situations dans lesquelles les soubassements de la vie sociale accèdent à une certaine visibilité, en raison de processus de négociation notamment. Avec du recul, on peut considérer que la brèche ouverte par les sociologies de l'entre-deux a profité à l'essor de la sociologie pragmatique.

La sociologie pragmatique dans sa « version française » revendique l'importance des contextes et des situations. Elle participe de la tendance à la territorialisation des résultats, sans pour autant faire le deuil de la précision et du principe d'objectivation. Elle témoigne de son souci du terrain par l'adoption d'une méthode ethnographique qui procède de la déconstruction des boîtes noires et du filage des actants, mais ne transige pas pour autant sur l'exigence de faire « école ». Elle s'y emploie *via* l'élaboration d'une grammaire sociale adaptée à une lecture des appropriations et des usages conflictuels dans une société pluraliste et aux possibles accommodements susceptibles de pacifier les rapports sociaux. L'élaboration de ses grammaires procède de manière somme toute classique, en jouant à la fois de l'induction et de la déduction à partir de l'étude de contextes singuliers et territorialisés mis progressivement au service de la construction de types. La sociologie pragmatique forme « école » en raison d'un certain nombre d'exigences épistémologiques reconnaissables, dont l'adoption d'une méthode au profit d'un effort d'ordonnancement, de classification et de mise en forme des pistes dégagées par les terrains entrepris par elle. De manière générale, le succès enregistré par cette « école » est indissociable des synergies résultant de l'association de la sociologie de la traduction et de la sociologie de la justification. Si la sociologie des traductions a entrepris, à travers la figure du réseau, la déconstruction des situations hybrides et complexes, la sociologie de la justification a mobilisé l'héritage de la sociologie compréhensive : elle a injecté du sens et des significations dans les agencements mis en évidence de manière un peu mécanique par la première. À l'instar de la tradition compréhensive, elle s'intéresse en effet aux « motifs » qui gouvernent ces agencements, voire à ceux qui font obstacle à leur formation. Plutôt que de parler de rationalités, la sociologie de la justification raisonne à partir du concept de cité. Ce dernier renvoie aux arrière-plans ou aux univers de légitimation et de justification des agencements entre humains et non humains. Les cités sont des traductions symboliques, morales et normatives opérées à partir d'agencements concrets qui forment autant de mondes situés socialement et historiquement. À chacun de ces univers, qui sont au nombre de six[5], correspond un monde concret et tangible qui confère à chaque cité sa pertinence. Les cités sont des extrapolations des mondes : ce sont des produits de la réflexivité sociale, en particulier des sociologues, mais pas exclusivement. Elles se sont affirmées au cours du

---

[5] Pour rappel, les cités se déclinent en : cité de l'inspiration, cité domestique, cité de l'opinion, cité civique, cité marchande et cité industrielle.

temps et rien ne s'oppose à ce que de nouvelles enclaves ne s'affirment ultérieurement, ainsi qu'en témoigne les discussions à propos de la constitution d'une septième cité, inspirée de la conscience écologiste (Latour, 1995 ; Mermet, 2007).

De manière lapidaire, on peut dire que l'intérêt de la sociologie de la justification dans le cadre de cette discussion consacrée à la mise en grammaire des transactions sociales tient à l'intelligibilité des conflits qu'elle permet. La sociologie de la justification identifie, en effet, différents types de conflits selon que les mondes engagés dans ces derniers relèvent de la même cité ou non. Plus la pluralité est engagée dans un différend, plus les formes de résolution risquent de prendre du temps et d'être difficiles à réaliser. La stabilisation de ce type de configuration correspond aux cas exemplaires de l'arrangement ou du compromis, instables tous les deux par définition[6]. En raison de la place que trouve l'étude des compromis dans la sociologie de la justification, il ne semble ni juste ni adéquat de lui reprocher, comme le fait Maurice Blanc, son insensibilité pour des situations complexes, mais il est intéressant, en revanche de souligner qu'elle ne prête attention qu'aux situations dialogiques : « [...] Une distance est cependant nécessaire puisque, à la différence de leur théorie, la norme dans l'approche de la transaction sociale consiste en la pluralité et en la simultanéité des registres de justification qui fonctionnent en même temps. L'exception est de se trouver sur un seul registre clairement identifié » (Blanc, 2003, p. 5). La sociologie de la justification n'éclipse pas les situations hybrides, bien au contraire, mais il est vrai qu'elle se limite aux situations de justification au détriment de l'étude de contextes plus opaques en raison de leur caractère non discursifs justement. La sociologie de la justification s'intéresse en priorité aux conflits en justice et se désintéresse des formes sociales qui passent outre la recherche d'un principe de justice. À ce titre, elle exclut les situations ambiguës auxquelles la sociologie des transactions sociales accorde un grand intérêt : « Le champ de la transaction est plus vaste que celui de la négociation : "la négociation et l'imposition sont les deux modalités essentielles de la transaction sociale" » (Fusulier, 2005, renvoyant à Remy *et al.*, 1978, p. 249).

Au terme de cette mise en perspective de deux projets de connaissance des situations pluralistes auxquelles nous sommes de plus en plus

---

6 Les arrangements sont des compromis à portée locale et restreinte : ils demeurent circonscrits à des personnes et à des lieux et sont l'expression d'intérêts locaux. Les compromis ont une validation plus importante : ils engagent plus largement les établissements entre humains et non-humains autour de « biens communs » (Nachi, 2006 ; Nachi et De Nanteuil, 2006).

confrontés à notre époque, nous réitérons la proposition selon laquelle la sociologie des transactions sociales et la sociologie pragmatique dessinent des projets complémentaires, voire en compétition. Cette proposition considère, en effet, que la sociologie de la justification opère son travail de mise en forme et de classification sur les terres de la sociologie des transactions sociales. À mesure que la sociologie de la justification œuvre à la construction de figures formelles susceptibles de rendre compte de la variété des situations au sein d'une catégorie générale comme la transaction sociale, elle participe, en effet, à sa reconnaissance et à la réduction de son domaine d'application. Cette dynamique intrusive et potentiellement conflictuelle est canalisée cependant par la circonscription de la sociologie de la justification à l'étude des conflits en justice et, par conséquent, à l'étude de situations de négociation. Cette dynamique n'en demeure pas moins intrusive en tant qu'elle contribue à l'occupation progressive des terrains susceptibles d'intéresser la sociologie des transactions sociales. Il s'ensuit un risque de spécialisation par défaut de la sociologie des transactions sociales autour de cas « orphelins », que ce soit en raison de leur invisibilité ou de leur résistance à des classifications.

Conclusion

La proximité ambivalente de la sociologie des transactions sociales et de la sociologie de la traduction et de la justification nous intrigue. Nous avons souhaité préciser, en conséquence, les convergences et les lignes de partage entre ces deux courants, afin de se faire une meilleure idée des rapports qu'ils entretiennent entre eux.

En premier lieu, c'est-à-dire sur le plan des convergences, il nous semble que la sociologie des transactions sociales et la sociologie pragmatique s'inscrivent résolument dans le paradigme de l'action à l'époque de la modernité tardive. Le cadre à partir duquel elles raisonnent entre en cohérence avec de nombreux travaux consacrés à la modernité avancée, dont Beck (2001) et Luhmann (1992), en Allemagne, et Giddens (1994) et Wynne, en Grande-Bretagne. Elles raisonnent, en effet, à partir d'un monde multipolaire sans se résoudre à penser sa fragmentation et sans perdre de vue l'idée de globalité.

> Ce paradigme est d'autant plus pertinent que l'autonomie des éléments des individus ou des groupes, composant le contexte, grandit et que la centralité est beaucoup moins importante qu'auparavant ; d'où l'intérêt porté aux thèmes de la coordination, des réseaux, de la négociation ou de la transaction sociale. [...] Plus fondamentalement, il me semble que nous assistons actuellement au développement d'une multiplicité d'îlots d'ordre, qui peu-

vent être en relation d'interdépendance mais qui ne supposent nullement un principe d'intégration (Remy, 2005, p. 88).

L'expression « îlots d'ordre distincts » pourrait tout aussi bien provenir d'un texte de la sociologie de la justification. À cet égard, les deux courants portent un regard comparable sur le monde contemporain. À ce titre, elles prennent acte de l'interdépendance croissante des situations auxquelles l'actualité nous confronte. Qu'il s'agisse du rattachement à des domaines ou des registres à partir desquels les protagonistes d'un projet ressentent les choses, pensent et agissent, les chances d'un foisonnement de perspectives sont plus grandes que l'inverse. Les probabilités pour que différents secteurs d'activités, des rationalités, des logiques et des valeurs propres soient convoquées dans la conduite d'un projet sont plus importantes que l'inverse. Les situations cloisonnées relèvent davantage d'un effort de systématisation intellectuelle que d'une réalité vécue sur le terrain. Sur ce plan, les deux approches développent une conscience comparable des échelles et des contextes.

Ces convergences étant formulées, il nous semble qu'elles se distinguent, en revanche, par leurs attachements épistémologiques et méthodologiques, voire par leur rapport à la science occidentale moderne. Cette distinction se traduit par leur carrière respective. Alors que la sociologie pragmatique s'organise comme un « collectif robuste », pour reprendre une expression d'Isabelle Stengers, c'est-à-dire à la manière d'un laboratoire théorico-expérimental, la sociologie des transactions sociales ne s'organise visiblement pas selon ce mode. Elle constitue un autre type de collectif, et c'est vraisemblablement en raison de cela que l'une est parvenue à faire « école » et l'autre non. Ce constat nous invite, pour conclure, à réfléchir à la notion d'« école ». L'expression de « collectif robuste », dont parle Isabelle Stengers à propos de la production de témoins fiables, offrirait incontestablement une piste intéressante pour creuser cette différence. Cette dernière renvoie aux attachements politiques et éthiques respectifs des deux approches, que nous avons mis en évidence dans le corps du texte. De la sensibilisation à la constitution d'une « utopie réaliste » en passant par l'alerte, on a affaire à des postures distinctes qui engagent des compétences spécifiques.

Bibliographie

Bauman Z., 2006, *Vies perdues. La modernité et ses exclus*, Paris, Payot et Rivages.

Beck U., 2001, *La société du risque*, Paris, Aubier.

Blanc M., 2003, « La transaction sociale : un paradigme analytique et pragmatique », conférence INRS-UCS, synthèse de Mélanie Gauthier.

Blanc M. (dir.), 1992, *Pour une sociologie de la transaction sociale*, Paris, L'Harmattan.

Boltanski L., Thévenot L., 1991, *De la justification. Les économies de la grandeur*, Paris, Gallimard.

Fusulier B., 2005, « Négociations et transaction sociale. Note introductive », *Négociations*, 3, p. 81-85.

Giddens A., 1994, *Les conséquences de la modernité*, Paris, L'Harmattan.

Latour B., 1995, « Moderniser ou écologiser ? À la recherche de la "septième" cité », *Écologie politique*, 13, p. 5-27.

Luhmann N., 1992, *Beobachtungen der Moderne*, Braunschweig, Westdeutscher Verlag.

Marié M., 1993, « Territoire, centre et marge, identité et altérité », *Flux*, 13-14, p. 41-46.

Mermet L., 2007, RES8, « La cité écologique : droit de cité pour la nature et les environnementalistes », Recherches exposées en ligne REEL-RGTE.

Nachi M., 2006, *Introduction à la sociologie pragmatique. Vers un nouveau "style" sociologique ?*, Paris, Armand Colin.

Nachi M., De Nanteuil M. (dir.), 2006, *Éloge du compromis. Pour une nouvelle pratique démocratique*, Louvain-la-Neuve, Academia-Bruylant.

Remy J., 1992, « La vie quotidienne et les transactions sociales : perspectives micro ou macro-sociologiques », in Blanc M. (dir.), *Pour une sociologie de la transaction sociale*, Paris, L'Harmattan, p. 83-111.

–, 2005, « Négociation et transactions sociales », *Négociations*, 3, p. 81-95.

Remy J., Voyé L., Servais É., 1978, *Produire ou reproduire ?*, Bruxelles, De Boeck.

Simmel G., 1992, *Le Conflit*, Dijon-Quétigny, Circé.

–, 1999, *Sociologie. Étude des formes de la socialisation*, Paris, PUF.

POSTFACE

Espaces et transactions sociales

Maurice BLANC

Professeur émérite de sociologie, Université de Strasbourg
CRESS, EA 1334

Mes collègues et amis du Centre d'étude et de recherche en Sciences Sociales (CRESS, Université de Strasbourg), de l'Association internationale des sociologues de langue française (AISLF) et d'ailleurs m'ont fait un merveilleux cadeau à l'occasion de mon passage à l'éméritat[1] *: ils ont organisé un colloque international à Strasbourg, en janvier 2009 : « Reconnaissance, Reliance et Transactions ». Ce colloque m'a permis de revoir de nombreux amis, français et étrangers, venant d'Allemagne, Belgique, Grande-Bretagne, Italie, Québec, Suisse, etc. J'ai pu aussi rencontrer de nouveaux chercheurs qui s'intéressent à la transaction sociale. Au-delà de la convivialité, ce colloque a été un moment d'échanges scientifiques intenses sur la pertinence de l'approche par la transaction sociale.*

Sociologue urbain, j'ai beaucoup étudié les transformations de la ville en France, en Allemagne et en Europe. Ces transformations sont complexes. Elles impliquent une multiplicité d'acteurs et, même lorsqu'il y a apparence de débat public, les décisions importantes sont souvent prises dans les coulisses. C'est pourquoi je me suis approprié le concept de transaction sociale élaboré par Jean Remy, Liliane Voyé et Émile Servais (1978), pour l'appliquer moi aussi à la ville et à la démocratie. Le présent ouvrage fait le point sur l'état des travaux et des réflexions dans ces domaines.

---

1 Dans le langage codé du petit monde universitaire, un professeur émérite est un retraité actif.

Toujours aux éditions PIE Peter Lang, un second ouvrage suit de peu : Travail, Formation et transactions sociales *(Causer et Hamman, 2011). Il montre comment, malgré les résistances initiales, le concept de transaction sociale a fini par s'imposer dans le champ de la sociologie du travail et des professions. C'est une question que j'ai investie, en mineur, notamment à travers l'étude des métiers et professions de l'aménagement et du développement urbains (Blanc, 2010). Ces deux ouvrages ont été précédés par un numéro spécial de la* Revue d'Allemagne et des Pays de langue allemande *qui regroupe les contributions, en français ou en allemand, sur la ville et l'environnement en France et en Allemagne, ainsi que des comparaisons franco-allemandes (Hamman, 2009a).*

J'exprime d'abord ma reconnaissance, au sens fort de ce terme qui a été longuement débattu pendant le colloque, aux organisateurs de (et aux participants à) toutes ces manifestations. Je remercie tout particulièrement Philippe Hamman qui a été la cheville ouvrière de l'ensemble. Je suis très heureux qu'il soit aujourd'hui mon successeur sur le poste de professeur de sociologie urbaine à l'Université de Strasbourg.

* * *

Ville, Environnement et Transactions démocratiques marque une étape importante et une avancée dans la conceptualisation de la transaction sociale et de ses relations à l'espace. L'introduction de Philippe Hamman montre d'abord que l'on peut indifféremment considérer qu'il y a trois ou quatre termes essentiels dans le titre. On parle souvent des trois « piliers » du développement durable (l'économie, l'écologie et le social), tout en ajoutant un quatrième pour les faire tenir ensemble : la culture ou la démocratie (Ph. Hamman, introduction et chapitre 12 ; Hamman et Blanc, 2009). Ici, la démocratie peut être considérée comme un adjectif qualifiant les transactions, mais elle peut aussi devenir ce qui relie la ville, l'environnement et les transactions[2]. La démocratie est présente dans toutes les contributions et Tom Storrie souligne avec force au chapitre 5 que l'absence de vérité transcendantale nous condamne à des transactions perpétuelles, pour fixer démocratiquement les règles du jeu social, c'est-à-dire du « vivre ensemble ».

L'introduction fait un excellent cadrage. La ville et l'environnement sont habituellement présentés comme deux objets différents et opposés : l'environnement renvoie à la nature et la ville à la culture ; c'est en réalité un seul et même objet. La ville relève à la fois de la logique de la

2 C'est la fameuse métaphore des « trois mousquetaires », qui sont quatre en réalité !

production de la société et de celle de sa reproduction. Elle est une construction sociale, dans le sens où les hommes et les femmes qui la construisent et l'aménagent sont guidés, même inconsciemment, par leurs représentations d'une société idéale. Pourtant, très vite, la ville s'impose aux nouvelles générations qui ont peut-être d'autres aspirations. Elle restreint et oriente leurs choix, poussant au maintien du *statu quo*, donc à la reproduction de la société. En ce sens, « la ville est la projection au sol des rapports sociaux » (Lefebvre, 1968). La question de l'environnement et de sa protection fait vite apparaître les limites de la logique prométhéenne qui voudrait que la culture domine la nature et que la ville domine la campagne. L'aménagement, c'est-à-dire la transformation planifiée de l'espace, est volontariste et volontiers destructeur. Il est tourné vers l'avenir et il s'oppose au « ménagement » des territoires et de leurs habitants (Marié, 1989) ; il s'agit alors de préserver et de mettre en valeur l'héritage du passé. C'est une déclinaison du conflit irréductible entre la tradition et la modernité.

La question récurrente est : « quelles sont les transformations de la ville qui sont acceptables et celles qui ne le sont pas, car elles vont trop loin ? ». Elle se pose avec beaucoup d'acuité dans le développement durable urbain, tout en débordant largement ce cadre. Les réponses sont multiples et contradictoires. Les experts ne sont jamais d'accord entre eux, les élus non plus et les habitants encore moins ! Il faut beaucoup de transactions pour parvenir à un compromis acceptable par le plus grand nombre. Le *consensus* étant hors de portée, il faut parvenir à arbitrer et trancher intelligemment. La confrontation des points de vue dans un débat démocratique, c'est-à-dire public et ouvert à tous, est une nécessité. Cette confrontation a ses temps forts, suivis de pauses. Mais les compromis sont toujours instables et provisoires ; de ce fait, le débat public est toujours à recommencer.

Les auteurs des différentes contributions n'ont pas le même regard sur la transaction. Au lieu de masquer ces divergences, cette postface voudrait les mettre en scène pour les rendre productives. De ce point de vue, on peut distinguer trois postures (qui ne coïncident pas avec le plan thématique en trois parties de l'ouvrage). Dans le premier groupe, le plus important, les auteurs ne sont pas des partisans inconditionnels de la transaction sociale ; ils et elles adoptent une posture d'hybridation et de métissage, cherchant à allier la transaction sociale à d'autres théories : d'abord la justification et la traduction, mais aussi la négociation, la reproduction, etc. (section 1). Un deuxième groupe adopte une posture plus distante : les auteurs mettent en évidence des transactions originales et fort intéressantes, mais en mobilisant faiblement le concept de transaction dans leurs analyses (section 2). La section 3 fait une place à part à Florence Rudolf car, dans le dernier chapitre, elle regarde le concept de transaction sociale avec sympathie, mais en se situant explicitement à l'extérieur. Elle adopte la posture du « compagnon de route »[3]. Elle est dans « une démarche d'alerte », pour reprendre son expression, en invitant les partisans de la transaction sociale à ne pas s'endormir sur leurs lauriers et à aller plus loin. La conclusion suggère quelques rapprochements entre transaction sociale, négociation, justification et traduction (section 4).

1. Hybridations et transactions

Nicolas Bué analyse (chapitre 1) la coalition d'union de la gauche qui a dirigé la ville de Calais pendant plus de 35 ans. C'est une alliance atypique car le parti communiste conserve la mairie alors qu'il est devancé à la fois par l'opposition et par son principal partenaire, le parti socialiste. Il faut donc des transactions permanentes et subtiles pour conserver la cohésion de l'alliance. N. Bué est ainsi amené à revisiter les analyses classiques des coalitions et à discuter la distinction entre négociation et transaction formulée par Jean Remy :

> La négociation, au sens précis du terme, se déroule dans un espace-temps déterminé de façon explicite. Lorsqu'elle réussit, elle se clôt par un accord formalisé. [...] Il en va tout autrement de la transaction qui est un processus diffus dans l'espace et dans le temps, rythmé par des moments forts (Remy, 1998, p. 23).

La négociation entre « partenaires sociaux » en France (État, patronat et syndicats de travailleurs) en fournit le modèle de référence. On voit ainsi les limites de la négociation : il n'y a pas de négociation sans échange verbal et une négociation qui ne déboucherait pas sur un accord écrit serait sans intérêt, puisqu'elle n'aurait aucune valeur juridique. Au contraire, la transaction envisage des accords tacites. N. Bué ne se satisfait pas de cette distinction, qui fait la part trop belle à la transaction. Il a raison car le clivage de l'explicite et du tacite, ou celui du formel et de l'informel (comme, dans un registre un peu différent, celui de l'intérêt et des valeurs : Kuty, 1998) ne sont pas pertinents pour distinguer négociation et transaction : il y a des négociations informelles et des transactions formelles, etc. Vouloir distinguer à tout prix ce qui relève de la transaction et ce qui relève de la négociation est un débat qui risque de devenir vite stérile. N. Bué préconise une autre démarche pour sortir « par le haut ». L'originalité de la transaction sociale est d'introduire la question de la reconnaissance, entendue comme « le processus d'attribution de la qualité d'acteur à l'autre » (Bourdin, 1996,

[3] Dans les années 1960, c'était le nom de ceux qui soutenaient l'action du parti communiste sans y adhérer.

p. 250). Mais peut-il y avoir négociation sans reconnaissance ? Il faut probablement chercher ailleurs la spécificité de l'approche par la transaction sociale. Certes, il existe des transactions implicites, dans lesquelles l'accord ne peut être dit publiquement : il serait immédiatement dénoncé s'il était explicité (Blanc, 2009a, p. 27). Mais la transaction sociale ne détient aucun monopole sur l'implicite, le tacite et l'informel.

Abdelhafid Hammouche étudie (chapitre 2) les transformations de la pratique professionnelle des travailleurs sociaux dans le cadre de ce que l'on appelle en France « la politique de la ville » ou, pour être plus précis, la politique de développement des quartiers d'habitat social, situés majoritairement à la périphérie des villes (Blanc, 2007). A. Hammouche montre que les travailleurs sociaux ne peuvent entrer dans les dispositifs de la politique de la ville qu'en transformant leur référentiel professionnel : l'objectif d'aide à l'émancipation des individus, par une relation personnalisée avec eux, doit composer avec une dimension collective (appelée « travail social communautaire » au Québec). Cette transformation des métiers du travail social aboutit à leur redéfinition, dans un processus de décomposition, suivie par une recomposition. A. Hammouche combine le concept de référentiel (Muller, 1990) et la transaction sociale, montrant que la recomposition du métier est un produit transactionnel : les transactions se produisent d'abord entre travailleurs sociaux qui sont en désaccord sur la nécessité, ou l'ampleur, des changements à opérer. Il y a aussi des transactions entre les travailleurs sociaux et leurs usagers, car ces derniers peuvent vivre ce changement comme une trahison et un abandon. On peut ajouter que la recomposition suppose aussi des transactions avec les employeurs et les centres de formation, pour que ces changements soient validés et légitimés. Ces transactions ne sont pas toujours formalisées et A. Hammouche fournit un très bel exemple de transaction tacite. Les éducateurs de la prévention spécialisée considèrent que les fondements de leur métier sont la libre adhésion des jeunes en difficulté qui viennent les voir et le respect de leur anonymat. Ils refusent par conséquent de coopérer avec la police, ce qu'on attend d'eux dans le cadre d'un dispositif de la politique de la ville, le Contrat local de sécurité (CLS). Dans un des cas étudiés (mais il est loin d'être isolé), les éducateurs de la prévention spécialisée boycottent le comité de pilotage du CLS, tout en acceptant de participer aux travaux des commissions. Le refus de principe n'empêche pas le compromis pratique et la transaction.

Coralie Mounet étudie (chapitre 9) les controverses et les conflits autour du sanglier et du loup. Elle mobilise la sociologie de la traduction (Callon, 1986), faisant de ces animaux des « médiateurs » entre des humains, en premier lieu entre chasseurs et agriculteurs. Elle utilise aussi la sociologie de la justification (Boltanski et Thévenot, 1991) pour analyser la logique des arguments échangés entre partisans et adversaires de la présence d'animaux sauvages. Elle combine de façon pertinente ces deux approches, entre elles et avec la transaction sociale, pour analyser les compromis pratiques. Elle s'intéresse plus particulièrement aux transactions sociales et identitaires qui facilitent l'apaisement des conflits et elle écrit à juste titre : « Si les acteurs restent toujours en conflit à propos de la gestion du loup et du sanglier et maintiennent leurs postures macrosociales, l'enjeu est différent au quotidien : il s'agit de vivre ensemble, ici et maintenant, malgré les désaccords ». Ces transactions passent par du don et du contre-don : par exemple, les chasseurs offrent des morceaux de sanglier aux agriculteurs et ils les aident à réparer les dégâts causés par l'animal. L'enjeu implicite est la reconnaissance de l'autre et cette demande latente est particulièrement forte chez les agriculteurs qui se perçoivent comme une profession sinistrée et méprisée. Le déni de reconnaissance des travailleurs, analysé par Norbert Alter (2009) dans le cadre des entreprises, est à l'œuvre ici aussi. C'est pourquoi la capacité à se mettre à la place de l'autre et à l'écouter est essentielle pour être un « acteur passerelle », ou un « transactionneur » (terme de Michel Bovy, 1998).

Carole Waldvogel étudie (chapitre 10) les associations qui s'occupent d'environnement en Alsace. Elle constate que la nouvelle petite bourgeoisie est surreprésentée et l'auteure considère que « [cette petite bourgeoisie nouvelle] collabore avec enthousiasme à l'entreprise d'imposition de nouvelles normes éthiques et des besoins correspondants » (Bourdieu, 1979, p. 423). Si ces associations ont le même objectif global, elles divergent très vite sur sa traduction concrète. Des concurrences et des rivalités apparaissent, les alliances débouchent souvent sur de la coopération conflictuelle. La transaction sociale apporte ici à C. Waldvogel un éclairage complémentaire pertinent sur l'élaboration des compromis. Le principal clivage oppose les associations de naturalistes scientifiques à celles de naturalistes politiques. Les premières reprochent aux secondes de faire du militantisme politique au lieu de défendre la nature. Les secondes retournent le compliment en déclarant qu'il faut regarder plus loin que le bout de son nez et situer les atteintes à la nature dans un contexte plus global. Malgré ces chamailleries, des transactions stratégiques et tacites permettent de coopérer en se répartissant informellement les rôles. Pour C. Waldvogel, « la différence entre naturalistes politisés et scientifiques non politisés se transforme en complémentarité utilisée de manière stratégique, dans un même but commun ».

Éric Navet étudie (chapitre 11) l'échange de biens dans les sociétés traditionnelles amérindiennes ; il trouve bien entendu du don et du contre-don, ou de la transaction. Il présente le conflit comme un mal inévitable dans ces sociétés, ce qui conduit à un idéal de réconciliation par la transaction élargie : les échanges de biens, comme les échanges matrimoniaux ou les échanges d'idées, visent à rétablir l'harmonie menacée. É. Navet considère donc les sociétés amérindiennes comme des sociétés de la transaction et il les oppose aux sociétés modernes qui seraient des sociétés de la rupture. Cette opposition peut être mise en débat en reprenant, avec Raymond Ledrut (1973, p. 193), la distinction de Nietzsche entre Apollon (l'harmonie et la stabilité) et Dionysios (le désordre et le dépassement). Les sociétés amérindiennes sont bien des sociétés de la transaction, mais dans un modèle apollinien : le conflit est une perturbation temporaire et la transaction permet le retour à l'équilibre. Que les sociétés modernes soient des sociétés de la rupture n'implique pas l'absence de transactions, mais un autre type de transactions. On passe du registre apollinien du retour à l'identique au registre dionysiaque de l'invention de nouvelles formes sociales. Le conflit ouvre un cycle de décomposition et de recomposition (Simmel, 1999) : en détruisant les formes existantes, il permet à de nouvelles formes sociales d'émerger, dans une dynamique qui ne connaît que des équilibres instables. La transaction sociale s'inscrit ici dans la dialectique, en perpétuel renouvellement, du dépassement de la rupture.

Pour Tom Storrie (chapitre 5), il n'y a pas de vérité révélée par un dieu unique et reconnu par tous, mais plusieurs qui se contredisent. Nous sommes par conséquent « condamnés » à vivre dans une société laïque et à faire des transactions perpétuelles pour établir des compromis permettant la coexistence. Ces transactions sont extrêmement difficiles car elles concernent le socle de valeurs communes et la démocratie est le fondement le plus favorable à leur épanouissement. Ce développement de la société laïque, qui doit rester vigilante pour ne pas faire de la laïcité une nouvelle religion, a deux conséquences importantes aux yeux de T. Storrie. Il définit le « multiculturel » par sa dimension spatiale (des groupes sociaux avec des cultures différentes partagent le même espace) et « l'interculturel » par sa dimension temporelle (les groupes qui cohabitent entrent peu à peu en dialogue et leurs échanges augmentent). Ces échanges mènent à des transactions identitaires, dans lesquelles la culture de chacun s'élargit et s'enrichit des apports des autres, mais sans se diluer et disparaître pour autant. Cette dynamique identitaire est très proche de celle de l'aménagement et du ménagement, rappelée ci-dessus. T. Storrie rejette aussi l'opposition classique, surtout en France, entre la société civile et l'État. Alors que le droit civil est en France « la branche essentielle du droit privé » (*Le petit Robert*), T. Storrie considère que la société civile ne relève pas de la sphère privée et qu'elle est une composante de la sphère publique qui garde, ce dont il se réjouit, une plus grande souplesse que l'État bureaucratique. La société civile admet le secret professionnel, contradictoire avec les principes de transparence et de publicité (au sens juridique et non au sens commercial). Elle admet aussi la discrétion, au double sens du terme. À l'intérieur d'un cadre bien délimité, certains groupes, les médecins ou les travailleurs sociaux par exemple, peuvent décider en leur âme et conscience sur des situations complexes et non prévues par les textes. Ils sont ainsi amenés à faire des transactions entre des principes d'égale légitimité et qui pourtant s'excluent mutuellement.

La « ville durable » est parfois un slogan mais c'est, de plus en plus, un mot d'ordre mobilisateur. De nombreuses villes et agglomérations mettent en place des politiques de développement durable (DD) au contenu hétérogène, essayant de concilier, par la méthode des essais et des erreurs, ce qui est à première vue inconciliable : l'écologie, l'économie et le social. Ph. Hamman montre (chapitre 12) que le concept de transaction sociale est un bon outil pour analyser ces politiques. Si T. Storrie a souligné l'importance du temps, Ph. Hamman met d'abord l'accent sur le rôle de l'espace et de ses différentes échelles : le DD est à la fois planétaire et micro-local. Il implique des changements majeurs dans les habitudes et les modes de vie au niveau mondial (le « sommet de Copenhague », fin 2009) mais aussi aux niveaux national, local et même individuel. C'est ce que résume le célèbre slogan : « agir localement, penser globalement ». Il faut pour cela coordonner les politiques menées à différentes échelles spatiales. C'est un exercice difficile car ce n'est pas un système de « poupées russes », dans lequel les politiques locales s'emboîteraient parfaitement dans les politiques de niveau supérieur. Bien entendu, les politiques menées au niveau inférieur sont soumises à des contraintes ; en même temps, elles disposent d'une autonomie relative qui leur permet d'élaborer leur propre politique, en tenant compte des particularités locales. Pour cela, Ph. Hamman propose de spécifier le concept de transaction et d'introduire la « transaction seconde » pour analyser le jeu entre l'autonomie et l'interdépendance :

> Le concept de « transaction seconde » désigne la possibilité d'accords entre partenaires sur des principes territoriaux pouvant être distincts de ceux valant dans des cadres spatiaux et institutionnels plus larges, mais sans les ignorer et en les retraduisant par l'intermédiaire d'espaces-frontières d'où se dégagent des modes d'identifications et des objets frontières, susceptibles d'approfondissements (Hamman, 2009b, p. 354).

Par exemple, à Nantes, le label national assez flou d'« éco-quartier » donne naissance à un « éco-quartier à la nantaise ». Ph. Hamman montre aussi comment la distinction entre transactions de croissance et transactions de rupture éclaire les ambiguïtés des politiques de DD. Pour reprendre son exemple, en matière de circulation automobile, la transaction de croissance (ou de continuité) consiste à parier sur le progrès technique pour mettre au point un « moteur propre » permettant de continuer à utiliser l'automobile comme avant, mais sans polluer (seule solution envisageable par les États Unis à l'époque, qui est moins lointaine qu'il n'y paraît, du Président Bush Junior). Par contre, la transaction de rupture implique un changement culturel et le développement de modes de déplacements alternatifs à l'automobile. En introduisant ces spécifications, Ph. Hamman opérationnalise encore davantage le concept de transaction sociale et il y voit un outil pertinent pour l'analyse du changement culturel, creuset dans lequel la transaction sociale est née (Remy *et al.*, 1978). Ses analyses s'enracinent dans la vie quotidienne et elles partent souvent de faits concrets, anodins au premier abord, mais qu'il utilise à merveille comme analyseurs de la complexité du social. Ainsi, le choix du « zéro phyto » (pas de produits chimiques, engrais ou pesticides, dans l'entretien des espaces verts et des jardins publics) produit des réactions en chaîne imprévues : les jardiniers sont hostiles, les habitants considèrent (à tort) que la municipalité n'entretient plus ses parcs et, plus grave, que les herbes folles dans les cimetières sont une offense au respect dû aux défunts. La transaction ne se limite pas au choix des moyens techniques appropriés, elle porte sur les normes culturelles.

2. Des transactions sociales originales

Les auteurs des textes ici réunis mettent tous en évidence des transactions subtiles, autour de la démocratie et/ou la prise de parole des laissés-pour-compte. Mais ils utilisent peu le concept de transaction sociale dans leurs analyses.

Français d'origine chilienne, Juan Matas suit avec attention le retour pacifique à la démocratie, après les années noires de la dictature du général Pinochet. L'analyse se place dans la longue durée et J. Matas retrace la longue tradition démocratique du Chili, probablement le pays d'Amérique latine où la démocratie est le plus solidement enracinée et où il existe une culture du compromis débouchant sur des transactions. L'opposition qui a démocratiquement vaincu la dictature était une alliance hétérogène entre la gauche, le centre et des fractions de la droite libérale (au sens politique du terme) ; elle était significativement nommée : « la Concertation ». Pour J. Matas, la gauche chilienne pure et dure a manqué de clairvoyance : elle est restée à l'écart de cette coalition, car elle estimait selon lui que « la participation même au plébiscite présidentiel, dans le cadre de la campagne pour le non, était une caution apportée à la dictature ». Elle a considéré, comme de nombreux partis de « la gauche de la gauche » en France, qu'un compromis est nécessairement une compromission. Pourtant, en espagnol, *compromiso* veut dire à la fois « compromis » et « engagement ». J. Matas conclut que la « stratégie du possible » est « une dialectique de la cohésion et de la lutte ». Cette leçon de maturité politique chilienne, capable d'entrer dans des transactions pour avancer à pas comptés, vaut pour bien d'autres pays.

Pierre Hamel poursuit au chapitre 7 sa réflexion théorique sur la participation citoyenne, mais en la situant au niveau des villes et des quartiers, en Amérique du Nord et en Europe. Il constate un développement de cette participation, mais il souligne qu'elle doit être soumise à un examen critique et qu'elle ne signifie pas automatiquement une avancée de la démocratie : tout dépend de qui participe. Il est établi que les classes moyennes intellectuelles, dotées d'un capital social et culturel important et capables de s'exprimer facilement en public, sont surreprésentées dans les instances de participation et qu'elles savent défendre efficacement leurs intérêts spécifiques (Blanc, 1999). Le risque du maintien des inégalités dans les structures de participation initiées par les pouvoirs publics, au détriment des habitants des milieux populaires, est très réel. Les inégalités sont le point aveugle de la théorie normative de la démocratie de délibération (Habermas, 2003), largement critiquée par les chercheurs qui ont réalisé des travaux empiriques, Chantal Mouffe notamment (2003). P. Hamel suggère des dispositifs de contre-pouvoir qui pourraient « neutraliser les prérogatives des acteurs dominants », même s'il n'est pas sûr de leur efficacité. Les conflits et les antagonismes irréconciliables exigent un traitement politique qui peut aboutir à des compromis pratiques et des transactions sociales réussies, mais le succès n'est jamais garanti.

Les médiatrices socio-culturelles, étudiées par Catherine Delcroix au chapitre 3, sont peut-être un des dispositifs de contre-pouvoir susceptibles de favoriser la participation des habitants. Souvent d'origine étrangère, elles habitent et travaillent dans les quartiers populaires dégradés en France ; elles sont victimes d'un cumul de discrédits : elles appartiennent aux milieux populaires et elles sont immigrées et femmes. Mais, loin de se considérer comme « dominées », elles prennent des initiatives et elles cherchent à s'autonomiser, individuellement et collectivement. Elles rejettent l'opposition simpliste entre la modernité occidentale émancipatrice et la tradition musulmane opprimante. Elles cherchent à jeter des ponts entre ces deux univers, en faisant de la médiation. Pour cela, elles réalisent de multiples transactions : d'abord, au sein de leur propre famille, pour conquérir une autonomie qui ne leur est pas accordée spontanément et qui suppose des concessions réciproques. Leur projet professionnel relève de la « double transaction », biographique et relationnelle (Dubar, 1991). Elles doivent aussi négocier l'élargissement de leur champ d'action, pour ne pas être au service exclusif de leur communauté d'origine, mais au service de tous les habitants du quartier qui ont besoin d'elles. Elles s'insèrent dans les dispositifs de la politique de la ville, condition nécessaire pour obtenir des financements qui demeurent modestes, tout en cherchant là aussi à conserver leur autonomie vis-à-vis des autorités locales. Leur capacité à mobiliser de multiples transactions est la clé de leur réussite.

Léa Longeot présente une recherche (chapitre 8) qui ne s'inscrit pas dans le paradigme classique de la coupure épistémologique qui insiste sur la nécessité pour le chercheur de se distancier de l'objet étudié (Bachelard, 1968). Elle s'inscrit dans le courant de la « recherche-action » qui considère que c'est en essayant de transformer la société que l'on arrive à la connaître en profondeur, à condition de garder un regard critique sur sa propre action[4] (Élias, 1993) et en s'inscrivant dans le paradigme de la réflexivité (Giddens, 1994). L. Longeot habite Montreuil, elle est architecte et réalisatrice de films. Montreuil est une grosse commune de l'ancienne « banlieue rouge » parisienne, dont la population inclut de nombreuses communautés ethniques d'origine étrangère (celle des Rroms étant la plus stigmatisée) ou régionale (les Occitans notamment). D'une certaine manière, L. Longeot est une médiatrice socio-culturelle, mais d'un genre particulier : elle habite bien sur son territoire d'intervention, mais elle n'est pas originaire de la communauté Rrom et elle doit se faire adopter ; de plus, elle a déterminé à l'avance son mode d'intervention : la réalisation d'un film coopératif, jouant sur le « triangle » Rrom-Occitan-Montreuil. Sa palette de transactions est très riche ; sans prétendre les citer toutes, on peut souligner : les transactions avec la communauté Rrom pour obtenir leur adhésion et leur participation active au projet de film ; les transactions avec les Occitans habitant Montreuil et d'autres groupes d'habitants ; les transactions avec la municipalité pour sa participation au film et à son financement ; les transactions avec les experts, en particulier les universitaires spécialistes des Rroms (eux-mêmes Rroms ou non) ; les transactions entre les participants au film, etc. Ce chapitre donne envie de voir le film et d'en savoir plus.

Maximiliano Soto compare les quartiers historiques anciens de deux villes, Strasbourg et Valparaiso, qui ont en commun d'avoir été classées au patrimoine commun de l'Humanité par l'UNESCO (chapitre 4). Ces quartiers, populaires et dégradés jusqu'à une période récente, ont connu

---

[4] C'est aussi la logique des bourses CIFRE : le doctorant doit satisfaire à une double exigence. Il ou elle doit répondre à la demande de l'organisme qui l'accueille et qui attend des solutions pratiques, tout en ayant une posture critique permettant de produire des connaissances scientifiques.

une mutation rapide et ce classement a intensifié le processus, déjà bien avancé, de « patrimonialisation », c'est-à-dire de mise en valeur du patrimoine architectural et historique. Ce processus renforce des tendances à la fois complémentaires et opposées, donnant lieu à de multiples transactions. Tout d'abord, la patrimonialisation alimente la spéculation immobilière et la hausse des prix chasse les habitants des milieux populaires. Le maintien dans le quartier d'une fraction des anciens résidents fait l'objet de transactions qui impliquent l'intervention des pouvoirs publics pour maintenir des logements à des prix abordables. La patrimonialisation de l'espace public, accessible et ouvert à tous, intéresse au plus haut point les entreprises vivant du tourisme ; elles souhaitent que le maximum de lieux soient offerts à la curiosité des visiteurs. Lorsque l'hypercentre est saturé, elles cherchent à élargir le périmètre historique et touristique aux quartiers avoisinants. Les intérêts de l'industrie touristique entrent en conflit avec ceux des autres bénéficiaires de la patrimonialisation, en particulier les résidents aisés qui voudraient jouir de « leur » quartier et le préserver des touristes, perçus comme des « envahisseurs ». Élaborer des compromis pratiques permettant de résoudre les conflits d'usage est le fruit de transactions laborieuses. Plus globalement, l'enjeu des transactions patrimoniales est de mettre en valeur la forme urbaine sans altérer la vie sociale. Mais l'une et l'autre sont interdépendantes et très sensibles aux moindres variations.

3. Élaborer une « grammaire » et créer une « école » de la transaction sociale ?

Florence Rudolf encourage les sociologues de la transaction sociale à imiter ce qu'elle appelle la « sociologie pragmatique », en élaborant à leur tour leur propre « grammaire » et en constituant une « école ». Avant de discuter la pertinence de ces deux propositions, quelques clarifications sont nécessaires. Que veut dire « élaborer une grammaire » en sociologie ? En linguistique, c'est l'étude de l'ensemble des structures et des règles, ainsi que des formes et des fonctions de la langue. Les linguistes savent qu'une langue renferme de nombreuses incohérences et que sa grammaire souffre des exceptions. Mais ils ont l'ambition de les réduire si, au-delà du désordre apparent, ils parviennent à trouver l'ordre caché qui fait entrer l'exception dans une règle élargie. Par analogie, faire une « grammaire du social », c'est proposer un système théorique censé rendre logiquement compte de la totalité du social. Une école est ici : « un groupe de personnes qui se réclament d'un même maître ou professent les mêmes doctrines » ; les mots associés à cette acception sont : « chapelle, mouvement, secte » (*Le petit*

Robert). Dans une conception hyper-sociologique de la science, ce qui est présenté comme une vérité scientifique est en réalité la victoire d'une école qui a réussi à *imposer* son point de vue sur les autres. En science comme en politique, il ne suffit pas de réunir une majorité pour détenir la vérité. La majorité dispose seulement d'une présomption de vérité, ce qui est très différent : la minorité d'aujourd'hui peut espérer devenir la majorité demain.

Florence Rudolf réunit, sous l'intitulé de « sociologie pragmatique », la sociologie de la justification de Luc Boltanski et Laurent Thévenot (1991) et la sociologie de la traduction de Michel Callon (1986) et Bruno Latour. Plus prudent, Philippe Corcuff (1995) a présenté les points communs et les différences entre elles sous le titre : « les nouvelles sociologies ». Considérer la sociologie pragmatique dans cette acception très large comme « la » nouvelle école sociologique française est d'autant plus surprenant que ces deux composantes divergent sensiblement vis-à-vis des deux questions examinées par F. Rudolf : l'élaboration d'une grammaire et la constitution d'une école. La sociologie de la justification fait école, puisqu'elle a du succès, mais sans en faire une question théorique majeure ; par contre, la question de la grammaire est centrale. C'est l'inverse dans la sociologie de la traduction : l'histoire des sciences a pour grille de lecture la lutte entre écoles pour conquérir la reconnaissance scientifique (Latour, 1994), alors que Michel Callon *et al.* (2001) critiquent la prétention de Jürgen Habermas à constituer un grand système théorique, c'est-à-dire une grammaire universelle. Faire école présente bien entendu des avantages, mais la médaille a son revers. Une école tend à privilégier ce qui confirme son paradigme fondateur et à négliger ce qui l'affaiblirait ; elle n'est pas à l'abri de dérives sectaires. Robert Merton mettait déjà en garde contre ce risque avec la métaphore de la longue vue : elle permet de voir ce que l'on ne verrait pas à l'œil nu, mais elle restreint le champ de vision et elle peut « se transformer en œillères » (Merton, 1965, p. 24). Une école, surtout si elle a du succès, mobilise un grand collectif et elle suppose une organisation de la recherche sur un mode « industriel ». C'est à la fois sa force et sa faiblesse. Une recherche sociologique s'inspirant du modèle de l'artisanat hautement qualifié et fonctionnant en réseau peut aboutir à de meilleurs résultats ; en science comme en économie, ce modèle peut être plus favorable à l'innovation. Le titre célèbre de l'analyse des réseaux, « la force des liens faibles » (Granovetter, 2000), est ici pertinent.

L'objection que la transaction sociale n'a pas élaboré sa grammaire, donc qu'elle n'a pas donné naissance à un système théorique formalisé, est plus sérieuse. Elle a déjà été formulée par Bernard Fusulier et Nicolas Marquis (2008) ou par Jérôme Boissonade (2009). Ici aussi, la faiblesse de la transaction sociale, être un regard sociologique qui n'a pas su accoucher d'une théorie, peut se transformer en un atout. Dans un contexte de crise et de montée des incertitudes (Giddens, 1994), cette souplesse permet de s'adapter aux situations sortant du cadre prévu par la théorie (Blanc, 2009b). Ce n'est pas pour autant un éloge de la paresse intellectuelle. La mouvance des chercheurs qui s'intéressent à la transaction sociale a un double défi à relever collectivement : approfondir et formaliser davantage le paradigme pour le rendre plus visible et plus lisible ; mais en évitant dans le même temps de le rigidifier, pour ne pas perdre les avantages de la souplesse.

4. Justification, traduction, négociation et transaction

Des hybridations sont possibles entre la transaction sociale et d'autres sociologies. En linguistique, la traduction est le passage d'une langue (la langue source) vers une autre (la langue cible). C'est toujours une opération difficile, ce que rend bien le proverbe italien, « *traduttore, traditore* » : le traducteur est toujours un traître, mais un traître fort utile ! La difficulté vient du fait que la traduction n'est pas une opération purement linguistique : une traduction scrupuleusement fidèle au texte original ne sera comprise par ses destinataires que s'ils disposent des codes culturels. Une bonne traduction doit satisfaire des exigences contradictoires : respecter le texte original et le rendre accessible à ses destinataires ; il faut quelquefois prendre des libertés avec la lettre du texte pour en restituer l'esprit (Ladmiral, 1994). La traduction, même avec l'intermédiaire des « non humains » (Callon, 1986), est un processus transactionnel aboutissant à un compromis acceptable entre exigences opposées.

C'est aussi sur la question du compromis qu'un rapprochement est possible entre les sociologies de la justification et de la transaction sociale. La théorie de la justification part du fait que des individus ou des groupes qui discutent de leurs désaccords se situent dans des registres d'argumentation différents[5] – par exemple le registre « industriel » de l'efficacité et le registre « domestique » du familier –, ce qui conduit à des dialogues de sourds. Pour s'entendre et parvenir à un compromis, il faut que chacun reconnaisse la logique de l'autre et son bien fondé, au moins partiel. Par exemple, Brigitte Guigou (2003) utilise les catégories de la sociologie de la justification pour analyser finement les échanges d'arguments et les négociations entre locataires et employés de l'organisme de logement social lors de l'état des lieux de sortie du logement. Mais c'est en même temps un processus transaction-

[5] Boltanski et Thévenot parlent de « cités », métaphore réductrice car elle privilégie la dimension politique.

nel qui s'instaure pour déterminer, dans les dégradations constatées, ce qui relève de l'usure normale et ce qui tient au comportement fautif du locataire.

La transaction sociale est un échange conflictuel qui crée de la reconnaissance et la présuppose en même temps. Ce n'est pas un hasard si le mot reconnaissance venait en premier dans le titre du colloque de janvier 2009 : *Reconnaissance, reliance et transactions*. La reconnaissance mutuelle relie les partenaires-adversaires, donc crée du lien social. Si la négociation est plus souvent associée à la confiance qu'à la reconnaissance, cette dernière n'est pas loin. Souligner le rôle de la reconnaissance, comme le fait N. Bué, permet d'avancer mais ne suffit probablement pas pour cerner l'originalité de la sociologie de la transaction sociale. Ce livre écarte les réponses simplistes, mais il n'apporte pas encore la bonne réponse. La sociologie de la transaction sociale a beaucoup à recevoir dans de tels échanges avec les sociologies de la négociation, de la justification, de la traduction et d'autres ; mais elle ne vient pas les mains vides.

Bibliographie

Alter N., 2009, *Donner et prendre, la coopération en entreprise*, Paris, La Découverte.

Bachelard G., 1968, *Le nouvel esprit scientifique*, Paris, PUF (1re éd., 1934).

Blanc M., 1999, « Participation des habitants et politique de la ville », in CURAPP-CRAPS, *La démocratie locale*, Paris, PUF, p. 177-196.

–, 2007, « La "politique de la ville" : une "exception française" ? », *Espaces et Sociétés*, 128-129, p. 71-86.

–, 2009a, « La transaction sociale : genèse et fécondité heuristique », *Pensée plurielle*, 20, p. 25-36.

–, 2009b, « L'avenir de la sociologie de la transaction sociale », *Recherches sociologiques et anthropologiques*, 40(2), p. 165-178.

–, 2010, « Métiers et professions de l'urbanisme : l'architecte, l'ingénieur et les autres », *Espaces et Sociétés*, 142, p. 131-150.

Boltanski L., Thévenot L., 1991, *De la justification. Les économies de la grandeur*, Paris, Gallimard.

Boissonade J., 2009, « Les apports de la sociologie pragmatique à la transaction sociale. Le concept de régime d'action dans le discours des "jeunes de banlieue" », *Pensée plurielle*, 20, p. 37-50.

Bourdieu P., 1979, *La Distinction. Critique sociale du jugement*, Paris, Minuit.

Bourdin A., 1996, « Transaction et action organisée », in Voyé L. (dir.), *Ville et transactions sociales*, Paris, L'Harmattan, p. 247-258.

Bovy M., 1998, « Transactionneurs d'environnement », in Freynet *et al.*, p. 190-204.

Callon M., 1986, « Éléments pour une sociologie de la traduction. La domestication des coquilles Saint-Jacques et des marins-pêcheurs dans la baie de Saint-Brieuc », *L'Année sociologique*, 36, p. 169-208.

Callon M., Lascoumes P., Barthe Y., 2001, *Agir dans un monde incertain. Essai sur la démocratie technique*, Paris, Seuil.

Causer J.-Y., Hamman Ph. (dir.), 2011, *Travail, formation et transactions sociales*, Bruxelles, PIE Peter Lang.

Corcuff Ph., 1995, *Les nouvelles sociologies. Constructions de la réalité sociale*, Paris, Nathan.

Dubar C., 1991, *La Socialisation*, Paris, Armand Colin.

Élias N., 1993, *Engagement et distanciation*, Paris, Fayard (1re éd., 1983).

Freynet M.-F., Blanc M., Pineau G. (dir.), *Les transactions aux frontières du social. Formation, travail social, développement local*, Lyon, Chronique sociale.

Fusulier B., Marquis N., 2008, « La notion de transaction sociale à l'épreuve du temps », *Recherches sociologiques et anthropologiques*, 39(2), p. 3-21.

Giddens A., 1994, *Les conséquences de la modernité*, Paris, L'Harmattan (1re éd., 1990).

Granovetter M., 2000, « La force des liens faibles », in Granovetter M., *Le Marché autrement*, Paris, Desclée de Brouwer (1re éd., 1973).

Guigou B., 2003, « De l'usage à l'usure. Conflits et construction d'accords entre un organisme HLM et ses locataires », *Espaces et Sociétés*, 112, p. 199-219.

Habermas J., 2003, « Au-delà du libéralisme et du républicanisme, la démocratie délibérative », *Raison publique*, 1, p. 40-57.

Hamman Ph., 2009a, « Ville et environnement en France et en Allemagne : échelles, frontières et transactions », *Revue d'Allemagne et des Pays de langue allemande*, direction du numéro spécial, 41(3).

–, 2009b, *Éléments pour une sociologie des espaces-frontières*, Université de Metz, mémoire d'Habilitation à diriger des recherches en sociologie, t. 2.

Hamman Ph., Blanc Chr., 2009, *Sociologie du développement durable urbain. Projets et stratégies métropolitaines françaises*, Bruxelles, PIE Peter Lang.

Kuty O., 1998, *La négociation des valeurs. Introduction à la sociologie*, Bruxelles, De Boeck.

Ladmiral J.-R., 1994, *Traduire : théorèmes pour la traduction*, Paris, Gallimard.

Latour B., 1994, *Les microbes, guerre et paix*, Paris, Métailié.

Ledrut R., 1973, *Les images de la ville*, Paris, Anthropos.

Lefebvre H., 1968, *Le Droit à la Ville*, Paris, Anthropos.

Luhmann N., 2006, *La Confiance, un mécanisme de réduction de la complexité sociale*, Paris, Économica (1re éd., 1968).

Marié M., 1989, *Les Terres et les Mots*, Paris, Klincksieck.

Merton R.K., 1965, *Éléments de théorie et de méthode sociologiques*, Paris, Plon (1re éd., 1949).

Mouffe Ch., 2003, « La politique et la dynamique des passions », *Politique et Sociétés*, 22(3), p. 143-154.

Muller P., 1990, *L'analyse des politiques publiques*, Paris, PUF.

Remy J., 1998, « La transaction sociale : forme de sociabilité et posture méthodologique », in Freynet *et al.*, p. 20-42.

Remy J., Voyé L., Servais É., 1991, *Produire ou reproduire ?*, Bruxelles, De Boeck (1re éd., 1978).

Simmel G., 1999, *Sociologie*, Paris, PUF (1re éd., 1908).

EcoPolis

La collection EcoPolis est dédiée à l'analyse des changements qui se produisent simultanément dans la société et dans l'environnement quand celui-ci devient une préoccupation centrale.

L'environnement a longtemps été défini comme l'extérieur de la société, comme ce monde de la nature et des écosystèmes qui sert de soubassement matériel à la vie sociale. Les politiques d'environnement avaient alors pour but de « préserver », « protéger », voire « gérer » ce qui était pensé comme une sorte d'infrastructure de nos sociétés. Après quelques décennies de politique d'environnement, la nature et l'environnement sont devenus des objets de l'action publique et il apparaît que c'est dans un même mouvement que chaque société modèle son environnement et se construit elle-même. Cette dialectique sera au centre de la collection.

Directeur de collection : Marc MORMONT,
Professeur à la Fondation universitaire luxembourgeoise
(Université de Liège, Belgique)

Dans la collection

N° 12– Philippe HAMMAN et Jean-Yves CAUSER (dir.), *Ville, environnement et transactions démocratiques. Hommage au Professeur Maurice Blanc*, 2011, 289 pages.

N° 11– Géraldine FROGER (dir.), *Tourisme durable dans les Suds ?*, 2010, 316 pages.

N° 10– Muriel MAILLEFERT, Olivier PETIT et Sandrine ROUSSEAU (dir.), *Ressources, patrimoine, territoires et développement durable*, 2010, 283 pages.

N° 9– Philippe HAMMAN et Christine BLANC, *Sociologie du développement durable urbain. Projets et stratégies métropolitaines françaises*, 2009, 260 pages.

N° 8– François MÉLARD (dir.), *Écologisation. Objets et concepts intermédiaires*, 2008, 214 pages.

N° 7– David AUBIN, *L'eau en partage. L'activation des règles dans les rivalités d'usages en Belgique et en Suisse*, 2007, 247 pages.

N° 6– Géraldine FROGER (dir.), *La mondialisation contre le développement durable ?*, 2006, 315 pages.

N° 5– Laurent MERMET (dir.), *Étudier des écologies futures. Un chantier ouvert pour les recherches prospectives environnementales*, 2005, 411 pages.

N° 4– Jean-Baptiste NARCY, *Pour une gestion spatiale de l'eau. Comment sortir du tuyau ?*, 2004, 342 pages.

N° 3– Pierre STASSART, *Produits fermiers : entre qualification et identité*, 2003, 424 pages.

N° 2– Cécilia CLAEYS-MEKDADE, *Le lien politique à l'épreuve de l'environnement. Expériences camarguaises*, 2003, 245 pages.

N° 1– Edwin ZACCAÏ, *Le développement durable. Dynamique et constitution d'un projet*, 2002 (2e tirage 2003), 358 pages.

FSC
www.fsc.org
MIX
Papier | Fördert gute Waldnutzung
FSC® C083411

Kolibri 360 GmbH
Ferdinand-Jühlke-Straße 7
99095 Erfurt, Deutschland
produktsicherheit@kolibri360.de